"十四五"职业教育国家规划教材

电子技术基础与技能

（第4版）

主编　陈振源

U0343857

中国教育出版传媒集团

高等教育出版社·北京

内容提要

本书为"十四五"职业教育国家规划教材,依据相关专业教学标准,并参照有关的国家职业技能标准和行业职业技能鉴定规范,结合近几年中等职业教育的实际教学情况修订而成。

本书主要内容包括半导体器件的识别与检测、基本放大电路的认识、常用放大器及其应用、正弦波振荡器的认识及制作、高频处理电路的认识与装配、直流稳压电源的制作、数字信号与逻辑电路的认识、组合逻辑电路的认识及应用、触发器及其应用电路的制作、寄存器和计数器的应用和脉冲信号的产生与变换。

本书配有学习指导与同步训练、教学参考、实训指导等用书。本书还配套教学课件、工作现场实录、教学动画等辅教辅学资源,请登录高等教育出版社 Abook 新形态教材网(https://abooks.hep.com.cn)获取相关资源。详细使用方法见本书最后一页"郑重声明"下方的"学习卡账号使用说明"。

本书可作为中等职业学校电子信息、通信技术等电类相关专业的教材,也可作为岗位培训用书。

图书在版编目(CIP)数据

电子技术基础与技能 / 陈振源主编. --4 版. --北京:高等教育出版社,2024.1
ISBN 978-7-04-061396-4

Ⅰ. ①电… Ⅱ. ①陈… Ⅲ. ①电子技术-中等专业学校-教材 Ⅳ. ①TN

中国国家版本馆 CIP 数据核字(2023)第 217457 号

DIANZI JISHU JICHU YU JINENG

策划编辑	唐笑慧	责任编辑	唐笑慧	封面设计	张 志	版式设计	马 云
责任绘图	李沛蓉	责任校对	马鑫蕊	责任印制	田 甜		

出版发行	高等教育出版社	网 址	http://www.hep.edu.cn
社 址	北京市西城区德外大街 4 号		http://www.hep.com.cn
邮政编码	100120	网上订购	http://www.hepmall.com.cn
印 刷	北京市白帆印务有限公司		http://www.hepmall.com
开 本	889mm×1194mm 1/16		http://www.hepmall.cn
印 张	21.25	版 次	2010 年 7 月第 1 版
字 数	340 千字		2024 年 1 月第 4 版
购书热线	010-58581118	印 次	2024 年 1 月第 1 次印刷
咨询电话	400-810-0598	定 价	46.80 元

物 料 号 61396-00

我国的电子工业经过几十年的建设和发展，已经具有相当规模，形成门类比较齐全的新兴工业。党的二十大报告提出，推进新型工业化，加快建设制造强国、质量强国、航天强国、交通强国、网络强国、数字中国。要达成建设目标，就要巩固优势产业领先地位，推动电子工业等先进制造业的发展。

本书为"十四五"职业教育国家规划教材，为使教材更适应新时代对职业教育发展的需要，更贴合中等职业教育的教学实际，在第 3 版的基础上，经多方征求意见进行本次修订，本次修订主要体现在以下几方面：

1. 认真贯彻落实党的二十大精神，充实了相关内容，将党的二十大报告提出的"加快推进科技自立自强""打赢关键核心技术攻坚战""形成绿色生产生活方式""加快建设制造强国"等精神融入教材中，激发青年学生努力学习科学技术，肩负起科技报国的家国情怀和使命担当，为将我国建设为现代化强国而奋斗。

2. 为适应电子技术应用的新发展和电子元器件的更新，增加了贴片元器件的介绍，更新了集成电路的型号，采用目前较为广泛应用的系列产品，并对教学中电子测量设备做了更新。

3. 为适应职业教育从"层次"到"类型"的转变，参考中等职业学校学业水平考试要求，根据中职学生对口升学考试命题的规律和变化，大幅度调整和更新了"自我测评"中的习题。

4. 配套丰富、形象的多媒体动画资源，方便课堂的教学，通过扫描教材上的二维码即可进行仿真动画的展示，有助于学生对相关内容的课前预习、课中自主学习、课后复习。

5. 信息时代的高速发展，改变了人们的学习、工作和生活，这对中职学生的信息素养和学习能力提出了更高的要求。本次修订注重对学生信息素养和创新能力的培养，不仅仅要求学生会查阅纸质的技术手册，还引导学生掌握在互联网上查阅相关信息的方法。

本书学时安排建议如下：

项目序号	教学内容	参考学时分配
项目 1	半导体器件的识别与检测	14~16
项目 2	基本放大电路的认识	12
项目 3	常用放大器及其应用	16
项目 4	正弦波振荡器的认识及制作	8
*项目 5	高频信号处理电路的认识与装配	8~12
项目 6	直流稳压电源的制作	8
项目 7	数字信号与逻辑电路的认识	8
项目 8	组合逻辑电路的认识及应用	6~8
项目 9	触发器及其应用电路的制作	8
项目 10	寄存器和计数器的应用	8
*项目 11	脉冲信号的产生与变换	0~12
学时总计		96~116

本书配套教学课件、工作现场实录、教学动画等辅教辅学资源，请登录高等教育出版社 Abook 新形态教材网（https://abooks.hep.com.cn）获取相关资源。详细使用方法见本书最后一页"郑重声明"下方的"学习卡账号使用说明"。

本书获国家教学成果二等奖，配套的多媒体教学资源获全国职业院校信息化教学大赛一等奖。本书自第 1 版出版以来，得到职业学校一线教师的广泛好评和学生的欢迎，衷心感谢使用本书的教师和学生给予的热情鼓励和提出的宝贵建议，本次修订，还听取了多位企业专家和一线技术人员的意见，在此一并表示感谢。

本书由厦门市教育科学研究院陈振源主编，参加教材修订工作的还有黄惠晖、夏东风、何华国。

由于编者水平有限，书中不妥之处在所难免，敬请读者批评指正，以便进一步完善本书，读者反馈邮箱 zz_dzyj@pub.hep.cn。

编者

2023 年 8 月

目 录

项目 半导体器件的识别与检测

项目描述

半导体器件是组成电子线路的基本元器件，因而也是学习电子技术的基础。

本项目的主要任务是学会二极管、三极管等常用半导体器件的识别与检测技能。本项目的学习要求为：了解常用半导体器件基本知识和基本性能，知道器件产品标识的含义，了解常用检测仪表的使用和维护知识；能识别常用半导体器件的类型、型号和规格，能按规定的流程和方法对器件进行有效检测，能按要求填写检测记录。

1
2
3
4
*5
6
7
8
9
10
*11

1.1
半导体的基本特性

学习目标

★ 能从物质的导电能力来理解半导体的概念。

★ 了解半导体材料的主要特性。

★ 掌握 N 型、P 型半导体的形成与特点。

1.1.1 半导体的主要特性

自然界的物质按照导电能力不同,可分为导体、绝缘体和半导体三大类。半导体的导电能力介于导体和绝缘体之间。目前用来制造半导体器件的材料主要是锗和硅,它们都是四价元素,具有晶体结构,所以半导体又称晶体。半导体之所以得到广泛的应用,是因为人们发现半导体具有以下 3 个奇妙且可贵的特性。

1. 掺杂性

在纯净的半导体中掺入微量的三价或五价元素,它的导电性能将大大增强。应用掺杂技术可以制造出二极管、三极管、场效晶体管、晶闸管和集成电路等半导体器件,如图 1-1 所示。

2. 热敏性

温度对半导体的导电能力影响很大。温度越高,价电子获得的能量越大,挣脱共价键束缚形成自由电子和空穴就越多,导电能力就越强。利用半导体对温度十分敏感的特性,可以制成热敏电阻及其他热敏器件,如图 1-2 所示,常用于自动控制电路中。

图 1-1　常见半导体器件

图 1-2　半导体热敏器件

3. 光电性

半导体受到光照时,自由电子和空穴数量会增多,导电能力随之增强,这就是半导体的光电性。利用这种特性能制造各种光电器件,如光电二极管、光电三极管、光控晶闸管等,如图1-3所示,从而实现路灯、航标灯的自动控制,还可以制成火灾报警装置、光电控制开关及太阳能电池等。

图1-3　半导体光电器件

1.1.2 P型半导体和N型半导体

在硅、锗半导体中,人为掺入微量的其他元素后,所得的半导体称为杂质半导体,其类型有P型半导体和N型半导体,这两种半导体是制造各种半导体器件的基础材料。

1. P型半导体

在纯净半导体硅或锗中掺入硼、铝等三价元素就形成P型半导体。P型半导体的特点是:空穴数量多,自由电子数量少,参与导电的主要是带正电荷的空穴,所以又称空穴半导体。

2. N型半导体

在纯净半导体硅或锗中掺入微量磷、砷等五价元素就形成N型半导体。N型半导体的特点是:自由电子数量多,空穴数量少,参与导电的主要是带负电荷的自由电子,所以又称电子半导体。

阅读

我国半导体材料的奠基人与开拓者

林兰英是中国科学院院士,我国半导体科学事业的开拓者之一。1940年毕业于福建协和大学(福建师范大学前身)物理系;1955年获美国宾夕法尼亚大学博士学位,也是该校建校115年以来的第一位女博士。怀着对祖国和人民的无限热爱,怀着建设新中国的强烈愿望,林兰英毅然回国满腔热情地投身于祖国科学技术研究事业。

刚回国时,面对简陋的实验条件、微薄的科研经费,她没有灰心,仍然对科研工作充满信心。她说:"我们要有民族自尊心、爱国心、高度责任感,敢于向世界水平冲击""要有自力更生精神,有敢于走自己道路的勇气"。她和同事们同心同德、艰苦奋斗、锲而不舍、锐意进取,先后负责研制成我国第一根硅、锑化铟、砷化镓、磷化镓等单晶,为我国微电子和光电子学的发展奠定了基础;由她负责研制的高纯度气相和液相外延材料达到国际先进水平。她被人们誉为"中国半导体材料之母"。

✎ 思考与练习

1. 什么是半导体?半导体的主要特性是什么?
2. 什么是 P 型半导体?什么是 N 型半导体?
3. N 型半导体本身是带负电,还是电中性?为什么?

1.2
二极管

学习目标

★ 掌握二极管的导电特性。

★ 了解二极管的结构、伏安特性和主要参数。

★ 学会用万用表判别二极管的极性和质量优劣。

1.2.1 二极管的封装与电气图形符号

用于电视机、收音机、电源装置等电子产品的二极管有着不同外形,如图 1-4 所示。普通二极管通常用玻璃、塑料或金属材料作为封装外壳,贴片二极管通常采用矩形片状封装。

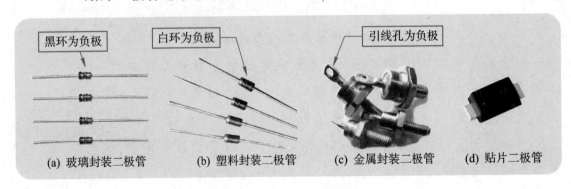

(a) 玻璃封装二极管   (b) 塑料封装二极管   (c) 金属封装二极管   (d) 贴片二极管

图 1-4　常见二极管外形

　　　　　　　　　　　　　　　　　　　　　　　　项目 1　半导体器件的识别与检测

在电子线路图中,用规定的电气图形符号和文字符号来代表二极管,如图 1-5 所示。电气图形符号的箭头指示二极管导通的方向,一端代表正极,另一端代表负极,通常用文字符号 V 表示二极管。

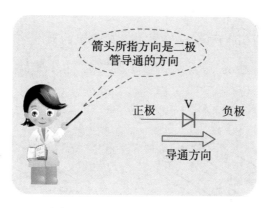

图 1-5　二极管电气图形符号

1. 结构

二极管的基本结构如图 1-6 所示。采用掺杂工艺,使半导体材料的一边形成 P 型半导体区域,另一边形成 N 型半导体区域,在 P 型与 N 型半导体的交界面会形成一个具有特殊电性能的薄层,称为 PN 结。从 P 区引出的电极作为正极,从 N 区引出的电极作为负极。

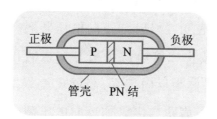

图 1-6　二极管的基本结构

2. 导电特性

为了观察二极管的导电特性,可将二极管串联到电池和指示灯组成的电路中。

🔧 做中学

观察二极管的导电特性

【器材准备】

二极管(1N4001)、指示灯(0.3 A/2.5 V)、电池组(3 V)。

【动手实践】

（1）按图 1-7(a) 所示连接电路，二极管的正极接电源正极，二极管的负极通过指示灯接电源负极，通过观察指示灯亮暗情况，判断二极管的工作状态。

（2）按图 1-7(b) 所示连接电路，二极管的负极接电源正极，二极管的正极通过指示灯接电源负极，通过观察指示灯亮暗情况，判断二极管的工作状态。

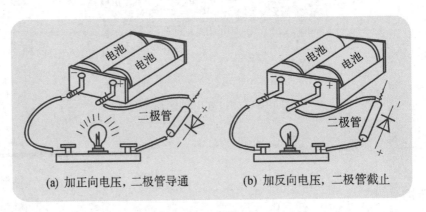

(a) 加正向电压，二极管导通　　　(b) 加反向电压，二极管截止

图 1-7　二极管导电特性实验

通过以上实验可以证实，二极管具有单向导电性。

（1）加正向电压导通　将电源正极与二极管的正极相连，电源负极与二极管的负极相连，称为正向偏置，简称正偏。按图 1-7(a) 所示连接电路，此时指示灯亮，表明二极管加正向电压导通。

（2）加反向电压截止　将电源负极与二极管的正极相连，电源正极与二极管的负极相连，称为反向偏置，简称反偏。按图 1-7(b) 所示连接电路，此时指示灯不亮，表明二极管加反向电压截止。

1.2.3　二极管的特性曲线

为了更准确、更全面地了解二极管的导电特性，需要分析二极管的电流 i_D 与加在二极管两端的电压 v_D 的关系曲线，该曲线通常称为二极管的伏安特性曲线，利用晶体管特性图示仪（如图 1-8 所示）能十分方便地通过测量获得。图 1-9 所示为二极管的伏安特性曲线。

1. 正向特性

（1）死区　当二极管外加正向电压较小时，正向电流几乎为零，称为正向特性的死区。如图 1-9 所示，OA 曲线段为硅二极管的死区，OA'

曲线段为锗二极管的死区。一般硅二极管的死区电压 $V_{\text{th}} \approx 0.5$ V, 锗二极管的 $V_{\text{th}} \approx 0.2$ V。

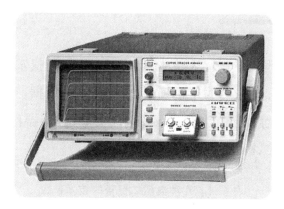

图 1-8　晶体管特性图示仪

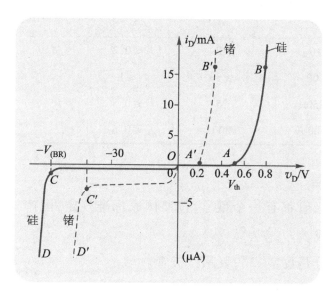

图 1-9　二极管的伏安特性曲线

（2）正向导通区　如图 1-9 所示, 硅二极管的 AB 段、锗二极管的 $A'B'$ 段为正向导通区。当二极管正向电压大于死区电压 V_{th} 时, 电流随电压增加, 二极管处于导通状态。二极管导通后两端电压基本保持不变, 硅二极管的导通电压约为 0.7 V, 锗二极管的导通电压约为 0.3 V。

2. 反向特性

（1）反向截止区　如图 1-9 所示, OC、OC' 段为反向截止区。当二极管承受的反向电压未达到击穿电压 $V_{(\text{BR})}$ 时, 二极管呈现很大电阻, 此时仅有很微小的反向电流 I_{R}, 称为反向饱和电流。

（2）反向击穿区　如图 1-9 所示, CD、$C'D'$ 段为反向击穿区。当二极管承受的反向电压已达到击穿电压 $V_{(\text{BR})}$ 时, 反向电流急剧增加, 该现象称为二极管反向击穿。实际应用时,普通二极管不允许外加反向电压高于击穿电压,否则会因电流过大而损坏管子。

1.2.4 二极管使用常识

二极管的型号非常多,从晶体管手册中可以查找常用二极管的技术参数和使用资料,这些参数是正确使用二极管的依据。晶体管手册通常包括以下基本内容:器件型号、主要参数、主要用途、器件外形等。表1-1列出了几种典型二极管的技术参数。

表1-1 几种典型二极管的技术参数

型号	最大整流电流 I_{FM}/mA	最高反向工作电压 V_{DM}/V	反向饱和电流 I_R/mA	最高工作频率 f_M/MHz	主要用途
2AP1	16	20	≤0.2	150	普通二极管
2CK84	100	≥30	≤1		开关二极管
2CP31	250	25	≤0.3		普通二极管
2CZ11D	1 000	300	≤0.6		整流二极管

1. 二极管型号

每种二极管都有一个型号,按照国家标准规定,国产二极管的型号由五部分组成。

第一部分是数字"2",表示二极管。

第二部分是用字母表示管子的材料,"A"为N型锗管,"B"为P型锗管;"C"为N型硅管,"D"为P型硅管。

第三部分是用汉语拼音字母表示管子的类型,"P"为普通二极管,"Z"为整流二极管,"K"为开关二极管,"W"为稳压二极管。

第四部分用数字表示器件的序号,序号不同的二极管其特性不同。

第五部分用汉语拼音字母表示规格号,序号相同、规格号不同的二极管特性差别不大,只是某个或某几个参数有所不同。

例如,表1-1中的2AP1是N型锗材料制成的普通二极管,2CZ11D是N型硅材料制成的整流二极管。

目前市面上常见的是采用国外晶体管型号命名方法的二极管,如1N4001、1N4148等,第一部分"1"表示是1个PN结的二极管,第二部分"N"表示美国电子工业协会注册产品,"1N"后面的数字表示该器件在美国电子工业协会登记的顺序号。登记顺序号的数字越大，产品越新。还有的二极管型号以"1S"开头，如1S1885，"1S"后面的数字表示该器件在日本电子工业协会登记的顺序号。

2. 二极管的主要参数

查看晶体管手册，会发现二极管有多个技术参数。这些参数从不同的侧面反映管子的各种特性，在选用器件和设计电路时它们都是有用的，在实际应用中最主要的参数有4个：

（1）最大整流电流 I_{FM}　通常称为额定工作电流，是二极管长期运行时允许通过的最大正向平均电流。如果电路中实际工作电流超过 I_{FM}，则二极管过热就有可能烧坏 PN 结，使二极管永久损坏。

应用提示

大电流的二极管要求使用散热片，它的 I_{FM} 是指带有规定散热片条件下的数值，若散热片不符合要求或环境温度过高，实际工作电流要比二极管的 I_{FM} 小得较多才能安全工作。

（2）最高反向工作电压 V_{RM}　它是为保证二极管不被反向击穿而规定的最高反向电压。为了确保二极管安全工作，晶体管手册中规定最高反向工作电压为反向击穿电压的 $\frac{1}{2} \sim \frac{1}{3}$。

（3）反向饱和电流 I_R　它指二极管未进入击穿区的反向电流，其值越小，则二极管的单向导电性越好。值得注意的是反向饱和电流受温度影响严重，温度升高会使反向饱和电流明显增大。

（4）最高工作频率 f_M　二极管的 PN 结具有结电容，随着工作频率的升高，结电容充放电的影响将加剧，它将影响 PN 结单向导电性。因此，f_M 是保证二极管正常工作的最高频率。一般小电流二极管的 f_M 高达几百兆赫，而大电流的整流二极管的 f_M 仅为几千赫。

3. 二极管的选用

二极管主要有锗二极管和硅二极管两大类。前者内部多为点接触型结构，结电容小，工作频率高，但允许的正向电流较小，工作温度也较低，只能在 100 ℃ 以下工作；后者内部多为面接触型或平面型结构，允许通过的正向电流较大，工作温度也较高，有的可达 150~200 ℃。

二极管在电路中常用于实现检波、整流、开关等功能，使用时要根据功能需要选用二极管的型号。

（1）检波二极管　主要用于高频信号检波、信号调制的电路中，如图 1-10（a）所示。对检波二极管参数的要求是：V_{th}、I_{FM} 较小，f_{M} 较高，通常选用点接触型锗二极管，如 2AP 等系列二极管。

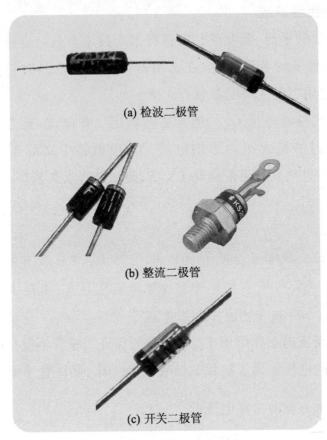

(a) 检波二极管

(b) 整流二极管

(c) 开关二极管

图 1-10　常见的二极管外形图

（2）整流二极管　主要使用在各种电源设备中作为整流元件，如图 1-10（b）所示，要求 I_{FM} 较大，在较高温度下也能正常工作，对 f_{M} 要求不高，通常选用面接触型硅二极管，如 2CZ、2DZ 等系列二极管。

（3）开关二极管　主要用于数字电路和控制电路中，如图 1-10（c）所示，一般要求 I_{FM} 较小，f_{M} 较高，通常选用平面型硅二极管，如 2AK、2CK 等系列二极管。

思考与练习

1. 画出二极管的电气图形符号，写出其文字符号，并说明二极管的主要特性。

2. 二极管伏安特性的物理意义是什么？

3. 选用二极管时主要考虑哪些参数？说明其含义。

4. 解释二极管 2CZ11 型号的意义。

5. 有一只二极管,测得其正向电阻为 $1.2\,k\Omega$,反向电阻为 $520\,k\Omega$,该管子能使用吗?

6. 分析在气温较高的夏季,电视机等家用电器为什么较容易出现电路故障。

1.3
特殊二极管

学习目标

★ 熟悉稳压二极管的伏安特性及主要参数。

★ 了解发光二极管的功能及应用。

★ 了解光电二极管的特性及主要参数。

★ 会用万用表检测特殊二极管的好坏。

整流二极管、检波二极管、开关二极管具有相似的伏安特性曲线,均属于普通二极管。为了适应各种不同功能的要求,许多特殊二极管应运而生,如稳压二极管、发光二极管、光电二极管等,现分别介绍如下。

1.3.1 稳压二极管

稳压二极管主要用于恒压源、辅助电源和基准电源电路,在数字逻辑电路中常用作电平转移等。

1. 工作特性及应用

稳压二极管又称齐纳二极管,国家标准中用文字符号 V 表示,其外形封装及电气图形符号如图 1-11 所示。稳压二极管是一种用特殊工艺制造的硅二极管,只要反向电流不超过极限电流,工作在击穿区并不会损坏,属于可逆击穿,这与普通二极管破坏性击穿是截然不同的。稳压二极管工作在反向击穿区域时,利用其陡峭的反向击穿特性在电路中起稳定电压的作用。

稳压二极管的伏安特性曲线如图 1-12 所示,其正向特性与普通二极管相同,反向特性曲线在击穿区域比普通二极管更陡直,这表明稳压二极管击穿后,通过稳压二极管的电流变化(ΔI_Z)很大,而两端电压变化(ΔV_Z)很小,或说稳压二极管两端电压基本保持不变。利用这一特性,稳压二极管在电路中就能起到稳压的作用。

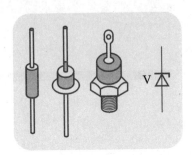

图 1-11　稳压二极管外形封装
和电气图形符号

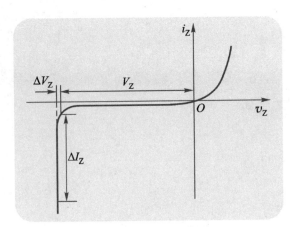

图 1-12　稳压二极管的
伏安特性曲线

2.稳压二极管主要参数

稳压二极管的类型很多,主要有 2CW、2DW 系列,从晶体管手册可以查到常用稳压二极管的技术参数和使用资料,表 1-2 为几种典型稳压二极管的技术参数。

表 1-2　几种典型稳压二极管的技术参数

型号	稳定电压 V_Z/V	稳定电流 I_Z/mA	最大稳定电流 I_{Zmax}/mA	耗散功率 P_{ZM}/W	动态电阻 r_Z/Ω	温度系数 $(k\%)/℃$
2CW11	3.2~4.5	10	55	0.25	<70	-0.05~+0.03
2CW15	7.0~8.5	5	29	0.25	≤15	+0.01~+0.08
2DW7A	5.8~6.6	10	30	0.25	≤25	0.05
2DW7C	6.1~6.5	10	30	0.20	≤10	≤0.12

表 1-2 中稳压二极管的主要参数说明如下:

(1)稳定电压 V_Z　指稳压二极管的反向击穿电压。对于同一型号的稳压二极管,由于制造上的原因,难以使稳定电压为同一数值,因而有一个小的数值范围,使用时要注意选择。

(2)稳定电流 I_Z　指稳压二极管在正常工作时的参考电流值,其值在稳压区域的最大电流 I_{Zmax} 与最小电流 I_{Zmin} 之间。当流过稳压二极管的电流小于 I_{Zmin} 时,稳压二极管不能起稳压作用。

(3)最大稳定电流 I_{Zmax}　指稳压二极管最大工作电流,超过 I_{Zmax} 时,稳压二极管将过热损坏。

(4)温度系数 $k\%$　温度系数反映由温度变化引起的稳定电压变化。通常稳压值高于 6 V 的稳压二极管具有正温度系数,稳压值低于 6 V 的稳压二极管具有负温度系数,6 V 左右的稳压二极管温度系数最小。

测量稳压二极管的稳定电压值

【器材准备】

可调直流稳压电源、电流表、电压表、稳压二极管、电阻（1 kΩ/0.5 W）、电位器（1 kΩ/0.5 W）。

【动手实践】

（1）按图 1-13 所示连接电路，将电位器阻值调整在 500 Ω 左右。

（2）根据给定稳压二极管的型号查稳定电流 I_Z 的值（常见的有 2.5 mA、5 mA、10 mA 等）。

（3）首先粗调直流稳压电源，从 0 V 开始调大电压，调到电流表显示在 I_Z 附近。

（4）然后细调电位器 R_P，使电流表读数等于 I_Z，此时稳压二极管两端测得的电压值即稳压二极管的稳定电压值 V_Z。

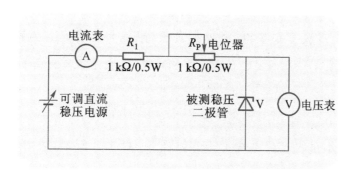

图 1-13　测量稳压二极管的稳定电压值

1.3.2　发光二极管

发光二极管是一种把电能变成光能的半导体器件，电气图形符号如图 1-14（a）所示。当给发光二极管加上偏压，有一定的电流流过时，二极管就会发光，这是 PN 结的电子与空穴直接复合放出能量的结果。

发光二极管的英文缩写为 LED，其种类很多，按发光的颜色可分为：红色、蓝色、黄色、绿色，还有三色变色发光二极管和人的肉眼看不见的红外线二极管；分立器件按外形可分为：圆形、方形等，如图 1-14（b）所示。目前在照明、显示屏上广泛应用的是贴片封装形式，如图 1-14（c）所示。

发光二极管可以用直流、交流、脉冲电源点亮，常用来作为显示器件，工作电流一般为几毫安至几十毫安，正向电压为 1.5~2.5 V。

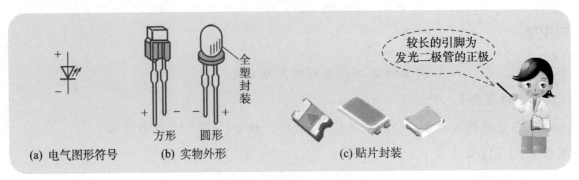

图 1-14　发光二极管的电气图形符号和外形

应用提示

▶ 发光二极管的较长引脚为正极,较短引脚为负极。如果管帽上有凸起标志,则靠近凸起标志的引脚就为正极。

▶ 发光二极管好坏的判别:用指针式万用表检测时,选择 $R×10\text{ k}$ 挡,测量发光二极管的正、反向阻值,当正向电阻小于 $50\text{ k}\Omega$,反向电阻大于 $200\text{ k}\Omega$ 时,表示该发光二极管正常。如果正、反向电阻均为无穷大,表示该发光二极管已损坏。用数字式万用表检测时,将万用表置于二极管挡,如果黑表笔接发光二极管正极,红表笔接负极,阻值为无穷大。黑表笔接发光二极管负极,红表笔接正极,发光二极管会有微亮,表示该发光二极管正常。

应用实例

发光二极管的应用非常广泛,如图 1-15(a)所示,发光二极管可用做交流电源插座上的通电指示灯,其电路如图 1-15(b)所示,R 为限流电阻,改变 R 的大小,就可以改变其发光的亮度。

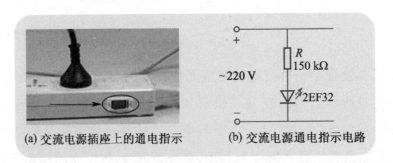

(a) 交流电源插座上的通电指示　　(b) 交流电源通电指示电路

图 1-15　发光二极管的应用

1.3.3　光电二极管

光电二极管又称光敏二极管,其电气图形符号和实物外形如图 1-16 所示。光电二极管用途很广,一般常作为传感器的光敏器件,在光电输入机上作为光电读出器件。

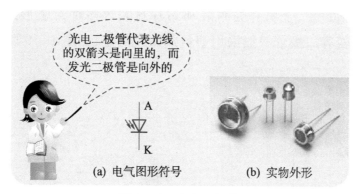

图 1-16　光电二极管

光电二极管也由一个 PN 结构成,但是它的 PN 结面积较大,通过管壳上的一个玻璃窗口来接收入射光。光电二极管加反向电压时,在光线照射下反向电阻由大变小。也就是说,当没有光线照射时,反向电阻很大,反向电流很小;当有光线照射时,反向电阻减小,反向电流增大。

应用提示

▶ 使用光电二极管时应加反向电压,且极性不能接反。

▶ 检测光电二极管可使用万用表的 $R \times 1 k$ 挡,如果光电二极管正常,则无光线照射时电阻大,有光线照射时电阻小。若有、无光线照射时电阻差别很小,则表明光电二极管质量不好。

*1.3.4　变容二极管

变容二极管是利用 PN 结之间电容可变的原理制成的半导体器件,在高频调谐电路、通信设备的振荡器等电路中作为可变电容器使用。变容二极管广泛应用于自动调谐电路(如彩色电视机的高频头)、手机中的压控振荡器等部件上,如图 1-17 所示。

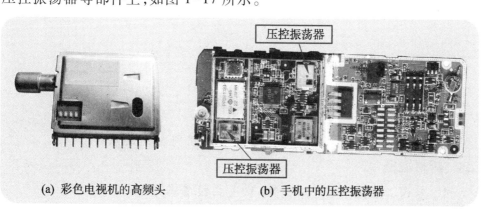

图 1-17　变容二极管的应用

图 1-18 所示为变容二极管的电气图形符号。变容二极管有玻璃外壳封装、塑料封装、金属外壳封装和贴片封装等多种封装形式。常见的中、小功率变容二极管一般采用塑料或贴片封装,如图 1-19 所示。

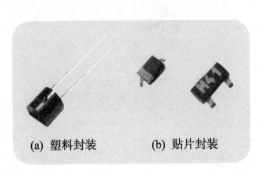

(a) 塑料封装　　(b) 贴片封装

图 1-18　变容二极管的电气图形符号　　图 1-19　常见的中、小功率变容二极管的封装形式

变容二极管属于反偏压二极管,改变其 PN 结上的反向偏压,即可改变 PN 结电容量。反向偏压越高,则结电容越小,反向偏压与结电容之间的关系是非线性的。

常用的国产变容二极管有 2CC 系列和 2CB 系列,常用的进口变容二极管有 S 系列、MV 系列、KV 系列、1T 系列、1SV 系列等。

思考与练习

1. 稳压二极管与普通二极管比较,特性上的主要差异是什么?
2. 稳压二极管的主要功能是什么? 常用于什么电路中?
3. 发光二极管的主要功能是什么? 它与普通指示灯比较有什么优点?
4. 发光二极管正常发光时,两端的电压降大约是多少?
5. 光电二极管在家电产品上有着广泛的应用,试举例说明。
6. 变容二极管的主要功能是什么?

实训任务 1.1
二极管的检测

一、实训目的

学习用数字万用表判断二极管引脚和检测性能的好坏。

二、器材准备

1. 普通二极管、发光二极管、稳压二极管若干只。
2. 数字万用表。

三、 实训相关知识

将数字万用表量程开关置于二极管挡"—▷|—",并将黑表笔插入COM插孔,红表笔插入VΩ插孔。此时红表笔接万用表内电池的正极,黑表笔则接内电池的负极。

1. 引脚极性判定

如图1-20所示,用红表笔接二极管的一端,黑表笔接另一端,若显示屏显示0.2~0.7 V的读数,为正向连接,二极管导通,则红表笔接的是二极管的正极,黑表笔接的是二极管的负极。再将红、黑表笔对调后连接在二极管两端,显示屏显示溢出符号"1.",表示二极管截止,说明红表笔接的是二极管的负极,黑表笔接的是二极管的正极。

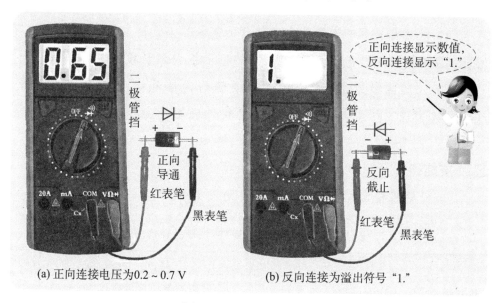

(a) 正向连接电压为0.2~0.7 V　　(b) 反向连接为溢出符号"1."

图1-20　二极管的测量

2. 硅管与锗管判别

测量时万用表显示屏所显示的0.2~0.7 V是二极管的正向压降。锗二极管的正向压降为0.2~0.3 V,硅二极管的正向压降为0.5~0.7 V,根据测量时二极管的正向压降值,便可判别被测二极管是硅管还是锗管。

3. 质量好坏检测

如果测得二极管的正、反电压都很小甚至为零,表示管子内部已短路;如果测得二极管的正、反电压显示的读数都是"1.",则表示管子内部已断路。

四、 实训内容与步骤

1. 数字式万用表量程设置

将数字式万用表量程拨至"—▷|—"挡。

2. 器件检测

用数字式万用表检测普通二极管、发光二极管、稳压二极管的正向和反向电压,将检测数据填入表 1-3,并判断其好坏及引脚的极性。

表 1-3 二极管检测记录

二极管类型		测量极间电压		画二极管的外形图,标出引脚极性
		正向电压	反向电压	
普通二极管				
发光二极管				
稳压二极管				
光电二极管	无光照			
	有光照			

3. 光电二极管测量

(1) 用黑纸或黑布遮住光电二极管的光信号接收窗口,然后用数字式万用表二极管挡测量光电二极管的正、反向电压值,将测量数据填入表 1-3。

(2) 去掉黑纸或黑布,使光电二极管的光信号接收窗口对准光源,然后用数字式万用表二极管挡测量光电二极管正、反向电压值,将测量数据填入表 1-3。

五、 技能评价

"二极管的检测"实训任务评价表见表 1-4。

表 1-4 "二极管的检测"实训任务评价表

项目	考核内容	配分	评分标准	得分
万用表设置	1. 万用表的挡位 2. 万用表的调整	10 分	1. 万用表挡位设置错误,扣 5 分 2. 万用表的表笔装接错误,扣 5 分	
器件检测	普通二极管的检测	20 分	1. 不会检测正、反向电压,每项扣 5 分 2. 不会判断正、负极,每项扣 5 分 3. 不会判断质量好坏,每项扣 5 分	
	发光二极管的检测	20 分		
	稳压二极管的检测	20 分		
	光电二极管的检测	20 分		
安全文明操作	1. 实训器件的整理和保管 2. 工作台的整理	10 分	1. 器件丢失或损坏,每只扣 5 分 2. 工作台表面不整洁,扣 5 分	
合计		100 分	以上各项配分扣完为止	

六、 问题讨论

1. 检测二极管时,为什么不能用手同时捏住二极管的两个引脚?

2. 光电二极管在有光照和无光照两种情况下,正、反向电阻的阻值有何不同?

学习目标

★ 掌握三极管的结构、符号、引脚排列。

★ 了解三极管的电流放大特性。

★ 了解三极管的特性曲线和主要参数。

★ 学会用万用表判别三极管的引脚和质量优劣。

三极管是由 2 个 PN 结构成的 3 个电极半导体器件,在电路中主要作为放大和开关元件使用,在收音机、电视机、电话机及各种电子产品上有着广泛的应用。本节重点介绍三极管的结构和使用常识。

1. 外形

1.4.1 结构与分类

图 1-21 所示为几种三极管的外形及引脚排列,功率大小不同的三极管其体积和封装形式也不同,小、中功率管多采用硅酮塑料封装,大功率管多采用金属封装,通常做成扁平形状并有螺钉安装孔,有的大功率管制成螺栓形状,这样能使三极管的外壳和散热器连成一体,便于散热。贴片三极管一般采用矩形片状封装。

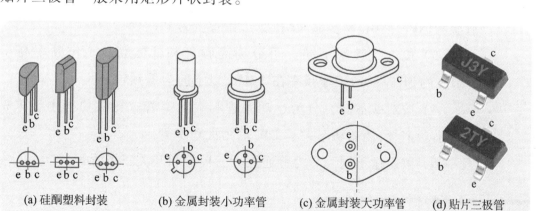

(a) 硅酮塑料封装　(b) 金属封装小功率管　(c) 金属封装大功率管　(d) 贴片三极管

图 1-21　几种三极管的外形及引脚排列

2. 结构

三极管的核心是两个反向连接的 PN 结,按两个 PN 结的组合方式不同,可分为 NPN 型和 PNP 型两类,它们的结构及电气图形符号如图 1-22

所示,国家标准中用 V 表示三极管,有些文献或实际产品技术文件中也常用 T、BG 或 Q 表示。

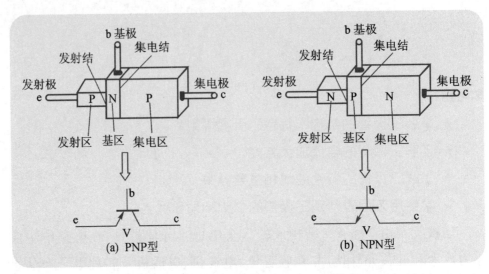

图 1-22　三极管的结构和电气图形符号

三极管内部结构分为发射区、基区和集电区,引出电极分别为发射极 e、基极 b 和集电极 c。发射区与基区之间的 PN 结称为发射结,集电区与基区之间的 PN 结称为集电结。

3. 分类

三极管的种类很多,通常按以下方法进行分类:

(1) 按半导体制造材料不同　分为硅管和锗管。硅管受温度影响较小、工作稳定,因此在自动控制设备中常用硅管。

(2) 按三极管内部基本结构不同　分为 NPN 型和 PNP 型两类。硅管多为 NPN 型(也有少量 PNP 型),锗管多为 PNP 型。

(3) 按工作频率不同　可分为高频管和低频管。工作频率高于 3 MHz 的为高频管,工作频率在 3 MHz 以下的为低频管。

(4) 按功率不同　分为小功率管和大功率管。耗散功率小于 1 W 的为小功率管,耗散功率大于 1 W 的为大功率管。

(5) 按用途不同　分为普通放大三极管和开关三极管等。

1.4.2　三极管的电流放大作用

1. 三极管的工作电压

要使三极管能够正常放大信号,必须给三极管的发射结加正向电压,集电结加反向电压。NPN 型三极管工作时的供电如图 1-23 所示,电源 V_{CC} 通过偏置电阻 R_b 为发射结提供正向电压,R_c 为负载电阻,为管子

　　　　　　　　　　　　　　　　　　　　　　　　　项目 1　半导体器件的识别与检测

的集电极提供电压。要求 R_c 阻值小于 R_b 阻值,因此集电极电位高于基极电位,即集电结处于反向偏置。

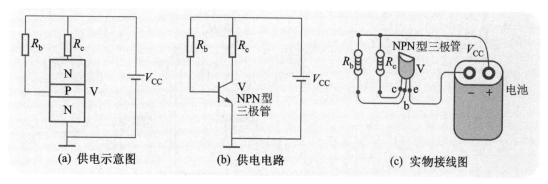

图 1-23　NPN 型三极管工作时的供电

对于 PNP 型三极管,同样要求发射结加正向偏压,集电结加反向偏压,但因它的半导体导电极性不同,所以 PNP 型三极管所接电源电压极性与 NPN 型三极管相反。

2. 三极管的电流放大作用

为了观察三极管各个电极电流的情况及它们之间的关系,下面先动手做个实验。

做中学

三极管放大特性的测试

【器材准备】

三极管(9013)、电阻(10 kΩ)、电位器(470 kΩ)、干电池(6 V)、带鳄鱼夹的导线若干根、电流表。

【动手实践】

(1) 根据图 1-24 所示,连接电路。

(2) 通过调整电位器,逐一改变三极管基极电流 I_B,测量流过三极管的电流 I_C 和 I_E,并记录在表 1-5 中。

三极管的特性

表 1-5　三极管电流放大实验测试数据

测量电流	实验次数			
	第 1 次	第 2 次	第 3 次	第 4 次
I_B	$I_{B1} = 0$ mA	$I_{B2} = 0.02$ mA	$I_{B3} = 0.04$ mA	$I_{B4} = 0.06$ mA
I_C	$I_{C1} =$	$I_{C2} =$	$I_{C3} =$	$I_{C4} =$
I_E	$I_{E1} =$	$I_{E2} =$	$I_{E3} =$	$I_{E4} =$

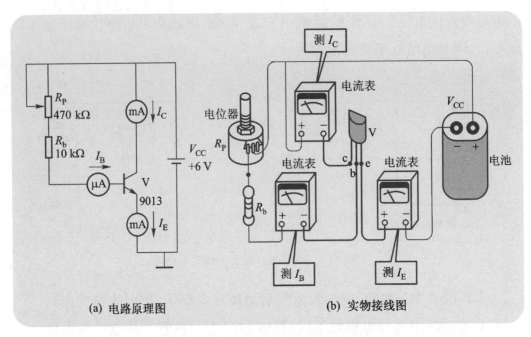

(a) 电路原理图 (b) 实物接线图

图 1-24　三极管电流放大实验电路

（3）计算直流电流放大倍数，即输出电流 I_C 与输入电流 I_B 之比

$$\bar{\beta}=\frac{I_C}{I_B}。$$

从实验数据可以得出以下两个重要的结论：

（1）三极管各极电流分配关系基本满足发射极电流等于集电极电流与基极电流之和，即 $I_E=I_C+I_B$。

（2）三极管具有电流放大作用，I_B 的微小变化会引起 I_C 的较大变化，直流电流放大系数为 $\bar{\beta}=\dfrac{I_C}{I_B}$。

在实际放大电路中，除了共发射极连接方式外，还有共集电极和共基极连接方式，如图 1-25 所示。

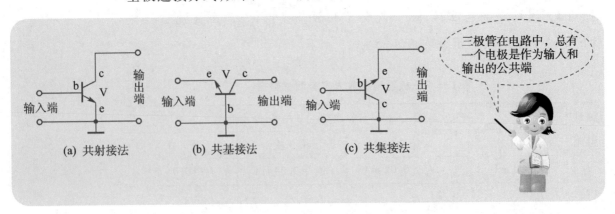

(a) 共射接法　　　(b) 共基接法　　　(c) 共集接法

图 1-25　三极管在电路中的 3 种基本连接方式

　　　　　　　　　　　　　　　　　　　　项目 1　半导体器件的识别与检测

三极管的特性曲线是描述各电极电流和极间电压关系的曲线,通常
有输入特性曲线和输出特性曲线两组,可用晶体管特性图示仪测得,其
中共发射极特性曲线最常用。

1. 输入特性曲线

输入特性曲线是反映三极管输入回路电压和电流关系的曲线,是指
输出电压 V_{CE} 为定值时,i_B 与 v_{BE} 的对应关系。NPN 型硅管的典型输入
特性曲线如图 1-26 所示。

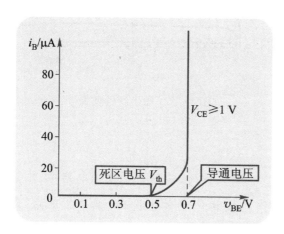

图 1-26　NPN 型硅管的典型输入特性曲线

当输入电压 v_{BE} 较小时,基极电流 i_B 很小,通常近似为零。当 v_{BE} 大于
三极管的死区电压 V_{th} 后,i_B 开始上升。三极管正常导通时,硅管 v_{BE} 约为
0.7 V,锗管约为 0.3 V,此时的 v_{BE} 值称为三极管工作时的发射结正向压降。

2. 输出特性曲线

输出特性曲线是反映三极管输出回路电压与电流关系的曲线,是指基
极电流 I_B 为某一定值时,集电极电流 i_C 与集电极电压 v_{CE} 之间的关系。
输出特性曲线可分为截止区、放大区和饱和区 3 个区域,如图 1-27 所示。

(1)截止区　$I_B = 0$ 曲线以下的区域称为截止区。三极管发射结反
偏或零偏,集电结反偏,三极管处于截止状态,相当于三极管内部各极开
路。在 $I_B = 0$ 时,只有很微小的电流 i_C 存在,即为穿透电流 I_{CEO},一般可
忽略不计,认为截止时 i_C 近似为 0。

(2)放大区　它是三极管发射结正偏、集电结反偏时的工作区域。
最主要的特点是 i_C 受 i_B 控制,具有电流放大作用。

(3)饱和区　当 v_{CE} 小于 v_{BE} 时,三极管的发射结和集电结都处于正

偏状态,此时 i_C 已不再受 i_B 控制。在图 1-26 中,v_{CE} 较小的区域即为饱和区,三极管饱和时的 v_{CE} 值称为饱和压降,记为 V_{CES},小功率硅管的 V_{CES} 约为 0.3 V,锗管约为 0.1 V,此时三极管的集电极-发射极间呈现低电阻,相当于开关闭合。

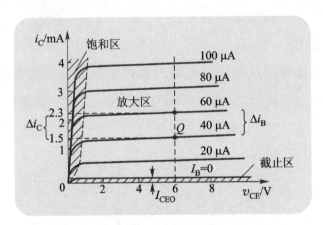

图 1-27　输出特性曲线

🖥 应用提示

▶ 三极管工作在放大区时,常应用于模拟电路中,作为放大元件使用。

▶ 三极管工作在饱和区或截止区时,具有"开关"特性,常应用于数字电路中,作为电子开关元件使用。

1.4.4　三极管使用常识

三极管的类型非常多,从晶体管手册中可以查找到三极管的型号、主要用途、主要参数和器件外形等,这些技术资料是正确使用三极管的依据。表 1-6 为几种典型三极管的主要参数。

表 1-6　几种典型三极管的主要参数

型号	直流参数			交流参数		极限参数			类别
	I_{CBO}/μA	I_{CEO}/μA	h_{FE}	f_T/MHz	C_{ob}/pF	I_{CM}/mA	P_{CM}/mW	$V_{(BR)CEO}$/V	
3AX51A	≤12	≤500	10~150			100	100	12	低频 小功率管
3BX81A	≤30	≤1 000	40~270			200	200	10	
3CX200B	≤0.5	≤1	55~400			300	300	18	
3AG54A	≤5	≤300	30~200	≥30	≤5	30	100	15	高频 小功率管
3DG120A	≤0.01	≤0.01	≥30	≥150	≤6	700	500	≥30	
3DD15A	≤1 000	≤2 000	≥20			5 A	50 W	≥60	中、大 功率管
3AD30A	≤500		12~100			4 A	20 W	12	

1. 三极管型号

国产三极管的型号由五部分组成。

第一部分是数字"3",表示三极管。

第二部分是用字母表示管子的材料和极性,"A"表示 PNP 型锗材料,"B"表示 NPN 型锗材料;"C"表示 PNP 型硅材料,"D"表示 NPN 型硅材料。

第三部分是用拼音字母表示管子的类型,"X"表示低频小功率管,"G"表示高频小功率管;"D"表示低频大功率管,"A"表示高频大功率管。

第四部分是用数字表示器件的序号,序号不同的三极管其特性不同。

第五部分是用拼音字母表示规格号。序号相同、规格号不同的三极管特性差别不大,只是某个或某几个参数有所不同。

例如 3AG54A,前三部分"3AG"表示锗材料 PNP 型高频小功率管,第四部分的"54"和第五部分的"A"分别是序号和规格号。

🐛 **应用提示**

目前使用的国外三极管型号常以"2N"或"2S"为开头,开头的"2"表示有两个 PN 结的器件,三极管属这一类型。"N"表示该器件是美国电子工业协会注册产品,"S"则表示该器件是日本电子工业协会注册产品。

2. 三极管的主要参数

查看晶体管手册,可看到三极管有三大类参数:直流参数、交流参数和极限参数,这些参数从不同侧面反映三极管的各种特性,是选用器件和设计电路时的重要依据。

(1)直流参数 反映三极管在直流状态下的特性。

① 直流电流放大系数 h_{FE} 用于表征管子 I_C 与 I_B 的分配比例,与 $\bar{\beta}$ 含义相同,只是写法不同。

② 集-基反向饱和电流 I_{CBO} 指三极管发射极开路时,流过集电结的反向漏电电流,I_{CBO} 的测量电路如图 1-28 所示。通常锗管的 I_{CBO} 为微安数量级,而硅管较之小 1~2 个数量级。反向电流 I_{CBO} 会随温度上升而增大,I_{CBO} 大的三极管工作的稳定性较差。

③ 集-射反向饱和电流 I_{CEO} 指三极管的基极开路,集电极与发射极之间加上一定电压时的集电极电流,I_{CEO} 的测量电路如图 1-29 所示。I_{CEO} 是 I_{CBO} 的 $(1+\beta)$ 倍,所以它受温度的影响不可忽视。考虑到三极管

I_{CEO} 的影响，三极管的电流分配关系应为

$$I_E = I_C + I_B + I_{CEO} \tag{1-1}$$

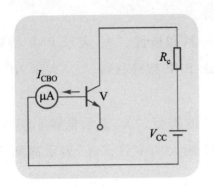

图 1-28 I_{CBO} 测量电路   图 1-29 I_{CEO} 测量电路

（2）交流参数　是反映三极管交流特性的主要指标。

① 交流电流放大系数 h_{fe}　通常也写为 β，定义式为

$$h_{fe} = \beta = \frac{\Delta i_C}{\Delta i_B} \tag{1-2}$$

h_{fe} 表征三极管对交流信号的电流放大能力。

② 共发射极特征频率 f_T　三极管的 β 值下降到 1 时，所对应的信号频率称为共发射极特征频率，以 f_T 表示，如图 1-30 所示。它是表征三极管高频特性的重要参数。

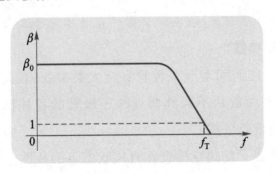

图 1-30 f_T 的意义

（3）极限参数　三极管有使用极限值，如果超出范围则无法保证三极管正常工作。

① 集电极最大允许电流 I_{CM}　若三极管的工作电流超过 I_{CM}，其 β 值将下降到正常值的 $\frac{2}{3}$ 以下。

② 集电极最大允许耗散功率 P_{CM}　它是三极管的最大允许平均功率，是 I_C 和 V_{CE} 乘积允许的最大值，超过此值三极管会过热而损坏。

③ 集-射反向击穿电压 $V_{(BR)CEO}$　它是基极开路时，加在集电极和发

射极之间的最大允许电压,下标中"B"表示击穿,"R"表示反向。若三极管的 V_{CE} 超过 $V_{(BR)CEO}$,会引起电击穿导致三极管损坏。

思考与练习

1. 三极管的主要特性是什么? 放大的实质是什么?

2. 三极管 3 个引脚的电流哪个最大? 哪个最小? 哪两个相接近?

3. 画出 PNP 型三极管处于放大状态的工作电路图。

4. 某三极管的① 引脚流出电流为 3 mA,② 引脚流进电流是 2.95 mA,③ 引脚流进电流为 0.05 mA,判断各引脚名称,并指出管型。

5. 测得某电路中几个三极管的各极电位如图 1-31 所示,试判断各三极管工作在什么状态。

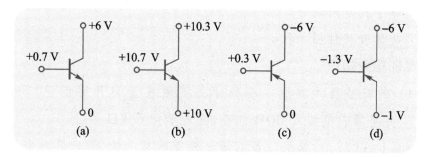

图 1-31　题 5 图

6. 图 1-32 所示为某只三极管的输出特性曲线。求:

(1) $I_B = 60\ \mu A$,$V_{CE} = 10\ V$ 时的 I_C 及 $\overline{\beta}$。

(2) $V_{CE} = 10\ V$ 时,I_B 由 $60\ \mu A$ 变化到 $80\ \mu A$ 区间的 β 值为多少?

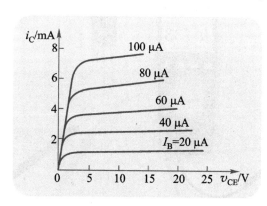

图 1-32　题 6 图

7. 某三极管的极限参数为 $P_{CM} = 250\ mW$,$I_{CM} = 60\ mA$,$V_{(BR)CEO} = 100\ V$。

(1) 如果 $V_{CE} = 12\ V$,集电极电流为 25 mA,问三极管能否正常工作? 为什么?

（2）如果 $V_{CE} = 3\,V$，集电极电流为 $80\,mA$，问三极管能否正常工作？为什么？

实训任务 1.2
三极管的检测

一、实训目的

学习用万用表判断三极管引脚和检测性能的好坏。

二、器材准备

1. NPN、PNP 型三极管若干。

2. 数字式万用表。

*3. 晶体管特性图示仪。

三、实训相关知识

（1）判断基极和类型　将数字式万用表量程开关置于二极管挡 "⊣▷⊢"，并将黑表笔插入 COM 插孔，红表笔插入 VΩ 插孔。

如图 1-33 所示，如用红表笔接三极管的某一极，黑表笔分别接另外两极，直到测出两组电压降为 $0.2 \sim 0.7\,V$，则红表笔所接的一极为基极，该管为 NPN 型。

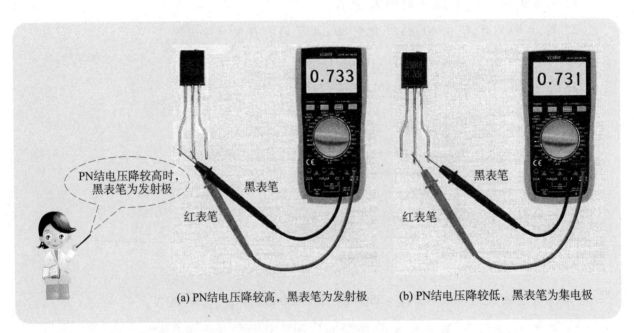

(a) PN结电压降较高，黑表笔为发射极　　(b) PN结电压降较低，黑表笔为集电极

图 1-33　三极管的检测

　　　　　　　　　　　　　　　项目 1　半导体器件的识别与检测

反之,如黑表笔接三极管其中一极,红表笔分别接另外两极,直到测出两组电压降为 0.2~0.7 V,则黑表笔所接的一极为基极,该管为 PNP 型。

(2)判断集电极和发射极 当基极 b 确定后,可接着判别发射极 e 和集电极 c。比较基极和另外两极间的正向压降(即发射结、集电结的开启电压),测得的电压降较大时,黑表笔所接的是发射极 e,如图 1-33(a)所示;反之测得的电压降比较小,黑表笔所接的是集电极 c,如图 1-33(b)所示。

(3)测量三极管的放大系数 数字式万用表上有一个测量三极管放大系数的挡位,即把万用表置于"hFE"这个位置,然后根据三极管类型将其 3 个引脚插入万用表的 e、b、c 插孔,注意引脚要对应。若显示屏上显示三极管的放大系数为几十至几百,则说明该三极管是正常的且有放大能力。

若测得的三极管的放大系数很小,经检查三极管的 e、b、c 引脚并无插错,这种情况表明三极管放大能力很低,质量不符合要求。

四、实训内容与步骤

1. 用万用表测量三极管的 3 个未知引脚 1、2、3(如图 1-34 所示)之间的电压值,并记录在表 1-7 中,判断三极管的基极,并用黄色的塑料套管套在基极引脚。测量时注意,不能用手同时捏住三极管的两个引脚。

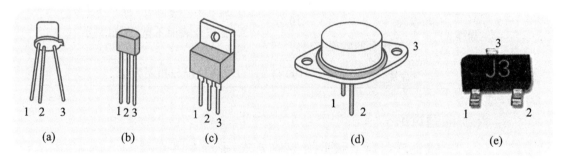

图 1-34　三极管引脚编号

表 1-7　三极管测量记录

三极管型号	测量极间电压				引脚判断			管型判断	放大系数
	红表笔接 2 脚		黑表笔接 2 脚						
	黑表笔接 1 脚	黑表笔接 3 脚	红表笔接 1 脚	红表笔接 3 脚	e	b	c		

2. 用万用表判断三极管的发射极、集电极,并用红色的塑料套管套在发射极引脚上。

3. 用万用表估测三极管的放大系数。

*4. 用晶体管特性图示仪观察三极管的输入和输出伏安特性曲线,并用坐标纸绘出特性曲线。

五、技能评价

"三极管的检测"实训任务评价表见表1-8。

表1-8 "三极管的检测"实训任务评价表

项目	考核内容	配分	评分标准	得分
万用表设置	1. 万用表的挡位 2. 万用表的调整	10分	1. 万用表挡位设置错误,扣5分 2. 万用表的表笔装接不正确,扣5分	
器件检测	判断三极管的引脚	20分	1. 引脚判断错误,每只扣5分 2. 不会判断管型,每只扣5分 3. 不会估测放大系数,每只扣5分 4. 不会判断质量好坏,每只扣5分	
	判断三极管的管型	20分		
	放大系数的估测	20分		
	质量的检测	20分		
安全文明操作	1. 实训器件的整理和保管 2. 工作台的整理	10分	1. 器件丢失或损坏,每只扣5分 2. 工作台表面不整洁,扣5分	
合计		100分	以上各项配分扣完为止	

六、问题讨论

1. 试说明判断三极管引脚的方法,并分析其道理。

2. 查阅网络学习资源,说明为何三极管的发射结开启电压高于集电结的开启电压(提示:PN结掺杂的载流子浓度不同)。

*1.5
场效晶体管

学习目标

★ 了解场效晶体管的结构、符号。

★ 了解场效晶体管的放大特性和主要参数。

★ 掌握场效晶体管安全使用常识。

前面介绍的三极管是通过基极电流控制输出电流的器件,称为电流控制器件。本节将要介绍的场效晶体管则是一种电压控制型器件,是利用输入电压产生电场效应来控制输出电流,它具有输入阻抗高、噪声低、热稳定性好、耗电省等优点,目前已广泛应用于各种电子电路中。

场效晶体管的型号是在3DJ、3DO、CS等后加序号和规格号来表示,它的外形与三极管相似,如图1-35所示。场效晶体管按其结构的不同分为结型和绝缘栅型两大类。绝缘栅场效晶体管由金属-氧化物-半导体(metal-oxide-semiconductor)组成,取其英文单词的第一个字母,称为MOS场效晶体管。

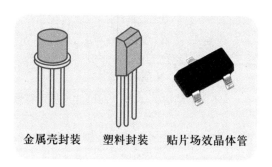

图 1-35　场效晶体管的外形

1.5.1 MOS场效晶体管的基本结构

绝缘栅场效晶体管分为增强型和耗尽型两类,各类又有P沟道和N沟道两种。图1-36所示为N沟道增强型绝缘栅场效晶体管结构示意图和对应的电气图形符号。它是用一块杂质浓度较低的P型硅片作衬底,B为衬底引线。在硅片上面扩散两个高浓度N型区(图1-36中N^+区),各用金属线引出电极,分别称为源极s和漏极d;在硅片表面生成一层薄

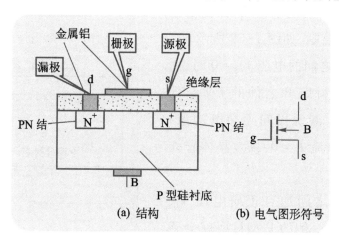

(a) 结构　　　　　(b) 电气图形符号

图 1-36　N沟道增强型绝缘栅场效晶体管

薄的二氧化硅绝缘层,绝缘层上再制作一层铝金属膜作为栅极 g。场效晶体管的 s、g、d 极对应三极管的 e、b、c 极。

如果在制作场效晶体管时采用 N 型硅作衬底,漏极、源极为 P^+ 型区的引脚,工作时的导电沟道为 P 型,其结构和对应的电气图形符号如图 1-37 所示。

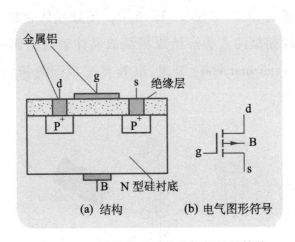

图 1-37 P 沟道增强型绝缘栅场效晶体管

观察绝缘栅场效晶体管的电气图形符号时应注意:若 d 极与 s 极之间是三段断续线,表示为增强型;若是连续线表示为耗尽型。箭头向内表示为 N 沟道,反之为 P 沟道。

1.5.2 MOS 场效晶体管的电压控制原理

MOS 场效晶体管的电压控制原理

1. 电压控制原理

在 N 沟道增强型场效晶体管的漏极 d 与源极 s 之间加上工作电压 V_{DS} 后,管子的输出电流 I_D 就受栅源电压 V_{GS} 的控制,如图 1-38 所示。

当栅源之间的电压 $V_{GS}=0$ 时,由于漏极 d 与衬底 B 之间的 PN 结处于反向偏置,漏源极间无导电沟道,因此,漏极电流 $I_D=0$,场效晶体管处于截止状态。

当栅源之间加有正向电压 V_{GS} 时,靠绝缘层一侧的 P 型衬底就会感应出一层电子,即为 N 型薄层。当

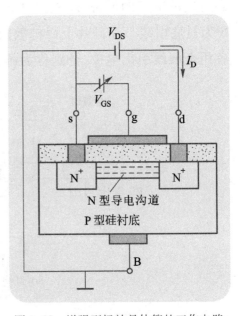

图 1-38 增强型场效晶体管的工作电路

V_{GS} 增加至某个临界电压时,感应电子层将两个分离的 N$^+$ 区接通,形成 N型导电沟道,于是产生漏极电流 I_D,场效晶体管开始导通。这个临界电压称为开启电压(相当于三极管的死区电压),通常用 $V_{GS(th)}$ 表示。显然,继续加大 V_{GS},导电沟道就愈宽,输出电流 I_D 也就愈大。

2. 增强型与耗尽型场效晶体管的主要差异

N 沟道耗尽型场效晶体管的结构与增强型场效晶体管相比,其不同点仅在于:在二氧化硅层中掺入大量的正离子,产生足够的内电场使 P型硅衬底的表面感应出很多负电荷,导致漏极与源极之间(两个 N$^+$ 区)形成 N 型原导电沟道,如图 1-39 所示。这样,只要有 V_{DS} 电压,即使栅源极之间不加电压 V_{GS},场效晶体管就已导通,形成 I_D。要使耗尽型场效晶体管截止,必须加上一定的反向栅源电压 V_{GS}。当 V_{GS} 达到一定负值时,场效晶体管截止,$I_D = 0$,这时的 V_{GS} 称为夹断电压,用 $V_{GS(off)}$ 表示。由此可知,耗尽型 MOS 管不论栅源电压是正、负或零值都能控制漏极电流 I_D,这是与增强型 MOS 管不同的一个重要特点。

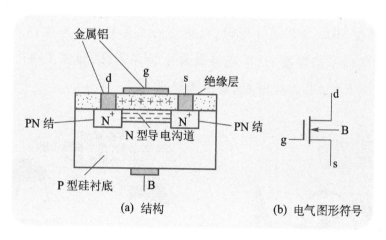

图 1-39　N 沟道耗尽型绝缘栅场效晶体管

1. 主要参数

(1)开启电压 $V_{GS(th)}$　指 V_{DS} 为定值时,使增强型绝缘栅场效晶体管开始导通的栅源电压。$V_{GS(th)}$ 是增强型场效晶体管的重要参数,对于 N 沟道场效晶体管,$V_{GS(th)}$ 为正值;对于 P 沟道场效晶体管,$V_{GS(th)}$ 为负值。

(2)夹断电压 $V_{GS(off)}$　指 V_{DS} 为定值时,使耗尽型绝缘栅场效晶体管处于刚开始截止的栅源电压,N 沟道管子的 $V_{GS(off)}$ 为负值,属于耗尽型场效晶体管的参数。

（3）低频跨导 g_m　指 V_{DS} 为定值时，由栅源输入电压 v_{gs} 引起的漏极电流 i_d 与栅源输入电压 v_{gs} 之比，即

$$g_m = \frac{i_d}{v_{gs}} \qquad\qquad (1-3)$$

这是表征栅源输入电压 v_{gs} 对漏极电流 i_d 控制作用大小的重要参数。

2. 使用注意事项

由于 MOS 场效晶体管的输入电阻很高，栅极感应的电荷很难通过它释放，因而少量的感应电荷也会产生较高的电压，很容易造成场效晶体管的击穿损坏。因此，在使用 MOS 场效晶体管时要十分注意安全操作规范。

👀 **应用提示**

▶ 存放 MOS 场效晶体管时要将 3 个电极短路，取用时应注意人体静电对栅极的感应，可在手腕上套一接地的防静电手腕带，如图 1-40 所示。

▶ 焊接 MOS 场效晶体管时，电烙铁必须要有外接地线，或切断电源利用电烙铁的余热焊接，以防电烙铁漏电损坏器件，如图 1-41 所示。焊接时应先焊源极，其次焊漏极，最后焊栅极。

图 1-40　防静电手腕带　　　图 1-41　电烙铁漏电会损坏 MOS 场效晶体管

▶ 要拆焊电路板上的场效晶体管，应先将电路板的工作电源关闭，不允许电路通电时用电烙铁进行焊接操作。

✏️ **思考与练习**

1. 场效晶体管与三极管比较有何特点？

2. 为什么说场效晶体管是电压控制元件?

3. 画出 N 沟道耗尽型 MOS 管和 P 沟道增强型 MOS 管的电气图形符号。

4. 说明场效晶体管参数 g_m、$V_{GS(off)}$、$V_{GS(th)}$ 的意义。

5. 使用场效晶体管应注意什么问题?

实训任务 1.3 常用电子仪器的使用

一、 实训目的

1. 查阅电子仪器的使用说明资料,了解仪器的操作要领。

2. 通过实际的操作练习,初步掌握常用电子仪器的使用方法。

二、 器材准备

1. 示波器。

2. 低频信号发生器。

3. 直流稳压电源。

4. 毫伏表。

三、 实训相关知识

阅读本实训所用仪器的使用说明资料,了解各仪器的面板标识、操作要领与注意事项。

四、 实训内容与步骤

1. 低频信号发生器的使用练习

(1)调节低频信号发生器,使其输出频率分别为 550 Hz、1 kHz、3.3 kHz 的正弦波信号。

(2)调节低频信号发生器,使其输出电压分别为 20 mV、75 mV、500 mV 的正弦波信号。

2. 毫伏表的使用练习

连接毫伏表与低频信号发生器。用毫伏表测量低频信号发生器输出电压分别为 20 mV、75 mV、500 mV 的正弦波信号时的电压,并与由信号发生器所读取的电压值进行比较。

毫伏表的指示通常为有效值,而低频信号发生器输出通常是峰-峰值,对于不同信号类型,毫伏表指示与低频信号发生器输出有很大差异,这要引起注意。

3. 示波器的使用练习

连接示波器与信号发生器。用示波器观察信号发生器输出为 550 Hz、1 kHz、3.3 kHz 正弦波信号时的输出电压波形,并绘制波形图。

4. 直流稳压电源的使用练习

(1) 调节直流稳压电源,使其输出直流电压依次为 3 V、6 V、9 V、12 V。

(2) 用万用表测量直流稳压电源的输出电压,并记录测量值。

五、技能评价

"常用电子仪器的使用"实训任务评价表见表 1-9。

表 1-9　"常用电子仪器的使用"实训任务评价表

项目	考核内容	配分	评分标准	得分
低频信号发生器的使用	1. 输出频率的调整 2. 输出信号电压的调整	20 分	1. 不会调整输出频率,扣 10 分 2. 不会调整输出电压,扣 10 分	
毫伏表的使用	1. 操作方法 2. 测量数据的读取	20 分	1. 操作步骤和方法错误,扣 10 分 2. 测量数据读错,扣 10 分	
示波器的使用	1. 常用功能开关的使用 2. 波形的观测	30 分	1. 操作步骤和方法错误,扣 10 分 2. 常用功能开关不会使用,扣 10 分 3. 无法观测到稳定、清晰的波形,扣 10 分	
直流稳压电源的使用	1. 功能开关的使用 2. 输出直流电压的调整	20 分	1. 操作步骤和方法错误,扣 10 分 2. 不会调整输出电压,扣 10 分	
安全文明操作	1. 严格遵守安全文明操作规程 2. 工作台的整理	10 分	1. 违反安全文明操作规程,扣 5 分 2. 损坏仪器,扣 5 分 3. 工作台表面不整洁,扣 5 分	
合计		100 分	以上各项配分扣完为止	

六、问题讨论

1. 低频信号发生器的功能是什么,实验室使用的低频信号发生器的输出频率范围是多少？输出信号的最大电压峰-峰值是多少？

    2. 示波器的主要功能是什么？

    3. 示波器测得正弦波的峰-峰值 $V_{P-P}=6\text{ V}$，其有效值是多少？

项目小结

    1. 半导体具有热敏性、光敏性和掺杂性，因而成为制造电子元器件的关键材料。

    2. 二极管由一个 PN 结构成，其最主要的特性是具有单向导电性，二极管的特性可由伏安特性曲线准确描述。选用二极管必须考虑最大整流电流、最高反向工作电压两个主要参数，工作于高频电路时还应考虑最高工作频率。

    3. 特殊二极管主要有稳压二极管、发光二极管、光电二极管、变容二极管等。稳压二极管是利用它在反向击穿状态下的恒压特性来构成稳定工作电压的电路。发光二极管起着将电信号转换为光信号的作用，而光电二极管则是将光信号转换为电信号，变容二极管通过改变反向偏压可改变电容量。

    4. 三极管是一种电流控制器件，有 NPN 型和 PNP 型两大类型。三极管内部有发射结、集电结 2 个 PN 结，外部有基极、集电极、发射极 3 个电极。在发射结正偏、集电结反偏的条件下，具有电流放大作用；在发射结和集电结均反偏时处于截止状态，相当于开关断开。在发射结和集电结均正偏时处于饱和状态，相当于开关闭合。三极管的放大功能和开关功能得到广泛的应用。

    三极管的特性曲线和参数是正确运用器件的依据，根据它们可以判断三极管的质量优劣以及正确使用的范围。β 表示电流放大能力大小；P_{CM}、I_{CM}、$V_{(BR)CEO}$ 规定了三极管的安全应用范围；I_{CBO}、I_{CEO} 反映了三极管温度稳定性。

    5. 场效晶体管是一种电压控制器件，场效晶体管具有输入电阻高和噪声低等特点。使用 MOS 场效晶体管时要十分注意操作规范，否则容易使器件击穿损坏。

自我测评

一、判断题

    1. 杂质半导体的导电性能弱于纯净半导体。   （   ）

2. 锗二极管两端加上 0.3 V 的电压就能导通。　　　　（　　）

3. 二极管只要工作在反向击穿区，一定会被击穿而造成永久损坏。

（　　）

4. 锗三极管的温度稳定性比硅三极管差。　　　　　　（　　）

5. 三极管是一种电流控制型器件。　　　　　　　　　（　　）

二、填空题

1. 制造半导体器件的最常用半导体材料是_____和_____。

2. 二极管最主要的特性是具有_____。

3. 二极管通电状态下，测得两端正向压降为_____，可判定为锗二极管；当测量二极管的正向压降为_____，可判定为硅二极管。

4. 图 1-42 所示的二极管采用_____材料封装，左边的引脚为_____极，右边的引脚为_____极。

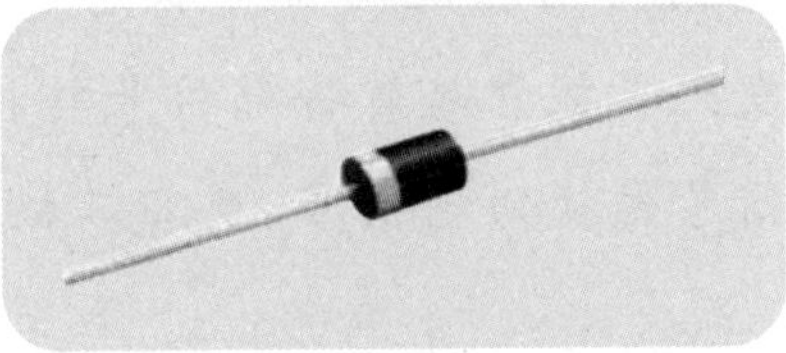

图 1-42　填空题 4

5. 型号为 2AP10 的半导体器件代表的是_____二极管，型号 2CZ13 代表的是_____二极管，型号 2CW21 代表的是_____二极管。

6. 发光二极管可高效地将_____转换为_____，光电二极管的功能是将光能转换为_____。

7. 发光二极管的英文简称为_____。

8. 三极管的核心是两个反向连接的 PN 结，按两个 PN 结的组合方式不同，可分为_____型和_____型两类。

9. 场效晶体管是一种_____控制的半导体器件，绝缘栅场效晶体管分为_____和_____两类。

三、选择题

1. 普通硅二极管的正向压降约为_____。

A. 0.2 V　　　　　　　　　　　B. 0.3 V

C. 0.5 V　　　　　　　　　　　D. 0.7 V

2. 如果用万用表测得二极管的正、反向电压都很小，则二极管_____。

A. 已被击穿　　　　　　　　　　B. 特性良好

C. 内部开路 D. 功能正常

3. 稳压二极管的稳压性质是利用_____。

A. PN 结单向导电性 B. PN 结反向击穿特性

C. PN 结正向导通特性 D. PN 结反向截止

4. 当三极管工作在放大区时,为_____。

A. 发射结和集电结均反偏 B. 发射结正偏,集电结反偏

C. 发射结和集电结均正偏 D. 发射结反偏,集电结正偏

5. 用万用表测量一电子线路中的三极管,测得 $V_{CE} = 6$ V、$V_E = 1$ V、$V_B = 1.7$ V,该管是_____。

A. PNP 型,处于放大工作状态

B. PNP 型,处于截止工作状态

C. NPN 型,处于放大工作状态

D. NPN 型,处于截止工作状态

四、分析题

1. 如图 1-43 所示,设二极管的正向压降为 0.7 V,求输入电压 V_A 分别为 +5 V、-5 V 时,输出电压 V_B 的值。

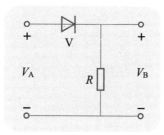

图 1-43 分析题 1

2. 两只稳压值为 5.3 V 的同型号硅稳压二极管,将它们组成图 1-44 所示的电路,设输入电压 V_I 为 18 V,各电路输出电压 V_Z 的值是多少?

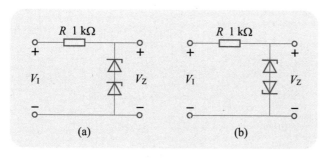

图 1-44 分析题 2

3. 说明图 1-45 中所示的半导体器件的名称和功能,并标出引脚。

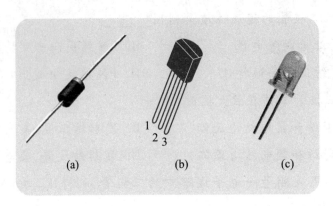

图 1-45　分析题 3

4. 在三极管放大电路中,测得 $I_E = 5$ mA, $I_B = 200$ μA。

(1) 集电极电流 I_C 是多少?

(2) 直流放大系数 $\bar{\beta}$ 是多少?

项目 基本放大电路的认识

项目描述

    放大电路又称放大器，其作用是将输入的微弱电信号放大成幅度足够大的输出信号，驱动负载正常工作，以便有效地进行观察、测量和控制。图 2-1 所示的扩音机就是放大电路的典型应用，由话筒输出很微弱的电信号送到扩音机进行放大，从输出端送出较强的电信号，驱动音箱发出足够大的声音。

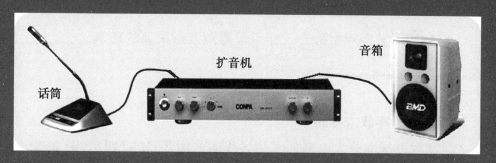

图 2-1　扩音机——放大电路的典型应用

    放大电路实质上是一种能量转换器，它将直流电能转换成输出信号的能量。 本项目着重学习基本放大电路的构成和工作原理，学会安装和调整放大电路。

2.1
三极管基本放大电路

学习目标

★ 能识读和绘制基本放大电路图,理解主要元器件的作用。

★ 理解放大电路的放大过程。

★ 会用示波器观察静态工作点设置对波形失真的影响。

2.1.1 放大电路的构成

共发射极基本放大电路

1. 共发射极基本放大电路

共发射极基本放大电路的实物接线图如图 2-2(a)所示,图 2-2(b)所示为对应的电路原理图。

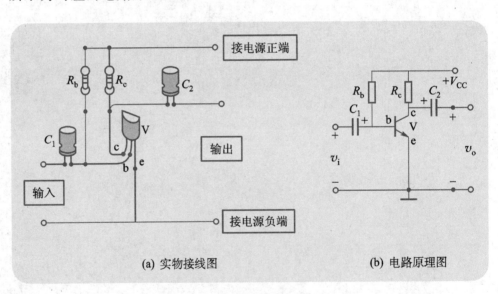

(a) 实物接线图　　　　　　(b) 电路原理图

图 2-2　共发射极基本放大电路

图 2-2 所示放大电路中的元器件作用介绍如下:

V——三极管,起电流放大作用。

$+V_{CC}$——直流供电电源,为电路提供工作电压和电流。

R_b——基极偏置电阻,电源 V_{CC} 通过 R_b 向基极提供合适的偏置电流 I_B。

C_1——输入耦合电容,耦合输入交流信号 v_i,并起隔离直流电的作用。

C_2——输出耦合电容,耦合输出交流信号 v_o,并起隔离直流电的作用。

R_c——集电极负载电阻,电源 V_{CC} 通过 R_c 为集电极供电,另一个作用是将放大的输出电流 i_c 转换为放大的电压输出。

2. 共集电极和共基极放大电路

放大电路中,若三极管的集电极是输入和输出的公共端,即集电极交流接地,就构成共集电极放大电路,如图 2-3(a)所示。

若三极管的基极是输入和输出的公共端,即基极交流接地,就构成共基极放大电路,如图 2-3(b)所示。

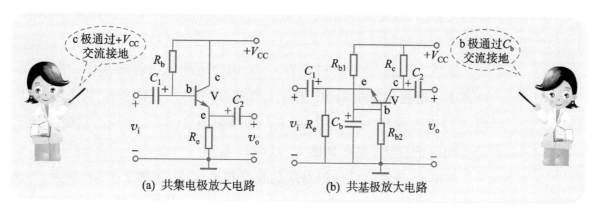

(a) 共集电极放大电路　　　(b) 共基极放大电路

图 2-3　共集电极和共基极放大电路

🐾 **应用提示**

▶ 共发射极放大电路的电压、电流、功率放大倍数都较大,所以广泛应用在多级放大器的中间放大级。

▶ 共集电极放大电路只有电流放大作用,无电压放大作用,它的输入电阻大,输出电阻小,常用来实现阻抗匹配或作为缓冲电路。

▶ 共基极放大电路的主要特点是频率特性好,所以多作为高频放大器、高频振荡器及作为宽带放大器。

2.1.2 放大电路的电压、电流符号规定

放大电路的工作状态分为静态和动态两种。静态是指无交流信号输入时,电路中的电压、电流都不变的状态。动态是指放大电路有交流信号输入,电路中的电压、电流随输入信号做相应变化的状态。

静态工作点 Q 是指放大电路没有输入交流信号时,三极管的各极直流电压和直流电流(主要指 I_{BQ}、I_{CQ}、V_{CEQ})。当有交流信号输入时,电路的电压和电流是由直流成分和交流成分叠加而成的,为了便于区分不同的分量,通常做以下规定:

直流信号——用大写字母和大写下标表示,如I_B、I_C、I_E、V_{BE}、V_{CE}。

交流信号——用小写字母和小写下标表示,如i_b、i_c、i_e、v_{be}、v_{ce}。

交流和直流叠加信号——用小写字母和大写下标表示,如i_B、i_C、i_E、v_{BE}、v_{CE}。

2.1.3 放大原理

对于图2-4所示的放大电路,可调整偏置电阻R_b使电路有合适的静态工作点,这样交流信号经放大后,输出波形才不产生失真。电路的放大原理说明如下:

输入交流信号v_i通过电容C_1的耦合送到三极管的基极和发射极。电源V_{CC}通过偏置电阻R_b为放大管提供发射结直流偏压V_{BEQ},交流信号v_i与直流偏压V_{BEQ}叠加的v_{BE}波形如图2-4(b)所示,基极电流i_B产生相应的变化,波形如图2-4(c)所示。

电流i_B经放大后获得对应的集电极电流i_C,如图2-4(d)所示,电流i_C增大时,负载电阻R_c的电压降也相应增大,使集电极对地的电压v_{CE}降低;反之,电流i_C变小时,负载电阻R_c的电压降也相应减小,使集电极对地的电压v_{CE}升高。因此,集-射极电压v_{CE}波形与输出电流i_C变化情况相反,如图2-4(e)所示。v_{CE}经耦合电容C_2隔离直流成分,输出的只是放大信号的交流成分v_o,波形如图2-4(f)所示。

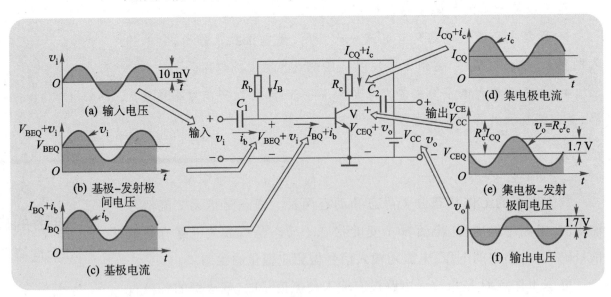

图2-4 放大电路电压和电流的波形

综上分析可知,在基本放大电路中,输出电压v_o与输入电压v_i相位相反,幅度得到放大,因此,该放大电路通常也称为反相放大器。

放大电路的静态工作点设置不合适,将导致放大输出的波形失真。例如,在音频放大电路中表现为音质不好,在电视机的扫描放大电路中表现为图像比例失调。由静态工作点设置不合适引起的失真主要有饱和失真和截止失真两类。

放大器静态工作点对波形的影响

做中学

观察静态工作点对放大波形的影响

【器材准备】

示波器、低频信号发生器、万用表、直流稳压电源、三极管(9011)、电解电容器(22 μF、10 μF)、电阻(2 kΩ、10 kΩ)、电位器(470 kΩ)、导线若干。

【动手实践】

(1)按图 2-5 所示连接电路,检查接线无误后,接通 12 V 的直流稳压电源。

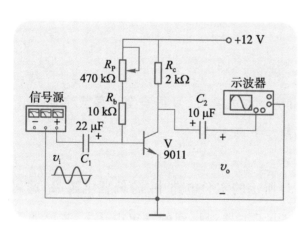

图 2-5　放大电路输出波形观察电路

(2)低频信号发生器输出 30 mV/1 kHz 的正弦波交流信号,接至放大电路的输入端。

(3)调节电位器 R_P,在波形不失真的条件下,用示波器观察输出电压 v_o 的波形,并用万用表测量偏置电阻的阻值。

(4)调节电位器 R_P 使之减小,用示波器观察输出电压波形的变化。

(5)调节电位器 R_P 使之增大,用示波器观察输出电压波形的变化。

(6)断开电位器($R_P = \infty$),用示波器观察输出电压波形。

1. 饱和失真

在图 2-6(a)所示的实验电路中,放大电路的输入正弦波信号由低频信号发生器提供，放大的输出电压波形用示波器来观察。若偏置电阻 R_b 取 50 kΩ，基极电流 I_{BQ} 就较大，由示波器观察到的输出电压 v_o 波形就会产生失真，其负半周被削去一部分，称为饱和失真，如图 2-6(b) 所示。

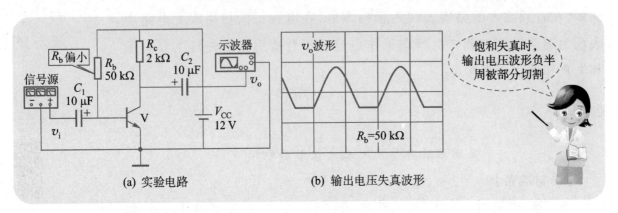

图 2-6　饱和失真波形的观测

产生饱和失真的原因是：I_{BQ} 偏大时，静态工作点偏高，三极管工作在饱和临界点附近，当输入信号正半周幅度较大时三极管进入饱和区，i_B 增大无法使 i_C 相应增大，于是造成 i_C 的正半周、v_o 的负半周出现切割失真，即饱和失真。

🔍 **应用提示**

放大电路出现饱和失真时，可适当增大偏置电阻 R_b，将偏置电流 I_{BQ} 降低，从而消除饱和失真。

2. 截止失真

在图 2-7(a) 所示的实验电路中，若偏置电阻 R_b 选用 2 MΩ，此时基极电流 I_{BQ} 很小，由示波器观察到的输出电压 v_o 波形如图 2-7(b) 所示，电压波形 v_o 的正半周出现平顶失真，称为截止失真。

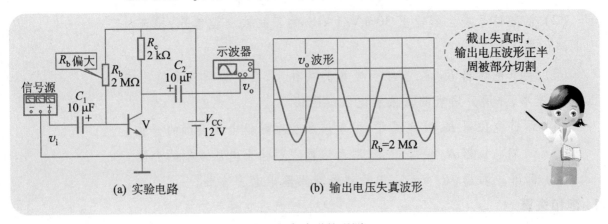

图 2-7　截止失真波形的观测

　　　　　　　　　　　　　　　　　项目 2　基本放大电路的认识

产生截止失真的原因是：I_{BQ} 偏小时，静态工作点偏低。三极管工作在截止区附近，在输入电压 v_i 的负半周时，三极管的发射结将在一段时间内处于反向偏置，造成 i_c 负半周、v_o 的正半周相应的波顶被削去。

应用提示

放大电路出现截止失真时，可适当减小偏置电阻 R_b，将偏置电流 I_{BQ} 增大，从而消除截止失真。

3. 静态工作点的测量与调整

组装或维修电子产品时，常常需要调整放大电路静态工作点，使之满足产品的设计要求。静态工作点的测量与调整如图 2-8 所示，具体步骤如下：

（1）选取一只定值电阻（一般取 50 kΩ）和一只电位器（100 kΩ ~ 1 MΩ），串联后接入电路用以代替偏置电阻。

（2）将万用表置于电流挡，然后串接在集电极回路。

（3）接通调试电路电源，缓慢地调节电位器，直至万用表指示的 I_c 电流达到要求，电流值的大小在具体的设备中通常由电路图标注。

（4）断开电源，用万用表电阻挡测得 R_b 和 R_P 的总阻值，然后选用一个阻值与之相当的固定电阻去代替 R_b 和 R_P。断开所接的电流表，接好集电极开口，这样调整偏置电阻的工作就完成了。

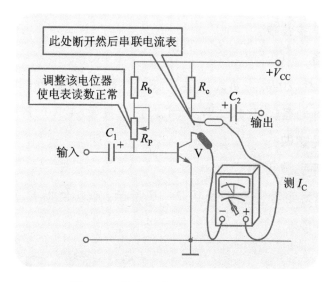

图 2-8　静态工作点的测量与调整

思考与练习

1. 指出图 2-9 所示的各个放大电路存在的错误，并加以改正。

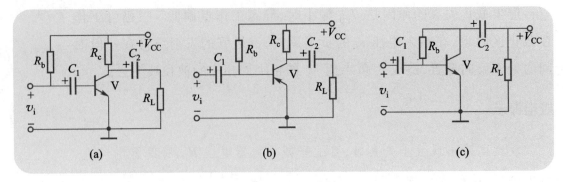

图 2-9 题 1 图

2. 说明放大电路的电压和电流符号的含义:I_B、i_B、i_b、V_{BE}、v_{BE}、v_{CE}、v_o。

3. 什么是放大电路的静态工作点? 为什么要设置合适的静态工作点?

4. 画出饱和失真和截止失真的输出电压波形图,并说明如何调整放大电路,使之能消除失真。

实训任务 2.1
手工焊接训练

一、 实训目的

1. 会对焊接前的元器件进行处理。

2. 会按工艺要求对元器件进行整形、手工插装。

3. 掌握焊接技能。

二、 器材准备

印制电路板、20 W 内热式电烙铁、镊子、剪线钳、电阻(20 只)、瓷介电容(5 只)、电解电容(5 只)、二极管(4 只)、三极管(4 只)、焊锡丝若干。

三、 实训相关知识

1. 元器件引脚成形

手工加工的元器件整形如图 2-10 所示,可以借助镊子或小螺丝刀对引脚进行整形。

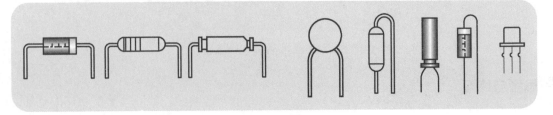

图 2-10 元器件整形

2. 元器件的插装

元器件的插装方式有俯卧式和直立式两种类型,如图2-11所示。

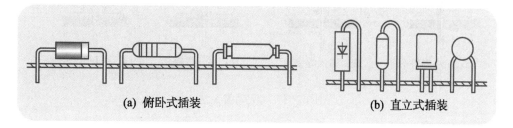

(a) 俯卧式插装   (b) 直立式插装

图2-11　元器件的插装

3. 焊接方法

(1) 焊锡丝的拿法　在连续进行焊接时,焊锡丝的拿法如图2-12(a)所示,即左手的拇指、食指和小指夹住焊锡丝,用另外两根手指配合,就能把焊料丝连续向前送进;若不进行连续焊接,焊锡丝的拿法也可以如图2-12(b)所示。

(2) 握电烙铁的手势　常见的拿电烙铁的方法有握笔法、反握法和正握法3种,如图2-13所示。握笔法操作灵活方便,应用最为广泛。

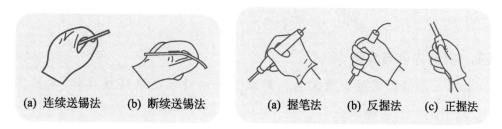

(a) 连续送锡法　(b) 断续送锡法　　　(a) 握笔法　(b) 反握法　(c) 正握法

图2-12　焊锡丝的拿法　　　　　　图2-13　握电烙铁的手势

(3) 操作步骤　通常采用图2-14所示的焊接四步法,简单说明如下:

① 加热焊件　焊接时烙铁头与印制电路板成45°角,烙铁头顶住焊盘和元器件引脚然后给元器件引脚和焊盘均匀预热,如图2-14(a)所示。

② 移入焊锡丝　如图2-14(b)所示,当焊件加热到能熔化焊料的温度后,焊锡丝从元器件引脚和烙铁接触面处移入,焊锡丝应靠在元器件引脚与烙铁头之间。

③ 移开焊锡丝　如图2-14(c)所示,当焊锡丝熔化,焊锡散满整个焊盘时,即可以沿45°角方向拿开焊锡丝。

④ 移开电烙铁　焊锡丝移开后,电烙铁继续放在焊盘上持续1~2 s,当焊锡只有轻微烟雾冒出时,即可拿开电烙铁,如图2-14(d)所示。

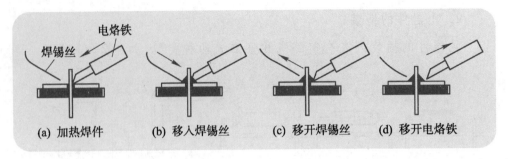

图 2-14　焊接四步法

4. 焊点的质量检查

焊锡量合适的焊点如图 2-15(a) 所示,图 2-15(b) 所示为焊锡量偏少的焊点,图 2-15(c) 所示为焊锡量偏多的焊点。焊接后需检查是否出现虚焊、夹渣、搭焊、气孔、毛刺等不良焊点。

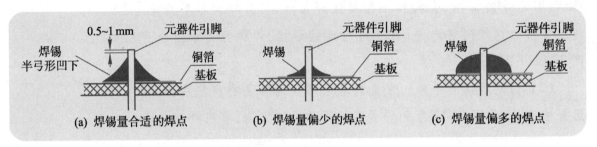

图 2-15　焊点外观

四、 实训内容与步骤

(1) 用棉花球蘸少量无水乙醇或香蕉水对印制电路板焊盘、元器件引脚进行处理,去除氧化膜。

(2) 按元器件手工插装的技术要求,插装元器件。

(3) 预热电烙铁,并对烙铁头进行必要的处理。

(4) 按工艺要求焊接元器件。

(5) 剪引脚并处理焊接好的印制电路板。

五、 技能评价

"手工焊接训练"实训任务评价表见表 2-1。

表 2-1　"手工焊接训练"实训任务评价表

项目	考核内容	配分	评分标准	得分
元器件整形	1. 元器件引脚成形 2. 元器件的破损情况	25 分	1. 元器件引脚成形不符合安装要求,每只扣 2 分 2. 损坏元器件的本体、表面封装、引脚折断,每只扣 5 分	

项目	考核内容	配分	评分标准	得分
元器件插装	1. 插装的位置 2. 插装的工艺	25分	1. 元器件出现错装、漏装,每只扣3分 2. 插装不整齐,扣5分 3. 元器件标识方向、插装高度尺寸不符合要求,每只扣1分	
焊接	1. 焊点质量 2. 焊盘的情况	40分	1. 有虚焊、漏焊、搭焊等,每处扣3分 2. 焊点大小不均匀、不光滑、焊料过多或过少、引脚过长等,每处扣2分 3. 焊盘翘起、脱落,每处扣5分 4. 电路板脏污,扣2~5分	
安全文明操作	1. 遵守安全文明操作规程 2. 工作台的整理	10分	1. 违反安全文明操作规程,扣5分 2. 工作台表面不整洁,元器件随处乱丢,扣5分	
合计		100分	以上各项配分扣完为止	

六、问题讨论

1. 当烙铁头上的焊锡过多时,应如何处理?

2. 当焊点表面有黑色松香烧焦物时,应如何处理?

3. 请分析焊点出现虚焊的原因。

2.2
放大电路的分析

学习目标

★ 了解放大电路的放大倍数、增益、输入电阻、输出电阻的含义。

★ 会画放大电路的直流通路和交流通路。

★ 能用估算法计算基本放大电路的主要指标参数。

2.2.1 主要性能指标

衡量小信号放大电路的主要性能指标是放大倍数和放大电路的输入电阻、输出电阻。

1. 放大倍数

放大倍数是描述放大电路放大能力的一项技术指标,它是在输出波形不失真情况下输出端电量与输入端电量的比值。

(1)电压放大倍数 A_v　是指放大电路的输出电压有效值 V_o 与输入电压有效值 V_i 的比值,定义式为

$$A_v = \frac{V_o}{V_i} \qquad (2-1)$$

电压放大倍数在工程中常用对数形式来表示,称为电压增益,用字母 G_v 表示,单位为分贝(dB),定义式为

$$G_v = 20\lg A_v \quad (\text{dB}) \qquad (2-2)$$

(2)电流放大倍数 A_i　是指放大电路的输出电流有效值 I_o 与输入电流有效值 I_i 的比值,定义式为

$$A_i = \frac{I_o}{I_i} \qquad (2-3)$$

电流放大倍数以对数形式来表示,称为电流增益,用字母 G_i 表示,单位为分贝(dB),定义式为

$$G_i = 20\lg A_i \quad (\text{dB}) \qquad (2-4)$$

(3)功率放大倍数 A_p　是指放大电路输出功率 P_o 与输入功率 P_i 的比值,定义式为

$$A_p = \frac{P_o}{P_i} \qquad (2-5)$$

功率放大倍数以对数形式来表示,称为功率增益,用字母 G_p 表示,单位为分贝(dB),定义式为

$$G_p = 10\lg A_p (\text{dB}) \qquad (2-6)$$

例 2-1　某放大电路输入的正弦信号电压为 12 mV,输出信号电压为 1.2 V,试计算该放大电路的电压放大倍数,并转换为电压增益。

解:电压放大倍数 $A_v = \dfrac{V_o}{V_i} = \dfrac{1.2}{12 \times 10^{-3}} = 100$

电压增益 $G_v = 20\lg A_v = 20\lg 100 = 40(\text{dB})$

2. 输入电阻和输出电阻

（1）输入电阻 R_i　放大电路的输入端可以用一个等效交流电阻 R_i 来表示，它反映了放大电路对信号源所产生的负载效应，R_i 的定义式为

$$R_i = \frac{V_i}{I_i} \tag{2-7}$$

（2）输出电阻 R_o　是从放大电路输出端向放大电路看进去的等效交流电阻，注意不应包括外接负载电阻 R_L，R_o 的定义式为

$$R_o = \frac{V_o}{I_o} \tag{2-8}$$

输出电阻 R_o 越小，放大电路负载变化时，输出电压越稳定；如果希望负载变化对输出电流的影响要小，则要求输出电阻应尽可能大些。

2.2.2　估算分析法

估算分析法是利用电路中已知参数，通过数学方程式近似计算来分析放大电路。分析小信号放大电路采用估算法较为简便，常用来估算放大电路的静态工作点和放大倍数、输入电阻、输出电阻等。下面以图 2-16 为例介绍估算法与步骤。

1. 估算静态工作点

（1）画出直流通路　估算放大电路的直流电量时需借助直流通路。直流通路是指静态时，放大电路直流电流通过的路径，估算法是根据直流通路列出计算方程。由于电容对直流电相当于开路，因此，画直流通路时把电容支路断开即可，如图 2-17 所示。

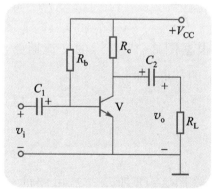

图 2-16　基本放大电路

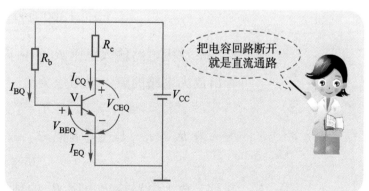

图 2-17　基本放大电路的直流通路

（2）根据图 2-17 所示的直流通路得出以下计算公式

$$I_{BQ} = \frac{V_{CC} - V_{BEQ}}{R_b} \approx \frac{V_{CC}}{R_b} \tag{2-9}$$

根据三极管的电流放大特性可得

$$I_{CQ} = \beta I_{BQ} \tag{2-10}$$

由图 2-17 所示的输出回路直流通路可得出以下公式

$$V_{CEQ} = V_{CC} - I_{CQ} R_c \tag{2-11}$$

2. 估算交流参数

（1）画交流通路　估算放大电路的交流电量时需借助交流通路。交流通路是指输入交流信号时,放大电路交流信号的通路。由于容抗小的电容以及内阻小的直流电源可看作交流短路,因此,画交流通路只需把容量较大的电容及直流电源简化为一条短路线,如图 2-18 所示。

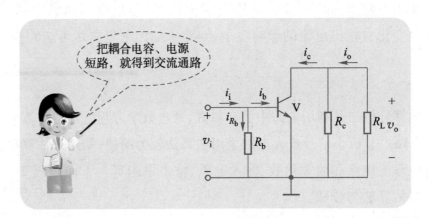

图 2-18　基本放大电路的交流通路

（2）三极管输入电阻 r_{be} 的估算　三极管的 b 极与 e 极之间存在一个等效电阻,称为三极管的输入电阻 r_{be},对于小功率三极管在共发射极接法时,常用下式近似估算（其中 I_{EQ} 的单位为 mA）

$$r_{be} \approx 300 \ \Omega + (1+\beta) \frac{26 \ \text{mV}}{I_{EQ}} \tag{2-12}$$

（3）放大电路输入电阻 R_i 的估算　根据图 2-18 所示的交流通路,可看出放大电路的输入电阻应为 r_{be} 与 R_b 的并联,即

$$R_i = R_b // r_{be} \tag{2-13}$$

一般 $R_b \gg r_{be}$,上式可近似为

$$R_i \approx r_{be} \tag{2-14}$$

（4）放大电路输出电阻 R_o 的估算　将图 2-18 所示交流电路的外接负载 R_L 断开,从放大电路的输出端看进去的等效电阻为 R_c 与三极管输出电阻 r_{ce} 并联,即

$$R_o = R_c // r_{ce}$$

因 $r_{ce} \gg R_c$,所以

$$R_o \approx R_c \qquad\qquad (2-15)$$

（5）电压放大倍数 A_v 的估算　A_v 是指输出信号电压与输入信号电压值之比,定义式为

$$A_v = \frac{V_o}{V_i}$$

由基本放大电路的交流通路可知

$$A_v = \frac{V_o}{V_i} = \frac{(R_c /\!/ R_L)i_c}{r_{be}i_b} = \frac{R'_L \beta i_b}{r_{be}i_b} = -\beta \frac{R'_L}{r_{be}} \qquad (2-16)$$

上式中的 R'_L 为交流等效负载电阻, $R'_L = R_c /\!/ R_L = \dfrac{R_c R_L}{R_c + R_L}$;负号表示输出信号与输入信号相位相反。

例 2-2　求图 2-19 所示的放大电路的静态工作点(I_{BQ} 、 I_{CQ} 、 V_{CEQ})及交流参数(R_i 、 R_o 、 A_v)。

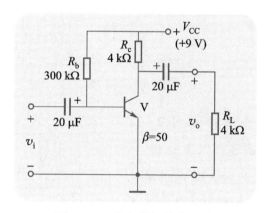

图 2-19　共发射极放大电路

解:（1）求静态工作点

$$I_{BQ} \approx \frac{V_{CC}}{R_b} = \frac{9\ V}{300 \times 10^3\ \Omega} = 0.\ 03\ mA$$

$$I_{CQ} = \beta\ I_{BQ} = 50 \times 0.\ 03\ mA = 1.\ 5\ mA$$

$$V_{CEQ} = V_{CC} - I_{CQ}R_c = 9\ V - 1.\ 5\ mA \times 4\ k\Omega = 3\ V$$

（2）求交流参数

$$r_{be} \approx 300\ \Omega + (1+\beta)\frac{26\ mV}{I_{EQ}}$$

$$= 300\ \Omega + \frac{(50+1) \times 26\ mV}{1.\ 5\ mA} \approx 1\ 184\ \Omega$$

$$R_i = R_b /\!/ r_{be} \approx r_{be} \approx 1.\ 18\ k\Omega$$

$$R_o \approx R_c = 4\ k\Omega$$

$$A_v = -\frac{\beta R_L'}{r_{be}} = \frac{-\beta \dfrac{R_c R_L}{R_c + R_L}}{r_{be}} = \frac{-50 \times \dfrac{4 \times 4}{4 + 4}}{1.18} \approx -85$$

思考与练习

1. 试画出图 2-20 所示放大电路的直流通路和交流通路(设电路中电容器的电容量足够大)。

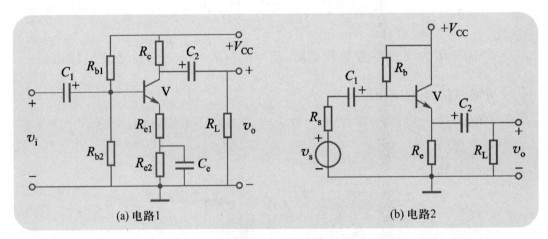

图 2-20　题 1 图

2. NPN 型三极管接成图 2-21 所示的放大电路,试进行以下分析:

(1) 已知电源 $V_{CC} = +12\,V$,若要把放大电路的静态集电极电流 I_{CQ} 调到 1.6 mA,则偏置电阻 R_b 应选多大?

(2) 若要把三极管的管压降 V_{CEQ} 调到 3 V,则偏置电阻 R_b 应调到多大?

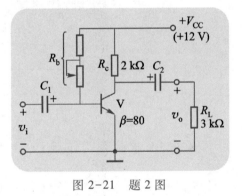

图 2-21　题 2 图

(3) 已知三极管的输入电阻 $r_{be} = 1\,k\Omega$,求放大电路的电压放大倍数。

2.3

放大电路静态
工作点的稳定

学习目标

★ 了解温度对放大电路静态工作点的影响。

★ 能识读分压式偏置放大电路图，了解稳定静态工作点的原理。

★ 能安装分压式偏置放大电路，学会调整静态工作点。

★ 了解集电极-基极偏置放大电路的组成及稳定静态工作点的原理。

前面讨论的共发射极基本放大电路结构简单，但由于这种电路中，只要 V_{CC} 和 R_b 为定值，偏置电流 I_{BQ} 也就是固定值，电路本身不能自动调节静态工作点，故称为固定偏置电路。该放大电路的主要问题是静态工作点不稳定。

做中学

观察温度变化对放大电路静态工作点的影响

【器材准备】

数字万用表、直流稳压电源、三极管（3AX31）、电解电容器（22 μF、10 μF）、电阻（2 kΩ、300 kΩ）、导线若干、电热吹风。

【动手实践】

（1）按图 2-22 所示连接固定偏置放大电路，检查接线无误后，接通 12 V 的直流稳压电源。

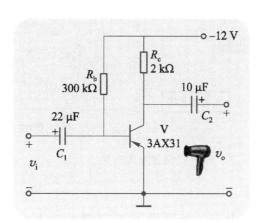

图 2-22　用电热吹风改变三极管的工作温度

（2）在常温下，用数字万用表测量三极管的静态工作点 V_{BEQ}、I_{CQ}、V_{CEQ}。

（3）用电热吹风对着三极管 3AX31 的金属外壳吹，使三极管的温度逐渐上升时，测量三极管的静态工作点 V_{BEQ}、I_{CQ}、V_{CEQ} 的变化情况。

（4）通过观察，得出温度变化对放大电路静态工作点影响的结论。

实验表明：三极管工作时的静态工作点容易受温度变化的影响。温度上升，三极管的 V_{BEQ}、V_{CEQ} 会降低，I_{CQ} 会变大。

实际应用中，固定偏置放大电路的静态工作点 Q 还受电源电压或更换三极管等因素的影响而变动。当 Q 点变动到不合适的位置时将引起放大信号失真。因而实用的放大电路必须能自动稳定工作点，以保证尽可能大的输出动态范围和避免非线性失真。

2.3.1　分压式偏置放大电路

分压式偏置放大电路

1. 电路组成

图 2-23 所示为分压式偏置放大电路,与固定偏置电路比较增加了 R_{b2}、R_e、C_e 3 个元件。

R_{b1} 是上偏置电阻,R_{b2} 是下偏置电阻,电源电压 V_{CC} 经 R_{b1}、R_{b2} 串联分压后为三极管基极提供基极电压 V_{BQ}。

R_e 是发射极电阻,起到稳定静态电流的作用,C_e 并联在 R_e 两端,称为射极旁路电容,它的容量较大,对交流信号相当于短路,这样交流信号的放大能力就不会因电阻 R_e 的接入而降低。

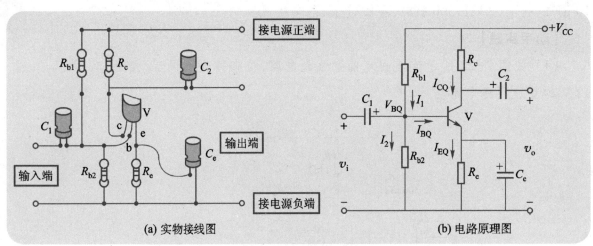

(a) 实物接线图　　　　　　　　　　　(b) 电路原理图

图 2-23　分压式偏置放大电路

2. 稳定静态工作点

当温度上升时,由于三极管的 β、I_{CEO} 增大及 V_{BEQ} 减小,会引起集电极电流 I_{CQ} 增大,则发射极电阻 R_e 上的电压降 V_{EQ} 增大。基极电位 V_{BQ} 由 R_{b1}、R_{b2} 串联分压提供,大小基本稳定,因此,$V_{BEQ}(\,=V_{BQ}-V_{EQ})$ 减小,于是集电极电流 I_{CQ} 的增加受限制,达到稳定静态工作点的目的。上述自动稳定静态工作点的过程可表示为图 2-24。

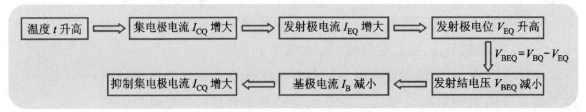

图 2-24　分压式偏置放大电路稳定静态工作点的过程

► 要确保分压偏置电路的静态工作点稳定,应满足两个条件:$I_2 \gg$ I_{BQ}(实际可取 $I_2 = 10\,I_{BQ}$);$V_{BQ} \gg V_{BEQ}$(实际可取 $V_{BQ} = 3V_{BEQ}$)。

► 要改变分压偏置电路的静态工作点,通常的方法是调整上偏置电阻 R_{b1} 的阻值。

🔧 **应用实例**

图 2-25 所示为简易电视天线放大器,与室外天线配合使用,它由两级分压式偏置放大电路组成,对 VHF 波段的电视信号进行放大,电压增益约为 20 dB,输入部分的 C_1、C_2 和 L_1 组成高通滤波器,滤去 48.5 MHz 以下的信号。电感线圈 L_1 用直径为 0.35 mm 的漆包线绕成内径为 3 mm 的空心线圈,电视天线放大器的输入端和输出端与 75 Ω 的同轴电缆连接。

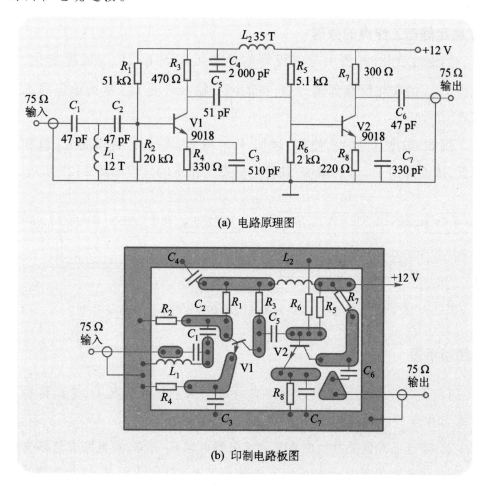

(a) 电路原理图

(b) 印制电路板图

图 2-25 简易电视天线放大器

2.3.2 集电极-基极偏置放大电路

集电极-基极偏置放大电路

1. 电路组成

图 2-26 所示的集电极-基极偏置放大电路是另一种具有稳定工作点的放大电路,该电路的组成特点是:偏置电阻 R_b 跨接在三极管的 c 极和 b 极之间。

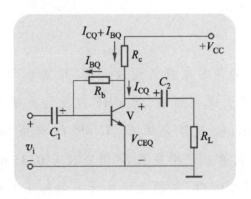

图 2-26　集电极-基极偏置放大电路

2. 稳定静态工作点的原理

当温度变化时,将引起三极管的静态工作点 I_{CQ}、V_{CEQ} 发生变化,R_b 能将 V_{CEQ} 的变化反馈到输入端,自动调节输入电流 I_{BQ},从而稳定静态工作点。

例如,温度升高时会使 I_{CQ} 增加、V_{CEQ} 降低,通过 R_b 提供的 I_{BQ} 就相应降低,从而抑制了 I_{CQ} 的增加,其稳定静态工作点的过程如图 2-27 所示。

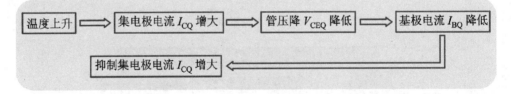

图 2-27　集电极-基极偏置放大电路稳定静态工作点的过程

🔧 思考与练习

1. 说明分压式偏置放大电路在电源电压下降的情况下,是如何稳定静态工作点的。

2. 若分压式偏置放大电路发射极旁路电容 C_e 开路,对电路有何影响?

3. 分压式偏置放大电路的上偏置电阻 R_{b1} 阻值调小,I_C 将如何变化?

4. 说明集电极-基极偏置放大电路是如何稳定静态工作点的。

5. 为什么集电极-基极偏置放大电路的负载直流电阻较小时,静态工作点稳定效果较差?

学习目标

★ 了解场效晶体管放大电路的性能特点及应用场合。

★ 了解分压偏置式、自偏压式场效晶体管放大电路的组成。

★ 了解场效晶体管放大电路主要元器件的作用。

场效晶体管放大电路具有很高的输入阻抗,通常应用在多级放大器的输入级。

2.4.1 分压偏置放大电路

图 2-28 所示为场效晶体管分压偏置共源放大电路,与三极管共射分压偏置放大电路十分相似,图中各元器件作用如下:

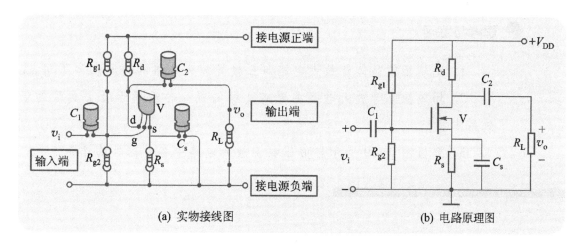

(a) 实物接线图 (b) 电路原理图

图 2-28 场效晶体管分压偏置共源放大电路

V——场效晶体管,电压控制元件,由输入电压 v_{gs} 控制漏极电流 i_d。

R_{g1}、R_{g2}——分压电阻,使栅极获得合适的工作电压,通常是改变 R_{g1} 的阻值来调整放大电路的静态工作点。

R_d——漏极负载电阻,作用相当于三极管放大电路的集电极负载电阻 R_c,可将漏极电流 i_d 转换为输出电压 v_o。

R_s——源极电阻,稳定静态工作点。

C_s——源极旁路电容,消除 R_s 对交流信号的衰减作用。

C_1、C_2——耦合电容,起隔直流、耦合交流信号的作用。电容量一般在 $0.01 \sim 10\ \mu F$ 范围内,比三极管放大电路的耦合电容小。

2.4.2 自偏压放大电路

对于耗尽型绝缘栅场效晶体管通常应用在 $V_{GS} < 0$ 的放大区域,可采用自偏压共源放大电路,话筒前置放大电路就是自偏压放大电路的典型应用,如图 2-29 所示。

自偏压放大电路只有下偏置电阻,省略了上偏置电阻,在场效晶体管的源极串入源极电阻 R_s,考虑到耗尽型场效晶体管在 $V_{GS} = 0$ 时,也有源极

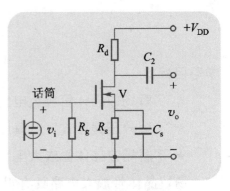

图 2-29 场效晶体管自偏压共源放大电路

电流 I_s 流过 R_s 形成 $I_S R_s$ 电压降,该电压降为栅源极间提供负栅压 $V_{GS} = -I_S R_s$,使场效晶体管工作于放大状态。话筒将声音信号转换为电信号后,送到场效晶体管的栅极,经放大后由漏极输出。

🖋 思考与练习

1. 比较场效晶体管放大电路与三极管放大电路的共同点和不同点。

2. 场效晶体管放大电路主要有几种偏置? 各适用于什么类型的场效晶体管?

3. 分析图 2-29 所示自偏压共源放大电路中各元器件的作用。

*2.5
多级放大电路

学习目标

★ 了解放大电路级间耦合的要求及耦合方式。

★ 了解放大电路的幅频特性指标及工程应用。

单级放大电路的电压放大倍数是有限的,在信号很微弱时,为得到较大的输出信号电压,必须用若干个单级电压放大电路级联起来,进行

多级放大,以得到足够大的电压放大倍数,如果需要输出足够大的功率以推动负载(如扬声器、继电器、控制电机等)工作,末级还要接功率放大电路。多级放大电路的结构框图如图 2-30 所示。

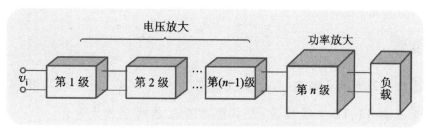

图 2-30　多级放大电路的结构框图

多级放大电路由两个或两个以上的单级放大电路组成,级与级之间的连接方式称为耦合。常采用的耦合方式有阻容耦合、变压器耦合、直接耦合等。为确保多级放大电路能正常工作,级间耦合必须满足以下两个基本要求:

(1)必须保证前级输出信号能顺利地传输到后级,并尽可能地减小功率损耗和波形失真。

(2)耦合电路对前、后级放大电路的静态工作点没有影响。

1. 阻容耦合

如图 2-31 所示,放大电路前级的输出端通过耦合电容 C_2 和后级放大电路的输入电阻 R_{i2} 连接起来,故称为阻容耦合方式。由于级与级之间由电容隔离了直流电,所以静态工作点互不影响,可以各自调整到合适位置。阻容耦合方式带来的局限性是:不适宜传输缓慢变化的信号,更不能传输恒定的直流信号。

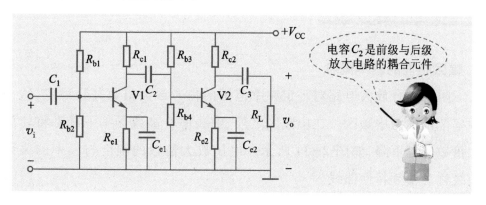

图 2-31　阻容耦合放大电路

2. 变压器耦合

利用变压器一次、二次绕组之间具有"隔直流耦合交流"的作用,使各级放大器的工作点相互独立,而交流信号能顺利输送到下一级,称为变压器耦合。

✎ **应用实例**

图 2-32 所示是耳塞式收音机的音频放大电路,激励级与输出级之间由变压器 T1、T2 实现耦合,是典型的变压器耦合放大电路。

由于变压器制造工艺复杂、价格高、体积大、不宜集成化,所以变压器耦合方式目前已较少采用。

3. 直接耦合

如图 2-33 所示,放大电路前后级之间没有隔直流的耦合电容或变压器,因此,适用于放大直流信号或变化极其缓慢的交流信号。直接耦合需要解决的问题是前后级静态工作点的配置和相互牵连问题。直接耦合便于电路集成化,故在集成电路中得到了广泛应用。

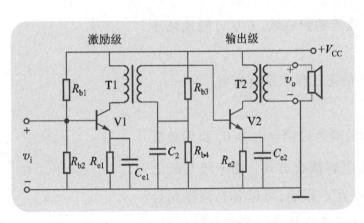

图 2-32　耳塞式收音机的音频放大电路

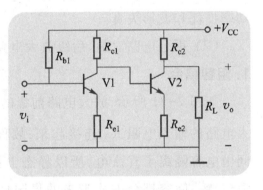

图 2-33　直接耦合放大电路

2.5.2　阻容耦合放大电路的幅频特性

1. 幅频特性的基本概念

阻容耦合放大电路对一定频率范围的信号放大倍数高且稳定,这个频率范围称为中频区。在中频区之外,随频率升高或频率下降都将使放大倍数急剧下降,如图 2-34 所示。电压放大倍数的幅度与频率的关系曲线称为幅频特性曲线。

工程上把放大倍数下降到中频段放大倍数 A_{vm} 的 $1/\sqrt{2}$（≈ 0.707）

项目 2　基本放大电路的认识

时,对应的低端频率 f_L 称为下限频率,对应的高端频率 f_H 称为上限频率。f_L 与 f_H 之间的频率范围称为通频带波段宽度,记为 BW,即

$$BW = f_H - f_L \qquad (2-17)$$

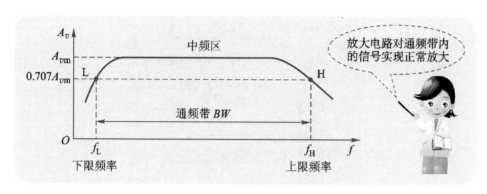

图 2-34　阻容耦合放大电路的幅频特性

🔭 应用提示

▶ 通频带是放大电路的一个重要指标,例如,音频功率放大设备的下限频率越低,低音特性越好;上限频率越高,高音特性越好。

▶ 音调控制器在一般音响放大器中应用非常广泛,其主要作用是控制、调节放大电路的幅频特性。音调控制器的电路一般由低通滤波器与高通滤波器构成,可分别对低音频、高音频的增益进行提升与衰减,中音频的增益保持 0 dB 不变。

▶ 在调谐放大电路中,通频带是反映其选频特性的关键参数,通常使用频率特性测试仪(扫频仪)来测量放大电路的通频带。

2. 影响通频带的主要因素

在低频段引起放大倍数下降的主要因素是级间耦合电容和发射极旁路电容的容抗作用,使低频信号受到衰减。实际应用中,一般选用较大电容量的电解电容(4.7~50 μF),发射极旁路电容则应更大些(30~100 μF)。

在高频段引起放大倍数下降的主要因素是三极管的结电容和电路引线分布电容的影响。要提高放大电路的上限频率,应选用截止频率高的三极管,并注意电路元器件的安装工艺。

3. 多级放大电路的通频带

多级放大电路的通频带比它的任何一级的通频带都窄。图 2-35(a)、(b)所示为两级参数完全相同的单级放大电路的幅频特性曲线,组成两级放大电路后放大倍数相乘,其幅频特性曲线如图 2-35(c)所示,中频段的放大倍数与高、低频段放大倍数的差值变大,即两级放大电路比单级放大

电路的通频带窄,且放大电路级数越多,通频带就越窄。为了满足多级放大电路通频带的要求,必须把每个单级放大电路的通频带选得更宽一些。

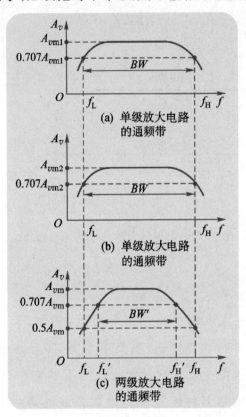

图 2-35　两级放大器的通频带

💬 **思考与练习**

1. 什么是多级放大电路?为什么要使用多级放大电路?

2. 多级放大电路有哪几种耦合方式?各有什么特点?

3. 根据图 2-36 所示放大电路回答:

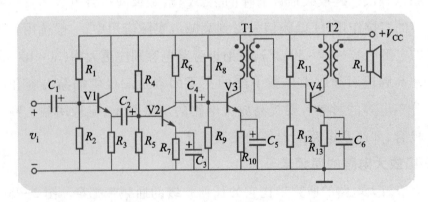

图 2-36　题 3 图

(1) 电路由几级放大电路构成?各级之间采用何种耦合方式?

(2) 各级采用哪类偏置电路?

　　　　　　　　　　　　　　　　　　　　　　　项目 2　基本放大电路的认识

（3）画出电路框图。

4. 放大电路的幅频特性的上限频率、下限频率是如何定义的?

一、实训目的

1. 制作单管低频放大电路。

2. 应用电子仪器对放大电路进行测量和调整。

二、器材准备

1. 示波器。

2. 低频信号发生器。

3. 直流稳压电源。

4. 毫伏表。

5. 万用表。

6. 电烙铁、镊子、剪线钳等常用工具。

7. 单管低频放大电路套件。

三、实训内容与步骤

1. 单管低频放大电路的制作

图 2-37 所示为单管低频放大电路原理图,按图焊接好电路。焊接时应注意三极管的引脚和电解电容的极性不能焊错。

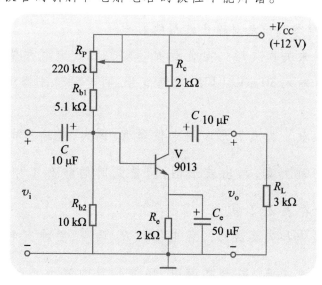

图 2-37　单管低频放大电路原理图

2. 静态工作点的调整

（1）工作点的静态调整　在三极管集电极与电阻 R_c 之间串联电流表（可用万用表直流电流挡），接入 12 V 电源，调节电位器 R_P 使 $I_C = 1$ mA，再用电压表测量 V_{BE}、V_{CE}。

（2）工作点的动态调整　在负载 R_L 未接入时，用示波器观察输出电压 v_o 的波形。在放大电路输入端利用低频信号发生器输入 1 kHz 低频信号，从 $V_i = 10$ mV（有效值）开始逐渐增加输入信号幅度，从示波器上观察放大电路输出信号波形直到开始出现失真为止。再一次仔细微调电位器 R_P，使输出不失真波形的幅度最大，测量静态工作点 I_C、V_{CE}。将波形图和测量数据记录在表 2-2 中。

表 2-2　静态工作点对输出波形的影响

测量项目	工作点合适	工作点偏低	工作点偏高
I_C			
V_{CE}			
R_P			
输出电压波形			

3. 观察静态工作点对输出波形的影响

（1）观察未失真波形　在负载 R_L 接入时，放大电路输入端利用低频信号发生器输入 30 mV/1 kHz 低频信号，同时用示波器观察输出电压 v_o 的波形。

（2）观察截止失真波形　将电位器 R_P 调大，使输出电压波形顶部出现约 $\frac{1}{3}$ 的切割失真，画出波形图，测量此时的静态工作点 I_C、V_{CE} 及 R_P 阻值，记录在表 2-2 中。

（3）观察饱和失真波形　将电位器 R_P 调小，使输出电压波形底部出现约 $\frac{1}{3}$ 的切割失真，画出波形图，测量此时的静态工作点 I_C、V_{CE} 及

R_P 阻值, 记录在表 2-2 中。

4. 放大倍数的测量

（1）不接负载 不接入负载电阻 R_L, 放大电路输入 10 mV/1 kHz 低频信号, 用毫伏表测量输入电压 V_i 和输出电压 V_o 的数值, 计算放大电路的电压放大倍数 A_v, 将测量与计算结果记入表 2-3 中。

表 2-3 放大倍数的测量

测量条件	输入信号 V_i	输出信号 V_o	放大倍数 A_v
R_L 未接			
R_L 接入			

（2）接入负载 接入负载电阻 $R_L = 3$ kΩ, 放大电路输入 10 mV/1 kHz 低频信号, 用毫伏表测量输入电压 V_i 和输出电压 V_o 的数值, 计算放大电路的电压放大倍数 A_v, 将测量结果记入表 2-3 中。

四、技能评价

"单管低频放大电路的安装与调试"实训任务评价表见表 2-4。

表 2-4 "单管低频放大电路的安装与调试"实训任务评价表

项目	考核内容	配分	评分标准	得分
元器件的检测	1. 元器件的识别 2. 元器件的检测	10 分	1. 不能识别元器件, 每只扣 2 分 2. 不会检测元器件, 每只扣 2 分	
电路制作	1. 元器件的整形、焊点质量 2. 电路板的整体布局 3. 按电路图装接元器件	20 分	1. 电路接错, 每处扣 5 分 2. 元器件装接不规范, 每处扣 2 分 3. 电路板的布局不合理, 扣 2~5 分	
静态工作点的调整	1. 工作点的静态调整 2. 工作点的动态调整	20 分	1. 不会对工作点进行静态调整, 扣 8 分 2. 不会对工作点进行动态调整, 扣 8 分 3. 仪器、仪表使用错误, 每次扣 2 分	

项目	考核内容	配分	评分标准	得分
输出波形的观察	1. 观测截止失真波形 2. 观测饱和失真波形	20分	1. 不能正确观测截止失真波形,扣5分 2. 不能正确观测饱和失真波形,扣5分 3. 数据记录、处理错误,扣5分 4. 仪器使用错误,每次扣2分	
放大倍数的测量	1. 无负载时的放大倍数测量 2. 接负载时的放大倍数测量	20分	1. 操作步骤和方法错误,每次扣2分 2. 数据读取、处理错误,每处扣2分 3. 仪器使用错误,每次扣2分	
安全文明操作	1. 遵守安全操作规程 2. 工作台上工具摆放整齐	10分	1. 违反安全文明操作规程,扣5分 2. 工作台表面不整洁,元器件随处乱丢,扣5分	
合计		100分	以上各项配分扣完为止	

五、问题讨论

1. 增大输入信号幅度时会使输出波形出现失真,请分析原因。说明如何消除这种失真。

2. 为什么接入负载后,放大电路的放大倍数会减小?

3. 断开发射极旁路电容 C_e,对放大电路的放大倍数有何影响?试分析原因。

项目小结

1. 共射极基本放大电路对学习和掌握放大电路的工作原理和分析方法是十分重要的。要不失真地放大交流信号,必须为放大电路设置合适的静态工作点。

2. 放大电路的主要性能指标有:放大倍数、输入电阻和输出电阻,应用估算法能分析放大电路的静态工作点、输入电阻、输出电阻、放大倍数。

3. 由于三极管参数、温度及电源电压的变化会使电路静态工作点变动,因此,在实际放大电路中必须采取措施稳定静态工作点。比较常用的稳定静态工作点的偏置电路有分压式偏置电路、集电极-基极偏置电路。

4. 场效晶体管放大电路主要有分压偏置和自偏压式两种类型,要注意不同的场效晶体管适用于不同类型的偏置电路。

5. 多级放大电路的级间耦合方式主要有阻容耦合、变压器耦合、直接耦合3种。

6. 放大电路的通频带由上限频率和下限频率之差决定,放大电路对通频带范围内的信号实现正常放大。

自我测评

一、判断题

1. 共发射极放大电路中的三极管是起电流放大的作用。　　(　　)

2. 在共发射极放大电路中,输出电压 v_o 与输入电压 v_i 相位相同。

(　　)

3. 共集电极放大电路常用来实现阻抗匹配或作为缓冲电路。　(　　)

4. 阻容耦合放大电路适宜放大交流和直流信号。　　　　　(　　)

5. 为消除放大电路的饱和失真,应将上偏置电阻调大些。　(　　)

二、填空题

1. 放大电路在_____的状态称为静态,放大电路在_____的状态称为动态。

2. 放大电路根据输入回路和输出回路的公共三极管电极不同,有_____、_____和_____3种基本接法。

3. 画放大电路的直流通路时,可将电容视为_____;画放大电路的交流通路时,容抗小的电容器可视为_____,内阻小的电源可视为_____。

4. 共集电极放大电路只有_____放大作用,无_____放大作用,它的输入电阻_____,输出电阻_____。

5. 三极管如图2-38所示,工作于放大状态,则发射极的引脚编号是_____,集电极的引脚编号是_____。

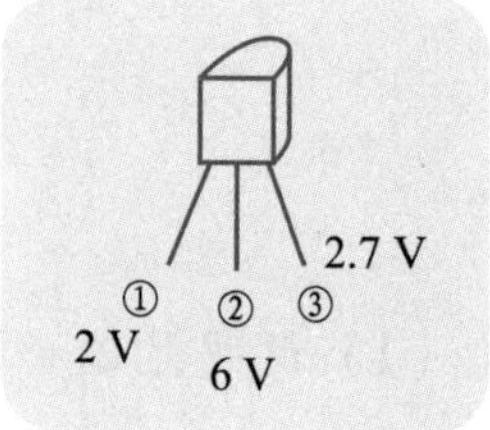

6. 多级放大电路的级间耦合方式主要有_____、_____、_____3种。

图 2-38　三极管

7. 放大电路的 _____ 与 _____ 的关系曲线称为幅频特性曲线。

8. 放大电路的电压放大倍数的定义式为：$A_v =$ _____。

三、选择题

1. 处于放大状态时，加在锗三极管的发射结正向偏压为 _____。

A. 0.1~0.3 V   B. 0.5~0.8 V

C. 0.9~1.0 V   D. 1.2 V

2. 在放大电路中，静态工作点过低，会引起 _____。

A. 相位失真   B. 截止失真

C. 饱和失真   D. 交越失真

3. 阻容耦合放大电路能放大 _____ 信号。

A. 直流   B. 交流

C. 交直流   D. 脉动直流

4. 电压放大电路的空载是指 _____。

A. R_c 开路   B. $R_c = 0$

C. R_L 开路   D. $R_L = 0$

5. 放大电路采用分压式偏置的目的是 _____。

A. 提高电压放大倍数   B. 减小输出波形失真

C. 稳定静态工作点   D. 减少电源耗电

四、分析题

放大电路如图 2-39 所示。

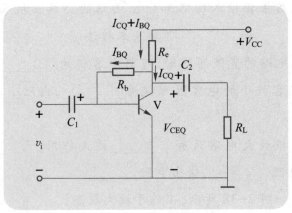

图 2-39 放大电路

（1）说明元器件 V、R_c、R_b、C_2 的作用。

（2）用符号式表述温度升高时稳定工作点的过程。

五、 计算题

放大电路如图 2-40 所示:电源工作电压 $V_{CC} = 12$ V,$R_{b1} = 20$ kΩ,$R_{b2} = 10$ kΩ,$R_c = 2$ kΩ,$R_e = 1$ kΩ,三极管的 $\beta = 50$,$V_{BEQ} = 0.7$ V。

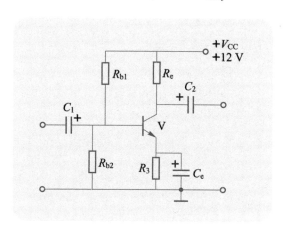

图 2-40　放大电路

(1) 估算该电路的静态工作点 I_{BQ}、I_{CQ}、U_{CEQ}。

(2) 求该电路的电压放大倍数 A_v。

(3) 若接上 $R_L = 2$ kΩ 的负载电阻,再计算电压放大倍数 A_v。

项目　常用放大器及其应用

项目描述

　　放大器在音响设备、电子仪器、计算机、自动控制设备等各类电子产品中有着非常广泛的应用，由于其应用场合和性能要求的不同，因此放大器有许多类型。根据使用的元器件不同，放大器可分为分立元器件放大器和集成放大器；根据工作信号的大小不同，放大器可分为小信号放大器和功率放大器；根据通频带的不同，放大器可分为宽带放大器和谐振放大器；根据是否引入负反馈，放大器可分为基本放大器和负反馈放大器。本项目重点介绍几种较为常用放大器的功能、电路基本原理和应用技能。本项目实训目标是完成音频功放电路的安装和调试。

1
2
3
4
*5
6
7
8
9
10
*11

3.1
集成运算放大器

学习目标

★ 了解集成运算放大器的电路结构及抑制零点漂移的原理。

★ 掌握集成运算放大器的电气图形符号及引脚功能。

★ 能识读由集成运算放大器构成的常用放大电路及运算电路。

★ 能安装和检测集成运算放大器组成的应用电路。

利用半导体集成工艺可以把多级直流放大电路完整地制作在一块芯片上,引出输入端、输出端、正负电源端、公共端(接地端)等,再加以封装,就制成了一个集成运算放大器,它可以看成一个放大倍数非常大的直流放大器件。早期集成运算放大器应用于电子计算机中,主要用来对信号进行模拟运算,所以被称为集成运算放大器,简称集成运放。随着微电子技术的发展和运算放大器价格的降低,集成运放现已作为一种通用的高性能放大器件来使用,在各种放大器、振荡器、比较器、信号运算电路中得到广泛的应用。

3.1.1 集成运放介绍

1. 集成运放的结构框图

集成运放的常见封装外形有双列直插式和圆壳式等,如图 3-1 所示。

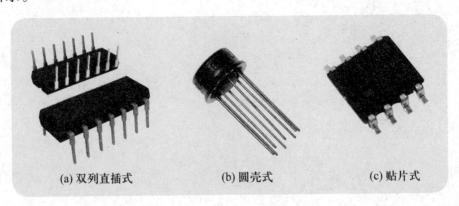

(a) 双列直插式   (b) 圆壳式   (c) 贴片式

图 3-1　集成运放的常见封装外形

集成运放的组成框图如图 3-2 所示,包括输入级、中间级、输出级和偏置电路等部分。

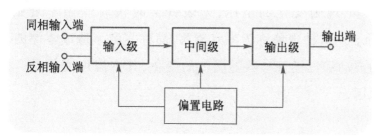

图 3-2　集成运放的组成框图

输入级的作用是提供同相和反相的两个输入端,并要求有较高的输入电阻和一定的放大倍数,同时还要尽量保证直接耦合放大电路静态工作点的稳定,故多采用差分放大电路。

中间级的主要作用是提供足够的电压放大倍数,完成微弱信号的放大任务,常采用共发射极放大电路。

输出级的作用是为负载提供一定幅度的信号电压和信号电流,要求有较强的带负载能力,并应具有一定的保护功能,以防止负载短路或过载时造成电路故障。输出级一般采用互补对称输出电路。

偏置电路的作用是为各级提供稳定的静态工作电流,确保静态工作点的稳定。

2. 集成运放内部的差分放大电路

由于差分放大电路在解决零点漂移方面有突出的优点,因而成为集成运放的主要单元。图 3-3 所示为一个基本差分放大电路,它是由两个完全对称的单管放大电路组成的。图中两个三极管的特性及左右相对应的电阻参数完全一致。

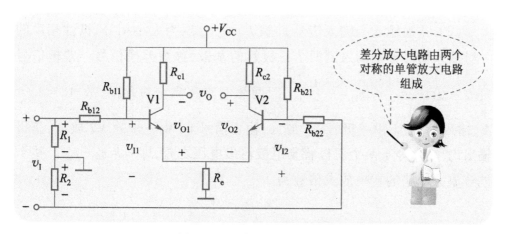

图 3-3　基本差分放大电路

（1）零点漂移的产生和抑制　所谓零点漂移,是指将直流放大电路输入端对地短路,使之处于静态状态时,在输出端用直流毫伏表进行测量,会出现不规则变化的电压,即表针会时快时慢做不规则摆动（如图3-4所示）,这种现象称为零点漂移,简称零漂。造成零漂的原因是电源电压的波动和三极管参数随温度的变化,其中温度变化是产生零漂的最主要原因。

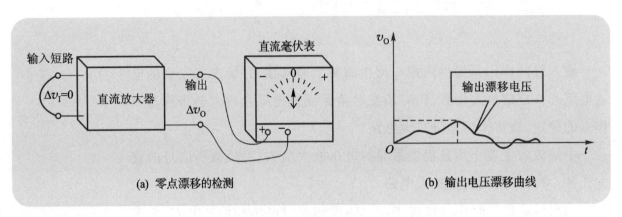

图 3-4　零点漂移现象

在直接耦合放大电路中,前一级的零漂电压会传到后级被逐级放大,严重时零漂电压会超过有用的信号,将导致测量和控制系统出错。

差分放大电路因左右两个放大电路完全对称,所以在输入信号 $v_I = 0$ 时,$v_{O1} = v_{O2}$,因此,输出电压 $v_O = 0$,即表明差分放大电路具有零输入时零输出的特点。

当温度变化时,左右两个三极管的输出电压 v_{O1}、v_{O2} 都要发生变动。但由于电路对称,两个三极管的输出变化量（即每管的零漂）相同,即 $\Delta v_{O1} = \Delta v_{O2}$,则 $v_O = v_{O1} - v_{O2} = 0$。可见利用两个三极管的零漂在输出端相抵消,从而有效地抑制了整个电路的零漂。

（2）差模输入　输入信号 v_I 被 R_1、R_2 分压为大小相等、极性相反的一对输入信号分别输入到两个三极管的基极,称为差模信号。差模信号可表示为:$v_{I1} = \dfrac{1}{2} v_I$,$v_{I2} = -\dfrac{1}{2} v_I$。因两侧电路是完全对称的,故 $A_{v1} = A_{v2} = A_v$,输入信号 v_{I1} 由三极管 V1 放大,输入信号 v_{I2} 由三极管 V2 放大,获得输出电压 v_O 等于两个三极管集电极输出电压之差,即 $v_O = v_{O1} - v_{O2}$。整个差分放大电路的差模放大倍数为

$$A_{vd} = \frac{v_O}{v_I} = \frac{v_{O1} - v_{O2}}{v_I} = \frac{A_{v1} v_{I1} - A_{v2} v_{I2}}{v_I} = \frac{\frac{1}{2} v_I A_v - \left(-\frac{1}{2} v_I A_v \right)}{v_I} = A_v$$

可见基本差分放大电路的差模放大倍数 A_{vd} 和电路中每个三极管放大电路的放大倍数 A_v 是相等的,用多一倍的元件的代价换来了对零漂的抑制能力。

（3）共模输入　在两个输入端加上一对大小相等、极性相同的信号 $v_{I1} = v_{I2} = \dfrac{1}{2}v_I$,称为共模信号,这种输入方式称为共模输入。对于完全对称的差分放大电路,输出电压 $v_O = v_{O1} - v_{O2} = 0$,因此,共模电压放大倍数 $A_{vc} = \dfrac{v_O}{v_I} = 0$。

在理想情况下,温度变化或电源电压波动引起两个三极管的输出电压漂移 Δv_{O1} 和 Δv_{O2} 相等,分别折合为各自的输入电压漂移也必然相等,即为共模输入信号。可见零漂对差分放大电路的影响可等效于共模输入。实际上,差分放大电路不可能绝对对称,故共模放大输出信号不为零。共模放大倍数 A_{vc} 愈小,则表明抑制零漂能力愈强。

差分放大电路常用共模抑制比 K_{CMR} 来衡量放大电路对有用信号的放大能力及对无用漂移信号的抑制能力,其定义是

$$K_{CMR} = \left| \frac{A_{vd}}{A_{vc}} \right| \tag{3-1}$$

共模抑制比愈大,差分放大电路的性能愈好。

3. 集成运放电气图形符号与引脚功能

集成运放是目前最通用的模拟集成器件,它可以看成一个高电压放大倍数、低零漂的差分放大电路,在国家标准中其电气图形符号如图 3-5（a）所示,图中"▷"表示运算放大器,"∞"表示开环增益极高。它有两个输入端,标"+"的为同相输入端,标"−"的为反相输入端。运算放大器在一些资料和书籍中还采用图 3-5（b）所示的国际标准电气图形符号。

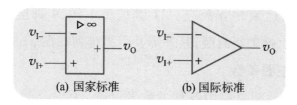

图 3-5　集成运放的电气图形符号

🔍 **应用提示**

实际集成运放的引脚除了两个输入端、一个输出端外,还有正电源端 $+V_{CC}$ 和负电源端 $-V_{EE}$,此外有些集成运放还有"调零端""补偿端"等

其他附加引出端,但在电气图形符号上这些引脚并未标出,使用时应注意集成运放的引脚功能及外接线的方式。

集成运放 CF741 有 8 个引脚,其引脚功能如图 3-6 所示。由 CF741 可接成基本放大电路,如图 3-7(a)所示,图 3-7(b)所示是对应的实物接线图。CF741 的 3 脚是同相输入端,输入信号 v_{I+} 由 3 脚和公共端输入时,6 脚输出信号与 3 脚输入信号同相位。2 脚是反相输入端,输入信号 v_{I-} 由 2 脚和公共端输入时,输出信号与 2 脚输入信号反相位。7 脚接正电源(+15 V),4 脚接负电源(-15 V),1、5 脚接调零电位器,8 脚为空引脚。

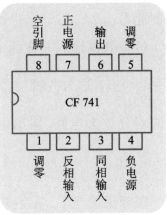

图 3-6 CF741 引脚功能

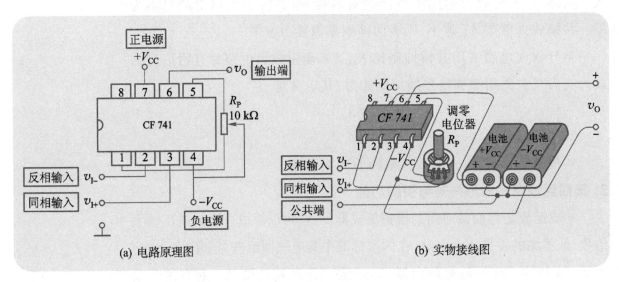

图 3-7 由集成运放 CF741 接成的基本放大电路

LM324 是四运放集成电路,它内部包含 4 组形式完全相同的运放,除电源共用外,4 组运放相互独立。11 脚接负电源,4 脚接正电源。LM324 采用 14 脚双列直插塑料封装,其外形及引脚排列如图 3-8 所示。

4. 集成运放的主要参数

集成运放的性能可以用各种参数来反映,为了合理正确地选择和使用集成运放,必须理解以下参数的含义。

(1)开环电压放大倍数 A_{vo}。 指集成运放无外加反馈回路时,输出信号电压与输入差模电压之比,它体现运放器件的放大能力,一般在 $10^3 \sim 10^7$ 之间。如用 dB 为单位,则开环电压增益为 $20 \lg |A_{vo}|$。

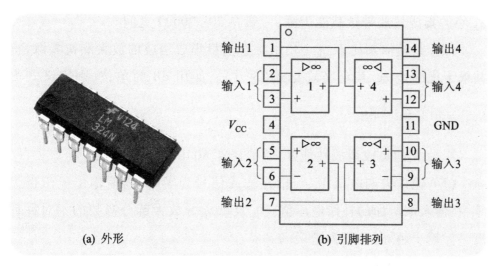

(a) 外形   (b) 引脚排列

图 3-8   四运放集成电路 LM324

做中学

估测集成运放的电压放大倍数

【器材准备】

万用表、稳压电源（±15 V）、集成运放（CF741）、小螺丝刀。

【动手实践】

（1）如图 3-9 所示，集成运放接上 ±15 V 电源，万用表置于直流电压 50 V 挡，测量输出端引脚 6 与负电源引脚 4 之间的电压。

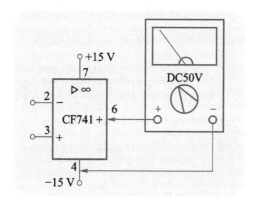

图 3-9   集成运放放大倍数的估测

（2）用手捏金属小螺丝刀，依次碰触同相输入端引脚 3 和反相输入端引脚 2，观察表针的摆动情况。若表针的摆动幅度很大，说明该集成运放的放大能力很强；若表针的摆动较小，说明该集成运放的放大能力差。

（2）差模输入电阻 r_{id} 指集成运放对差模信号呈现的输入电阻，一般在几十千欧至几十兆欧范围，r_{id} 大的集成运放性能好。

（3）开环输出电阻 r_{od} 指集成运放无外加反馈回路时的输出电阻，

r_{od} 小的集成运放带负载能力强，一般在 $20 \sim 200\ \Omega$ 之间。

（4）共模抑制比 K_{CMR}　用来综合衡量集成运放的放大和抗零漂、抗共模干扰的能力，其定义式见式（3-1）。如用 dB 为单位，则定义式为

$$K_{CMR} = 20\ \lg \left| \frac{A_{vo}}{A_{vc}} \right|\ dB。$$

K_{CMR} 大的集成运放性能好，一般应在 80 dB 以上。

（5）输入失调电压 V_{IO}　指在输入信号为零时，为使输出电压也为零，在输入端所加的补偿电压值。它反映差分放大部分参数的不对称程度，V_{IO} 越小越好，一般为毫伏级。

（6）输出峰-峰电压 V_{OP-P}　指放大器在空载情况下，最大不失真输出电压的峰-峰值。

（7）静态功耗 P_D　指集成运放在输入端短路、输出端开路时所消耗的功率。

（8）开环带宽 BW　与放大器的幅频特性的频带宽度相类似，指下限频率与上限频率之间的频率范围，一般在几千赫至几百千赫之间。

3.1.2　集成运放的应用

1. 集成运放的理想特性

为了便于对集成运放组成的电路进行分析，通常将集成运放看做一个理想运放，其等效电路如图 3-10 所示，它具备以下理想特性：

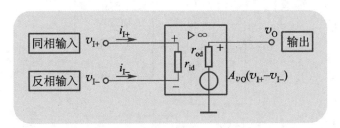

图 3-10　理想运放等效电路

开环电压放大倍数 $A_{vo} = \infty$；

输入电阻 $r_{id} = \infty$；

输出电阻 $r_{od} = 0$；

共模抑制比 $K_{CMR} = \infty$；

频带宽度 $BW = \infty$。

由以上理想特性可以推导出如下两个重要结论：

（1）同相输入端的电位等于反相输入端的电位　集成运放工作在

线性区,其输出电压 v_O 是有限值,而开环电压放大倍数 $A_{vo} = \infty$,则

$$v_{I+} - v_{I-} = \frac{v_O}{A_{vo}} = 0$$

即

$$v_{I+} = v_{I-} \qquad\qquad (3-2)$$

当有一个输入端接地时,另一个输入端非常接近地电位,称为"虚地"。

(2)输入电流等于零 理想集成运放的输入电阻 $r_{id} = \infty$,这样,同相、反相输入端不取用电流,即

$$i_{I+} = i_{I-} = 0 \qquad\qquad (3-3)$$

2. 集成运放的 3 种输入形式

集成运放作为放大器,它的输入方式有反相输入、同相输入和差分输入 3 种形式。

(1)反相放大器 输入信号 v_I 从运算放大器的反相输入端加入,就构成反相放大器,如图 3-11 所示。

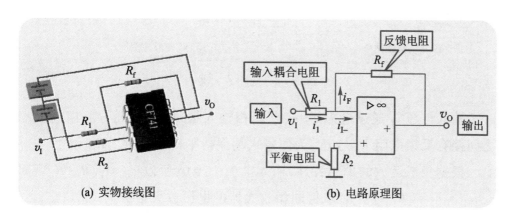

(a) 实物接线图   (b) 电路原理图

图 3-11 反相放大器

输入电压 v_I 通过电阻 R_1 接到反相输入端,在输出端与反相输入端之间接有反馈电阻 R_f,其作用是将部分输出信号反送到输入端。在同相输入端接一个平衡电阻 R_2 到地端,取值为 $R_2 = R_1 /\!/ R_f$,使运放输入级的差分放大电路对称,有利于抑制零漂。

反相放大器的电压放大倍数主要取决于 R_f 与 R_1 的电阻值。根据集成运放的理想特性,输入电阻 $r_{id} = \infty$,故输入电流 $i_{I-} = 0$,$i_1 = i_F$。同时 R_2 上电压降接近于零,即同相输入端与地等电位,又由于 $v_{I+} = v_{I-}$,则反相输入端亦与地等电位,即 $v_{I-} = 0$ 为"虚地"端。此时运算放大电路的放大倍数为

$$A_{vf} = \frac{v_O}{v_I} = \frac{-R_f i_F}{R_1 i_1} = -\frac{R_f}{R_1}$$

因此输出电压为

$$v_O = -\frac{R_f}{R_1}v_1 \tag{3-4}$$

式(3-4)中的负号表示输出电压 v_O 与输入电压 v_1 相位相反。该放大电路的输出电压与输入电压存在着比例关系,比例系数为 $\frac{R_f}{R_1}$,故该放大电路通常称为反相比例运算放大器。只要选用精密优质电阻,即可获得精度高、稳定性高的放大倍数。

(2)同相放大器 输入信号 v_1 从运算放大器的同相输入端加入,就构成同相放大器,电路如图 3-12 所示。

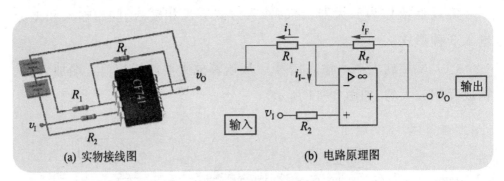

(a)实物接线图 (b)电路原理图

图 3-12 同相放大器

输入电压 v_1 通过电阻 R_2 接到同相输入端,在输出端与反相输入端之间接有反馈电阻 R_f 与 R_1,为使输入端保持平衡,$R_2 = R_1 /\!/ R_f$。

根据集成运放的理想特性,输入电流 $i_{I-} = 0$,所以 $v_O = i_1(R_1 + R_f)$,而 $v_1 = v_{I+} = v_{I-} = i_1 R_1$,于是可求得同相放大器的电压放大倍数为

$$A_{vf} = \frac{v_O}{v_I} = \frac{i_1(R_1 + R_f)}{i_1 R_1}$$

即

$$A_{vf} = 1 + \frac{R_f}{R_1} \tag{3-5}$$

输出电压为

$$v_O = \left(1 + \frac{R_f}{R_1}\right)v_1 \tag{3-6}$$

从式(3-6)可见,输出电压 v_O 与输入电压 v_1 相位相同,且两者之间存在着一定的比例关系,比例系数为 $\left(1 + \frac{R_f}{R_1}\right)$,故该放大电路通常称为同相比例运算放大器。

项目3 常用放大器及其应用

（3）差分放大器　前面介绍的反相或同相放大器都是单端输入放大器，差分放大器属于双端输入放大器，其电路如图 3-13 所示。输入信号 v_{I1} 通过 R_1 加到反相输入端，另一输入信号 v_{I2} 则通过 R_2 加到同相输入端，R_f 为反馈电阻，R_3 为平衡电阻。

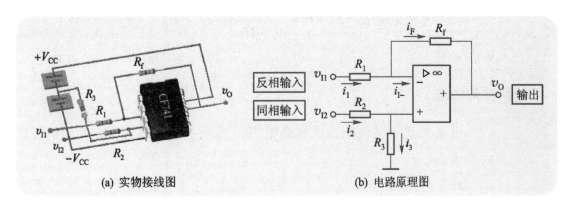

(a) 实物接线图　　　　　(b) 电路原理图

图 3-13　差分放大器

采用叠加定理可以得到差分放大器的输出与输入电压的关系。当 v_{I1} 单独作用时，为反相放大关系

$$v_{O-} = -\frac{R_f}{R_1}v_{I1}$$

当 v_{I2} 单独作用时，为同相放大关系

$$v_{O+} = \left(1+\frac{R_f}{R_1}\right)v_{I+} = \left(1+\frac{R_f}{R_1}\right)\left(\frac{R_3}{R_2+R_3}\right)v_{I2}$$

v_{I1} 与 v_{I2} 共同作用时

$$v_O = v_{O+} + v_{O-} = \left(1+\frac{R_f}{R_1}\right)\left(\frac{R_3}{R_2+R_3}\right)v_{I2} - \frac{R_f}{R_1}v_{I1}$$

当 $R_1 = R_2$，且 $R_f = R_3$ 时，上式变为

$$v_O = \frac{R_f}{R_1}(v_{I2} - v_{I1}) \tag{3-7}$$

式（3-7）说明差分放大器的输出电压与两个输入电压之差成正比例，所以该电路称为减法比例运算电路，比例系数为 $\frac{R_f}{R_1}$，电压放大倍数为

$$A_{vf} = \frac{R_f}{R_1} \tag{3-8}$$

例 3-1　有一理想运放接成图 3-14 所示电路，已知 $v_1 = 0.5$ V，$R_1 = 10$ kΩ，$R_f = 100$ kΩ，试求输出电压 v_O 及平衡电阻 R_2。

差分运算放大器

解:（1）此电路为反相放大器,根据式(3-4)可得

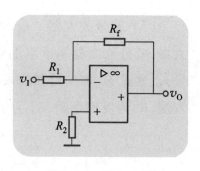

$$v_O = -\frac{R_f}{R_1}v_1 = -0.5 \times \frac{100}{10} \ \text{V} = -5 \ \text{V}$$

（2）平衡电阻 $R_2 = R_1 // R_f = \frac{10 \times 100}{10+100} \ \text{k}\Omega \approx$ 9.09 kΩ

图 3-14　例 3-1 图

应用提示

用集成运放搭接的放大电路有可能出现一些实际问题,下面介绍解决的方法。

▶"堵塞"现象　又称为"自锁"现象,它是指运算放大器突然发生不工作,输出电压接近正、负电源两个极限值的情况。引起"堵塞"的原因是输入信号过强或受强干扰信号的影响,使集成运放内部某些放大管进入饱和状态。解决的方法是:切断电源后再重新通电,或把集成运放的两个输入端短接一下,这样电路就能恢复到正常工作状态。

▶产生"自激"　故障的现象表现为:没有输入信号,但有自激产生的振荡信号输出。产生的原因可能是集成运放的电源滤波不良或输出端有电容性负载。解决的方法是:加强对正、负电源的滤波,调整印制电路板的布线结构,避免电路接线过长。

3. 信号运算电路

集成运放构成的基本运算电路主要有加法运算电路和减法运算电路,下面分别予以介绍。

（1）加法运算电路　通常又称为加法器,其电路实际上是在反相放大器的基础上增加几路输入信号源,如图 3-15 所示。R_1、R_2、R_3 为输入耦合电阻,R_4 为平衡电阻,其值 $R_4 = R_1 // R_2 // R_3 // R_f$。

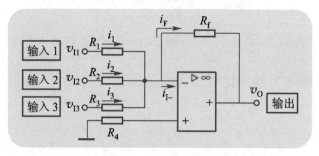

图 3-15　加法运算电路

根据集成运放的理想特性有 $i_{I-} = 0$,所以

$$i_F = i_1 + i_2 + i_3 = \frac{v_{I1}}{R_1} + \frac{v_{I2}}{R_2} + \frac{v_{I3}}{R_3}$$

集成运放的反相输入端为虚地点,故有

$$v_O = -i_F R_f = -R_f \left(\frac{v_{I1}}{R_1} + \frac{v_{I2}}{R_2} + \frac{v_{I3}}{R_3} \right)$$

当 $R_1 = R_2 = R_3 = R_f$ 时,有

$$v_O = -(v_{I1} + v_{I2} + v_{I3}) \tag{3-9}$$

式(3-9)表明,图 3-15 所示电路的输出电压 v_O 为各输入电压之和,由此完成加法运算。式中的负号表示输出电压与输入电压相位相反。

(2)减法运算电路 又称为减法器,电路与图 3-13 所示的差分放大器相同,当 $R_1 = R_2 = R_3 = R_f$ 时,由式(3-7)的 $v_O = \frac{R_f}{R_1}(v_{I2} - v_{I1})$ 得

$$v_O = v_{I2} - v_{I1} \tag{3-10}$$

式(3-10)表明,该差分放大器的输出电压为输入电压 v_{I2} 与 v_{I1} 之差,由此实现减法运算。

思考与练习

1. 集成运放的功能是什么?它主要由几部分电路组成?

2. 什么是零点漂移?差分放大电路是如何抑制零点漂移的?

3. 什么是共模信号?什么是差模信号?共模抑制比是如何定义的?

4. 集成运放的同相输入端、反相输入端有何不同之处?

5. 画出集成运放组成的反相放大器、同相放大器电路原理图,并比较两种电路的不同之处。

6. 如图 3-16 所示电路,已知 $R_f = 120\ \text{k}\Omega$,如果测得输出电压 $v_O = 1.5\ \text{V}$,输入电压 $v_I = 0.5\ \text{V}$,试求 R_1 的大小。

7. 如图 3-17 所示电路,$R_1 = R_2 = R_3 = R_f = 10\ \text{k}\Omega$,输入电压 $v_{I1} = 30\ \text{mV}$,输出电压 $v_O = 20\ \text{mV}$,求另一输入电压 v_{I2} 的值。

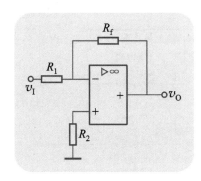
图 3-16 题 6 图

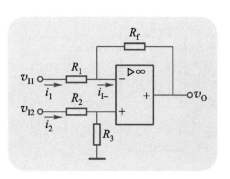
图 3-17 题 7 图

8. 反馈电阻 R_f 取 $100\,\mathrm{k}\Omega$，画出输出电压 v_O 与输入电压 v_I 符合下列关系的运算放大电路图。

（1）$\dfrac{v_O}{v_I}=1$；（2）$v_O=15v_I$；（3）$v_O=3v_{I1}-6v_{I2}+9v_{I3}$；（4）$v_O=-3v_I$。

实训任务 3.1
集成运放的应用

一、实训目的

1. 熟悉集成运放的引脚排列形式和引脚功能。

2. 安装集成运放组成的放大电路。

3. 对信号运算电路进行检测。

二、器材准备

1. 双路稳压电源（输出 $+15\,\mathrm{V}$、$-15\,\mathrm{V}$）。

2. 示波器。

3. 毫伏表。

4. 电烙铁、镊子、剪线钳等常用工具。

5. 集成运放 LM741 及电阻元件（如图 3-19~图 3-22 所示）。

三、实训内容与步骤

1. 安装与调整集成运放电路

（1）集成运放 LM741 的外形如图 3-18 所示，其引脚功能见表 3-1。按图 3-19 所示搭接好集成运放 LM741 工作电路。

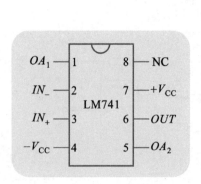

图 3-18　集成运放 LM741 的外形

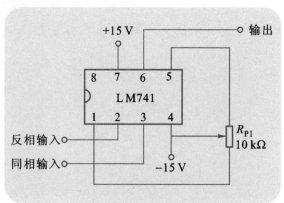

图 3-19　集成运放 LM741 工作电路

表 3-1　集成运放 LM741 的引脚功能

1 脚	2 脚	3 脚	4 脚	5 脚	6 脚	7 脚	8 脚
调零	反相输入	同相输入	负电源	调零	输出	正电源	空脚

（2）检查电路无误后，在 LM741 的 4 脚接 -15 V 电源，7 脚接 $+15$ V 电源。

（3）将 LM741 的两个输入引脚 2、3 用导线对地短接，用示波器观测 LM741 的输出端引脚 6 的电压，通过电位器 R_{P1} 调零（即调整 R_{P1} 使输出电压 $V_O = 0$ V）。

（4）将 LM741 的两个输入引脚 2、3 的对地短接线去除。

2. 反相比例运算放大器的检测

（1）将图 3-19 所示的运算放大电路改接成反相比例运算放大器，即按图 3-20 所示加接 R_1、R_2、R_3、R_4、R_f。

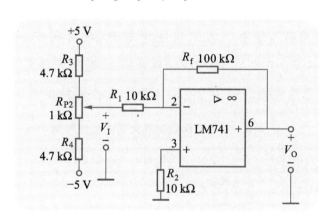

图 3-20　反相比例运算放大器

（2）电路检查无误后，接通正、负电源。

（3）在反相输入端加入直流信号电压 V_I，依次调节分压电位器 R_{P2}，将 V_I 调到 -0.4 V、-0.2 V、$+0.2$ V、$+0.4$ V，用毫伏表测量出每次对应的输出电压 V_O，记录在表 3-2 中，并与应用公式计算的结果进行比较。

表 3-2　反相比例运算放大器的检测数据

	输入电压 V_I	-0.4 V	-0.2 V	$+0.2$ V	$+0.4$ V
输出电压 V_O	计算值 $V_O = -\dfrac{R_f}{R_1}V_I$				
	$R_1 = 10$ kΩ 实测值				
	$R_1 = 5.1$ kΩ 实测值				

（4）将电阻 R_1 改为 5.1 kΩ，重复步骤（3）的操作。

3. 同相比例运算放大器的检测

（1）按图 3-21 所示电路接成同相比例运算放大器。

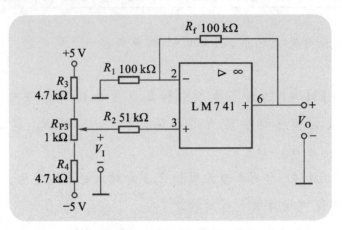

图 3-21　同相比例运算放大器

（2）电路检查无误后，接通正、负电源。

（3）在同相输入端加入直流信号电压 V_I，依次调节分压电位器 R_{P3} 将 V_I 调到 -0.4 V、-0.2 V、+0.2 V、+0.4 V，用毫伏表测量出每次对应的输出电压 V_0，记录在表 3-3 中，并与应用公式计算的结果进行比较。

表 3-3　同相比例运算放大器的检测数据

输入电压 V_I		-0.4 V	-0.2 V	+0.2 V	+0.4 V
输出电压 V_0	计算值 $V_0 = \left(1 + \dfrac{R_f}{R_1}\right) V_I$				
	实测值				

4. 反相加法运算电路的检测

（1）按图 3-22 所示电路接成反相加法运算电路。

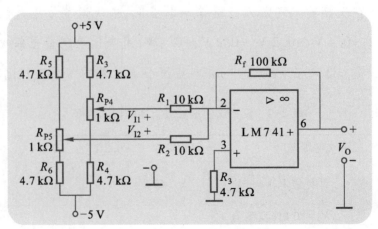

图 3-22　反相加法运算电路

　　　　　　　　　　　　　　　　　　　　　　　项目 3　常用放大器及其应用

（2）电路检查无误后，接通正、负电源。

（3）在电阻 R_1 端加入直流信号电压 V_{I1}，在电阻 R_2 端加入直流信号电压 V_{I2}，用毫伏表测量出每次对应的输出电压 V_0，记录在表 3-4 中，并与应用公式计算的结果进行比较。

表 3-4　反相加法运算电路的检测数据

	输入电压 V_{I1}	-0.4 V	-0.2 V	+0.2 V	+0.4 V
	输入电压 V_{I2}	-0.2 V	+0.4 V	-0.4 V	+0.2 V
输出电压 V_0	计算值 $V_0 = -\dfrac{R_f}{R_1}(V_{I1} + V_{I2})$				
	实测值				

四、技能评价

"集成运放的应用"实训任务评价表见表 3-5。

表 3-5　"集成运放的应用"实训任务评价表

项目	考核内容	配分	评分标准	得分
集成运放电路的调零	1. 电路的搭接 2. 放大器调零	20分	1. 电路搭接错误，每处扣5分 2. 放大器不能正确调零，扣5分	
反相比例运算放大器的检测	1. 电路搭接 2. 输出电压的测量 3. 数据的记录和分析	20分	1. 电路搭接错误，每处扣5分 2. 操作步骤和方法错误，每次扣2分 3. 数据读取、记录、处理错误，扣5分	
同相比例运算放大器的检测	1. 电路搭接 2. 输出电压的测量 3. 数据的记录和分析	20分	1. 电路搭接错误，每处扣5分 2. 操作步骤和方法错误，每次扣2分 3. 数据读取、记录、处理错误，扣5分	

项目	考核内容	配分	评分标准	得分
反相加法运算电路的检测	1. 电路搭接 2. 输出电压的测量 3. 数据的记录和分析	20分	1. 电路搭接错误,每处扣5分 2. 操作步骤和方法错误,每次扣2分 3. 数据读取、记录、处理错误,扣5分	
安全文明操作	1. 遵守安全操作规程 2. 工作台上工具摆放整齐	20分	1. 违反安全文明操作规程,扣5分 2. 工作台表面不整洁,元器件随处乱丢,扣5分 3. 元器件丢失、损坏,每只扣5分	
合计		100分	以上各项配分扣完为止	

五、问题讨论

1. 运算放大器为什么要调零?调零时为什么要将运放电路的输入端对地短接?

2. 如何改变比例运算放大器的比例关系?

3. 应如何保证运算放大电路的输入电阻平衡?

3.2
放大电路中的负反馈

学习目标

★ 理解负反馈的基本概念。

★ 了解负反馈应用于放大电路中的类型。

★ 认识负反馈对放大电路性能的影响。

在电子技术中,反馈是指将放大电路输出信号的一部分或全部返回到输入端,并与输入信号叠加的过程。在放大电路中引入负反馈可以大大改善放大电路的性能,因此得到广泛的应用。

1. 反馈放大器的组成

反馈放大器的结构框图如图 3-23 所示,上面部分为信号的正向传输,下面部分为信号的反向传输,图中 A 代表无反馈的放大电路,也称为基本放大电路,F 代表反馈电路,符号 $\oplus$ 代表信号的比较环节。输出信号 (v_o 或 i_o)经反馈电路处理获得反馈信号(v_f 或 i_f)返回到输入端,与外输入信号(v_i 或 i_i)叠加产生净输入信号(v_i' 或 i_i')加至基本放大电路的输入端,由此可见反馈放大器是一个闭合回路。

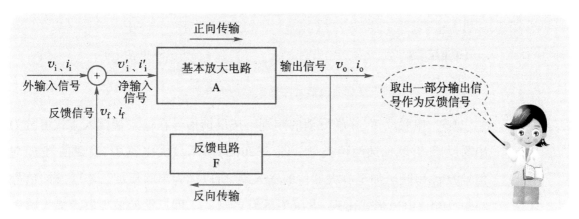

图 3-23　反馈放大器的结构框图

2. 反馈类型的判别

（1）有无反馈的判别　反馈放大器的特征是存在反馈元器件,反馈元器件联系着放大器的输出与输入。因此,首先要观察放大器输出端与输入端有无连接元器件,这是判断反馈存在与否的依据。图 3-24(a)所示的放大电路就无反馈,而图 3-24(b)所示的放大电路有电阻 R_f 连接在放大器的输出端与输入端之间,因此,该放大电路有反馈。

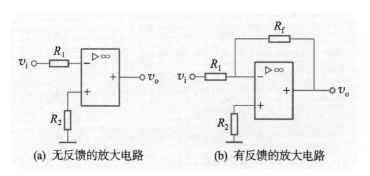

(a) 无反馈的放大电路　　(b) 有反馈的放大电路

图 3-24　有无反馈的判别

（2）电压反馈、电流反馈的判别　按反馈信号在输出端取样方式可分为电压反馈、电流反馈两种类型。如图 3-25(a)所示,反馈信号取自放大电路的输出电压 v_o,且反馈信号与输出电压 v_o 成正比,该反馈是电压反馈;如图 3-25(b)所示,反馈信号取自输出电流 i_o,且反馈信号与输出电流 i_o 成正比,该反馈是电流反馈。

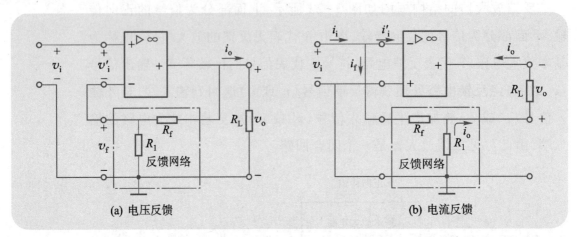

图 3-25　反馈信号在输出端的取样方式

（3）串联反馈、并联反馈的判别　按反馈信号在输入端接入方式可分为串联反馈、并联反馈两种类型。图 3-26(a)所示放大电路中,反馈信号 v_f 与信号源 v_i 串联后加至放大器件的输入端,所以称为串联反馈。串联反馈信号在输入端以电压形式出现,电压关系为 $v_i' = v_i - v_f$,即反馈使放大器净输入电压 v_i' 降低,属串联负反馈。如果在放大器的输入回路中,电压关系为 $v_i' = v_i + v_f$,则是串联正反馈。

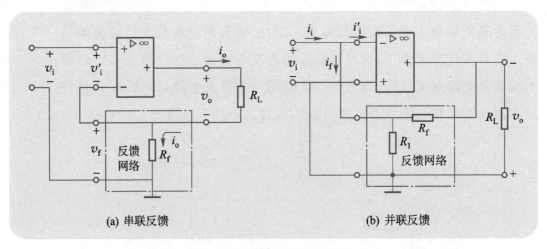

图 3-26　反馈信号在输入端的接入方式

图 3-26(b)所示放大电路中,反馈信号 i_f 与外加输入信号 i_i 并联后加至放大器件的输入端,所以称为并联反馈。并联反馈信号在输入端以电流形式出现,电流关系为 $i_i' = i_i - i_f$,即反馈使放大器净输入电流 i_i' 降低,属并联负反馈。如果在放大器的输入回路中,电流关系为 $i_i' = i_i + i_f$,

　　　　　　　　　　　　　　　　　　　　　　　　项目 3　常用放大器及其应用

则是并联正反馈。

（4）正反馈、负反馈的判别　正反馈与负反馈的作用是截然不同的，正反馈常用于各种振荡电路中，负反馈则用于改善放大器的性能，显然判别反馈极性是很重要的。通常采用瞬时极性法来判别正反馈与负反馈，具体方法是：

① 先假定输入信号的瞬时极性，然后根据放大电路输入与输出信号的相位关系确定输出信号和反馈信号的瞬时极性。

② 根据反馈信号与输入信号的连接情况，确定反馈极性。

如图 3-27（a）所示，先假定 v_i 输入端的瞬时极性为"+"，若反馈信号返回到 v_i 输入端为"+"，则为正反馈。反之，反馈信号返回到 v_i 输入端为"-"，则为负反馈。

如图 3-27（b）所示，先假定 v_i 输入端的瞬时极性为"+"，若反馈信号返回另一个输入端为"+"，则为负反馈。反之，反馈信号返回另一个输入端为"-"，则为正反馈。

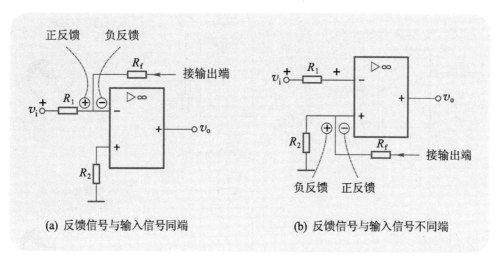

图 3-27　判别反馈极性

（5）交流反馈、直流反馈的判别　在放大电路中存在着直流分量和交流分量，若反馈回来的信号是交流量，则称为交流反馈，交流负反馈能改善放大电路的交流性能；若反馈回来的信号是直流量，则称为直流反馈，直流负反馈主要用于稳定放大器的静态工作点。

如图 3-28（a）所示，交流成分被电容 C 旁路掉，在 R_2 上产生的反馈信号只有直流成分，所以为直流反馈；如图 3-28（b）所示，由于电容 C 的隔直流作用使 R_f 上只有交流成分，所以为交流反馈。

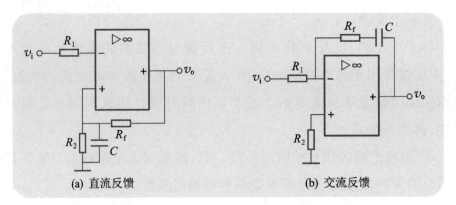

(a) 直流反馈　　　(b) 交流反馈

图 3-28　交流反馈、直流反馈的判别

3.2.2　负反馈的4种基本类型

按反馈信号的取样方式及接至放大器输入端的连接方式不同,可组合成4种不同类型的负反馈。电压串联负反馈如图 3-29(a)所示;电压并联负反馈如图 3-29(b)所示;电流串联负反馈如图 3-29(c)所示;电流并联负反馈如图 3-29(d)所示。

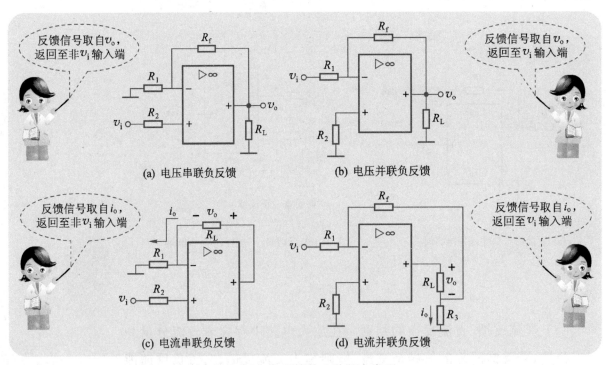

(a) 电压串联负反馈　　　(b) 电压并联负反馈

(c) 电流串联负反馈　　　(d) 电流并联负反馈

图 3-29　负反馈的4种基本类型

3.2.3　负反馈对放大器性能的影响

1. 降低放大倍数

负反馈信号与输入信号叠加,使净输入信号减小,而基本放大电路的放大倍数不变,负反馈作用导致输出信号减小。因此,负反馈放大器的放大倍数比不加负反馈时要低。

2. 提高放大倍数的稳定性

引入负反馈后,使输出信号的变化得到抑制,放大倍数趋于不变,因此提高了放大倍数的稳定性。

负反馈对放大器放大倍数的影响

3. 减小非线性失真

引入负反馈后,反馈电路将输出失真的信号送回到输入电路,使净输入信号产生与输出失真相反的"预失真"信号,经放大,输出信号的失真得到一定程度的"补偿",如图 3-30 所示。

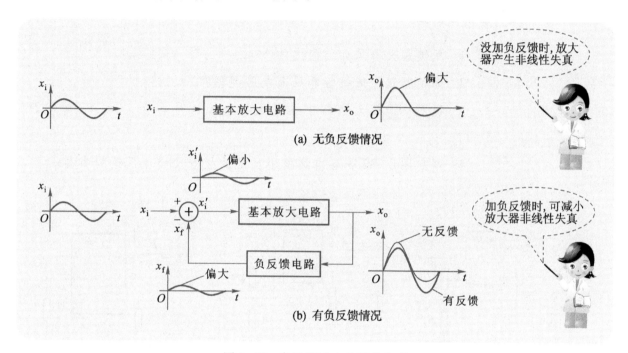

图 3-30　负反馈减小非线性失真

4. 改变放大电路的输入、输出电阻

引入电压负反馈将减小放大器的输出电阻,引入电流负反馈增大输出电阻;并联负反馈减小放大器的输入电阻,串联负反馈增大输入电阻。

5. 负反馈可展宽通频带

在一些要求有较宽频带的放大电路中,引入负反馈是展宽频带的有效措施之一。

如图 3-31 所示,放大电路在中频段的开环放大倍数 A_v 较高,反馈信号也较大,因而净输入信号降低得较多,闭环放大倍数 A_{vf} 也随之降低较多;而在低频段和高频段,A_v 较低,反馈信号较小,因而净输入信号降低得较小,闭环放大倍数 A_{vf} 也降低较小。这样使放大倍数在比较宽的频段上趋于稳定,即展宽了通频带。

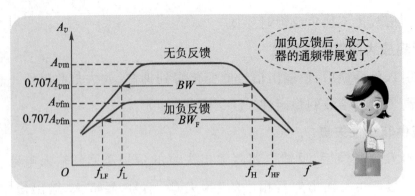

图 3-31　负反馈展宽放大器的通频带

✎ 思考与练习

1. 反馈放大器是如何组成的?

2. 如何判断反馈极性和反馈电路类型?

3. 说明反馈放大电路中各电压和电流符号的含义:v_i、v_i'、v_f、v_o、i_i、i_i'、i_f、i_o。

4. 判断图 3-32 中各电路所引反馈的极性及交流反馈的类型。

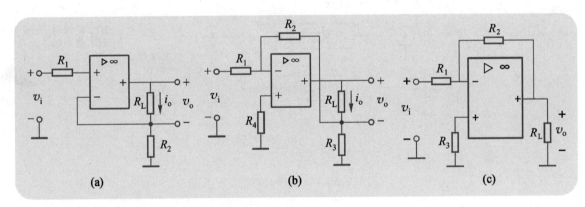

图 3-32　题 4 图

5. 试用物理概念说明负反馈为什么可以扩展通频带。

6. 试说明负反馈对放大器的输入电阻和输出电阻有何影响。

3.3

低 频 功 率 放

大 器

学习目标

★ 了解低频功率放大器的功能、基本要求及电路类型。

　　　　　　　　　　　　　　　　　　　　　　项目 3　常用放大器及其应用

★ 了解 OCL、OTL 功放电路的组成形式，理解其工作原理。

★ 掌握复合管的连接方法。

★ 掌握典型集成功率放大器(4100 系列)的引脚功能及电路的装配。

多级放大电路末级的输出信号往往都是送到负载,驱动其正常工作。常见的负载装置有扬声器、伺服电动机、记录仪表、继电器等。这类主要用于向负载提供低频信号功率的放大电路称为低频功率放大器。

3.3.1 功率放大器的基本要求

功率放大器和前面介绍的电压放大电路都是利用三极管的放大作用来工作的,但所要完成的任务不同。电压放大电路的主要任务是把微弱的信号电压进行放大,输出的功率并不一定大。而功率放大器则不同,它的主要任务是不失真地放大信号功率,通常在大信号状态下工作,对功率放大器有以下几点基本要求。

1. 有足够大的输出功率

为了获得足够大的输出功率,要求功率放大器的三极管(简称功放管)的电压和电流都允许有足够大的输出幅度,但又不超过管子的极限参数 $V_{(BR)CEO}$、I_{CM}、P_{CM}。

2. 效率要高

功率放大器的效率是指负载获得的功率 P_o 与电源提供的功率 P_{DC} 之比,用 η 表示,即

$$\eta = \frac{P_o}{P_{DC}} \tag{3-11}$$

功率放大器输出的信号功率是由直流电源转换过来的,在输出同样的信号功率时,效率愈高的功率放大器,直流电源消耗的功率就愈低。

3. 非线性失真要小

由于功放管处于大信号工作状态,v_{CE} 和 i_C 的变化幅度较大,有可能超越三极管特性曲线的线性范围,所以容易失真。要求功率放大器的非线性失真尽量小,特别是高保真的音响及扩音设备对这方面有较严格的要求。

4. 功放管散热要好

功率放大器有一部分电能以热的形式消耗在功放管上,使功放管温度升高,为了使功放电路既能输出较大的功率,又不损坏功放管,通常需要给功放

管安装散热片和采取过载保护措施。一般功放管的集电极具有金属散热外壳,如图 3-33 所示。

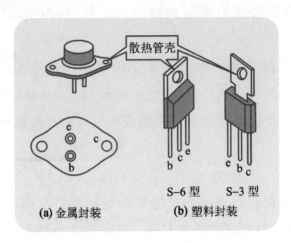

图 3-33　功放管外形图

3.3.2　功率放大器的分类

1. 按静态工作点设置分类

低频功率放大器按其静态工作点设置的不同,可分为甲类、乙类、甲乙类 3 种工作状态。

（1）甲类功率放大器　功放管的静态工作点选择在三极管的放大区的中间区域,在工作过程中,功放管始终处于导通状态。若输入电压 v_i 为正弦信号,集电极电流 i_C 的波形如图 3-34(a) 所示,波形无失真。由于设置的静态电流大,放大器的效率较低,最高只能达到 50%。

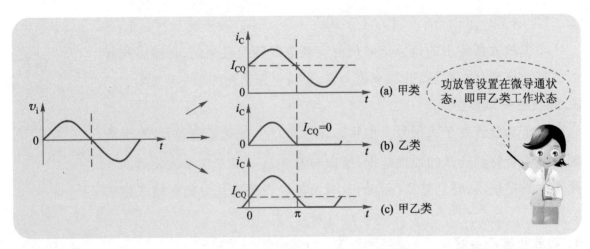

图 3-34　功率放大器的工作状态分类

（2）乙类功率放大器　静态工作点设置在功放管的截止边缘,即

$I_{CQ}=0$。在工作过程中,三极管仅在输入信号的正半周导通,负半周时功放管截止。若输入电压 v_i 为正弦信号,集电极电流 i_C 的波形如图 3-34(b)所示,只有半波输出。由于几乎无静态电流,功率损耗减到最少,使效率大大提高。乙类功率放大器采用两个三极管组合起来交替工作,则可以放大输出完整的全波信号。

(3)甲乙类功率放大器 功放管的静态工作点介于甲类和乙类之间,三极管有不大的静态电流,正弦信号输入时的集电极电流 i_C 波形如图 3-34(c)所示,它的波形失真情况和效率介于上述两类之间,是互补对称功率放大器经常采用的工作方式。

2. 按耦合方式分类

根据功率放大器的耦合方式可分为阻容耦合、变压器耦合和直接耦合 3 种功率放大器。

(1)阻容耦合功率放大器 主要用于甲类的末级放大电路,通常向负载提供的功率不是很大。

(2)变压器耦合功率放大器 通过变压器耦合可起到阻抗匹配的作用,使负载获得最大功率。但由于变压器体积大、笨重、频率特性差,且不便于集成化,这种耦合方式的功率放大器已逐渐被淘汰。

(3)直接耦合功率放大器 包括双电源互补对称电路、单电源互补对称电路、集成功率放大器,直接耦合功率放大器是目前电子产品末级放大电路中应用较为广泛的电路形式。

双电源互补对称电路属于无输出电容功率放大器,习惯称为 OCL(output capacitorless)电路。

1. 电路基本结构

OCL 电路的基本结构如图 3-35(a)所示。图中 V1 为 NPN 型三极管,V2 为 PNP 型三极管。由 $+V_{CC}$、V1 和 R_L 组成 NPN 型三极管射极输出电路,由 $-V_{CC}$、V2 和 R_L 组成 PNP 型三极管射极输出电路。V1 与 V2 的基极连接在一起作为信号输入端,两个三极管的发射极也连接在一起作为信号的输出端,直接与负载相连接。三极管 V1、V2 为乙类工作状态,两个三极管轮流工作,类似两个人在拉锯,一推一拉,配合良好,如图 3-36 所示。

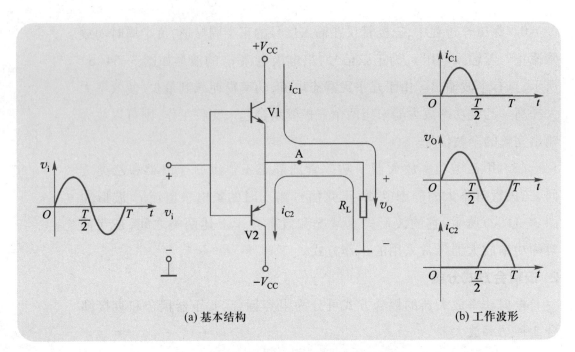

(a) 基本结构 　　　　　　　　　　　　　　(b) 工作波形

图 3-35　OCL 电路

图 3-36　OCL 电路工作原理类似两人拉锯

2. 工作原理

静态时,由于 OCL 电路的结构对称,所以输出端的 A 点电位为零,没有直流电流通过 R_L,因此,输出端不接隔直流电容。

当输入信号 v_i 为正半周时,V2 发射结反偏而截止,V1 发射结正偏而导通,产生电流 i_{C1} 流经负载 R_L 形成输出电压 v_o 的正半周。

当输入信号 v_i 为负半周时,V1 发射结反偏而截止,V2 发射结正偏而导通,产生电流 i_{C2} 流经负载 R_L 形成输出电压 v_o 的负半周。

综上所述,V1 与 V2 交替导通,分别放大信号的正、负半周,由于工作特性对称,互补了对方的工作局限,使之能向负载提供完整的输出信号 v_o,如图 3-35(b)所示,这种电路通常又称为互补对称功率放大电路。

应用提示

▶ OCL 电路的互补三极管 V1 与 V2 必须选用特性基本相同的配对管。首先,要求同是硅材料或锗材料的 NPN 型三极管与 PNP 型三极管;其次,电流放大系数 β 大小应基本相同,否则可能使放大的波形出现正、负半周幅度不一致;最后,配对管的极限参数差异不能太大。通常选序号相同的管子作为配对管,例如,3DG12 与 3CG12 配对,2N3905 与 2N3904 配对。

▶ 功率放大器的功放管由于工作在大电流状态,且温度较高,属易损器件,在电子设备的检修中应注意检查功放管是否损坏。判断功放管的质量通常用万用表检测,其方法与检测小功率三极管相同,但功放管的正向、反向结电阻都比较小。

3. 输出功率和效率

OCL 电路中,负载 R_L 上输出的电压和电流的最大值为

$$V_{om} = V_{CC} - V_{CES} \approx V_{CC}, \qquad I_{om} = \frac{V_{om}}{R_L} \approx \frac{V_{CC}}{R_L}$$

则最大输出功率为

$$P_{om} = \frac{V_{om}}{\sqrt{2}} \cdot \frac{I_{om}}{\sqrt{2}} = \frac{V_{CC}}{\sqrt{2}} \cdot \frac{V_{CC}}{\sqrt{2}\,R_L}$$

即

$$P_{om} = \frac{V_{CC}^2}{2\,R_L} \tag{3-12}$$

若电源消耗的功率用 P_{DC} 表示,可以证明 OCL 电路的理想效率为

$$\eta = \frac{P_{om}}{P_{DC}} = 78.5\% \tag{3-13}$$

4. 交越失真及其消除方法

前面讨论 OCL 电路工作原理,是在理想状态下,不考虑三极管死区电压的影响,实际上这种电路并不能使输出波形很好地反映输入信号的变化。由于没有直流偏置,在输入电压 v_i 低于死区电压(硅管为 0.5 V,锗管为 0.2 V)时,V1 和 V2 都截止,输出电流 i_o 基本为零,即在正、负半周的交替处出现一段死区,如图 3-37 所示,这种现象称为交越失真。如果音响功率放大器出现交越失真,会使声音质量下降。

能消除交越失真的 OCL 电路如图 3-38 所示,在两只功放管基极间串入二极管 V4 和 V5,利用二极管的电压降为三极管 V2、V3 的发射结提供正向偏置电压,使管子处于微导通状态,即工作于甲乙类状态,此时负

载 R_{L} 上输出信号波形就不会出现交越失真。

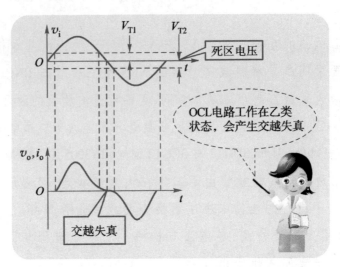

图 3-37　交越失真波形

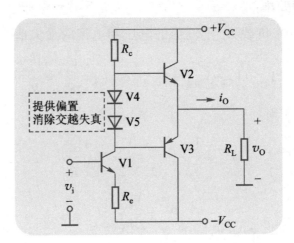

图 3-38　能消除交越失真的 OCL 电路

3.3.4　单电源互补对称电路(OTL 电路)

OCL 电路具有线路简单、频响特性好、效率高等特点,但必须使用正、负两组电源供电,给使用干电池供电的便携式设备带来不便,同时对电路的静态工作点的稳定度也提出较高的要求,因此,目前用得更为广泛的是单电源供电的互补对称式功率放大电路,该电路输出管采用共集电极接法,输出电阻较小,能与低阻抗负载较好匹配,不需要变压器进行阻抗匹配,所以该电路又称为 OTL(output transformerless)电路,表示该功放电路没有使用输出变压器。

1. OTL 基本电路

图 3-39 所示是 OTL 功率放大电路,V1 与 V2 是一对导电类型不同、特性对称的配对管。从电路连接方式上看两管均接成射极输出电路,工

作于乙类状态。与OCL电路不同之处有两点：第一，由双电源供电改为单电源供电；第二，输出端与负载R_L的连接由直接耦合改为电容耦合。

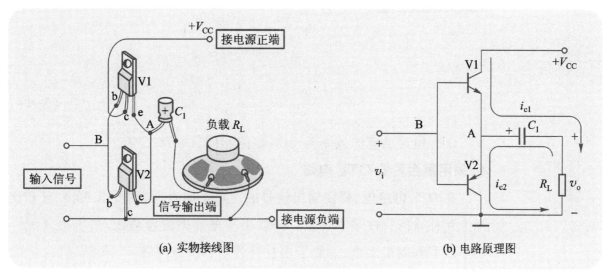

图3-39 OTL功率放大电路

2. 工作原理

（1）静态时　由于两个三极管参数一致，所以电路中的输入端（B点）及输出端（A点）电压均为电源电压的1/2，此时V1与V2的发射结电压$V_{BE} = V_B - V_A = 0$，两个三极管都截止。耦合电容C_1端电压为$\frac{1}{2}V_{CC}$。

（2）输入交流信号v_i为正半周时　由于三极管基极电位升高，使NPN型三极管V1导通，PNP型三极管V2截止，电源V_{CC}通过V1向耦合电容C_1充电，并在负载R_L上输出正半周波形。

（3）输入交流信号v_i为负半周时　由于三极管基极电位下降，V1截止，V2导通，耦合电容C_1放电，向V2提供电源，并在负载R_L上输出负半周波形。必须注意的是，在v_i负半周时，V1截止，使电源V_{CC}无法继续向V2供电，此时耦合电容C_1利用其所充的电能代替电源向V2供电。虽然电容C_1有时充电，有时放电，但因容量足够大，所以两端电压基本上维持在$\frac{1}{2}V_{CC}$。

综上所述可知，V1放大信号的正半周，V2放大信号的负半周，两管工作性能对称，在负载上获得正、负半周完整的输出波形。

3. 输出功率和效率

采用单电源供电的互补对称电路，由于每只三极管的工作电压是$\frac{1}{2}V_{CC}$，所以OTL电路的负载R_L上输出的电压和电流的最大值为

$$V_{om} = \frac{1}{2}\,V_{CC} - V_{CES} \approx \frac{1}{2}\,V_{CC}, \quad I_{om} = \frac{V_{om}}{R_L} \approx \frac{V_{CC}}{2R_L}$$

则最大输出功率为

$$P_{om} = \frac{V_{om}}{\sqrt{2}} \cdot \frac{I_{om}}{\sqrt{2}} = \frac{V_{CC}}{2\sqrt{2}} \cdot \frac{V_{CC}}{2\sqrt{2}\,R_L}$$

即
$$P_{om} = \frac{V_{CC}^2}{8R_L} \tag{3-14}$$

OTL 电路的理想效率与 OCL 电路相同，$\eta = 78.5\%$。

4. 采用复合管的 OTL 电路

在 OTL 电路中，要使输出信号的正负半周对称，则要求 NPN 与 PNP 两个互补管的特性基本一致。一般小功率异型管容易配对，但要选配大功率异型管就很困难，一般采用复合管来解决该问题。

把两个或两个以上的三极管的电极适当地连接起来，等效为一个三极管使用，即为复合管。它有 4 种连接方式，图 3-40(a)、(b) 所示电路由两只同类型三极管构成复合管，图 3-40(c)、(d) 所示电路则由不同类型的两只三极管构成复合管。

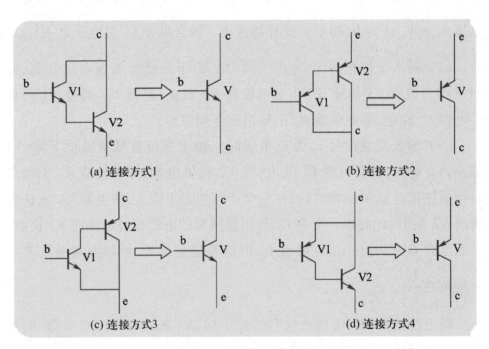

(a) 连接方式1　　　　　　　(b) 连接方式2

(c) 连接方式3　　　　　　　(d) 连接方式4

图 3-40　4 种常见复合管连接方式

连接成复合管的原则有两点：第一，必须保证两只三极管各极电流都能顺着各个三极管的正常工作方向流动；第二，前面三极管的 c、e 极只能与后面三极管的 c、b 极连接，而不能与后面三极管的 b、e 极连接，否则前

面三极管的 V_{CE} 电压会受到后面三极管 V_{BE} 的钳制,无法使两只三极管有合适的工作电压。

复合管有 3 个主要特点:第一,复合管的电流放大系数 β 近似为 V1 与 V2 管的 β 值之积,即 $\beta = \beta_1 \cdot \beta_2$;第二,复合管是 NPN 型还是 PNP 型决定于前一只三极管的类型;第三,前一只三极管的基极作为复合管的基极,依据前一只三极管的发射极与集电极来确定复合管的发射极与集电极。

使用复合管的 OTL 功率放大电路如图 3-41 所示。

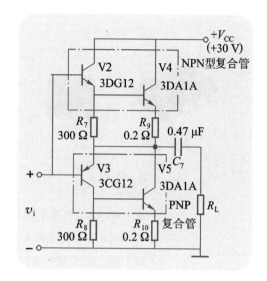

图 3-41　使用复合管的 OTL 功率放大电路

3.3.5　集成功率放大器

随着微电子技术的发展,集成功率放大器的应用已日益广泛,现以 LM386 集成功率放大器为例,分析其功能结构及典型应用电路。

LM386 是一种音频集成功率放大器,具有自身功耗低、增益可调整、电源电压范围大、外接元件少和总谐波失真小等优点,主要用在低电压电子产品中。LM386 集成功率放大器框图如图 3-42 所示,其输入级是复合管差分放大电路,有同相和反相两个输入端,它的单端输出信号传送到中间共发射极放大级,以提高电压放大倍数。输出级是 OTL 互补对称放大电路。

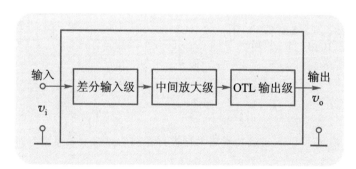

图 3-42　LM386 集成功率放大器框图

LM386 的封装形式有双列直插式和贴片式,如图 3-43(a)所示,其引脚排列如图 3-43(b)所示。LM386 的输入端以地为参考,同时输出端被自动偏置到电源电压的一半,在 6 V 电源电压下,其静态功耗仅为 24 mW,故 LM386 特别适合在用电池供电的场合使用。

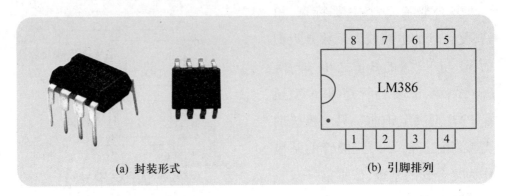

(a) 封装形式　　　　(b) 引脚排列

引脚 1 和 8:增益调节端;引脚 2:反相输入端;

引脚 3:同相输入端;引脚 4:接地端;

引脚 5:输出端;引脚 6:电源端;

引脚 7:去耦端,防止电路产生自激振荡,通常外接旁路电容

图 3-43　LM386 封装形式及引脚排列

图 3-44 所示为应用 LM386 集成功率放大器进行音响功率放大的典型电路。

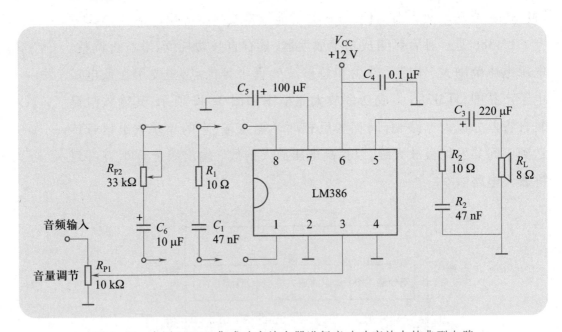

图 3-44　应用 LM386 集成功率放大器进行音响功率放大的典型电路

在图 3-44 中,LM386 的 1 脚和 8 脚之间可以开路,这时整个电路的放大倍数约为 20。若在 1 脚和 8 脚之间外接旁路电容与电阻(如 R_1 和 C_1),则可提高放大倍数。也可在 1 脚和 8 脚之间外接电位器与电容(如

项目 3　常用放大器及其应用

R_{P2} 和 C_6），则其放大倍数可以进行调节（20～200 倍）。R_{P1} 调节输入的音频电压的大小，用来调节输入的音量。

📖 阅读

打造"中国芯"，追逐"中国梦"

集成电路芯片是信息时代的基石，集成电路制造技术代表着当今世界微细制造的最高水平。

我国近年来自主研发了很多芯片，如龙芯、申威、飞腾、麒麟、澎湃等。2023 年 9 月，华为发布 Mate 60 系列手机，该系列手机搭载的麒麟 9 000 s 芯片支持的网络基带信号为 5G 和 LTE。

大型芯片集成有上亿个晶体元件，需要运用顶尖的光刻机。虽然我国在光刻机领域起步较晚，且在一定程度上受制于国外技术封锁和出口限制，但近年来国内企业加速推进光刻机关键技术的研发攻关。从 90 nm 制程到 28 nm 制程，甚至是 7 nm 制程，我国的光刻机技术正在飞速发展。

🔭 应用提示

在安装集成功放电路时应注意以下几点：

▶ 集成功放均应安装散热片。

▶ 必须在集成功放的电源引脚旁加电源滤波电容，以防产生低频自激。

▶ 功放级的接地线应尽量接在一起，连线尽可能短，功放级应远离输入级，否则容易产生自激。

✒️ 思考与练习

1. 功率放大器的静态工作点设置方式有几类？各具有什么特点？

2. 什么是 OCL 电路？OCL 电路是如何工作的？

3. 乙类功率放大器为什么会产生交越失真？如何消除交越失真？

4. 分析图 3-45 所示电路中各元器件的作用，并计算最大输出功率 P_{om}。

5. 什么是 OTL 电路？OTL 电路是如何工作的？

6. 在互补对称式 OTL 功放电路中，要求向阻抗为 16 Ω 的负载提供的最大不失真输出功率是 2 W，则电源电压应为多少？

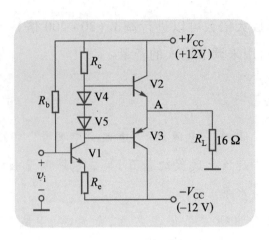

图 3-45 题 4 图

7. 试分析图 3-44 所示的 LM386 集成功率放大器出现以下问题时，对电路正常工作有何影响。

(1) 电容 C_3 开路。

(2) LM386 的引脚 6 虚焊。

(3) 电容 C_5 开路。

实训任务 3.2
音频功放电路的安装与测试

一、实训目的

1. 熟悉集成运放和功放集成电路的应用。

2. 掌握音频功放电路的安装和测试。

二、器材准备

1. 稳压电源。

2. 示波器。

3. 低频信号发生器。

4. 万用表。

5. 电烙铁、镊子、剪线钳等常用工具。

6. 音频功放电路套件。

三、实训内容与步骤

LM386 是一种应用广泛的集成功率放大器，引脚排列如图 3-43 所示。LM386 组成的音频功放电路如图 3-46 所示。

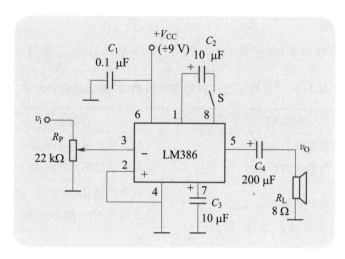

图 3-46　音频功放电路

（1）按图 3-46 所示连接电路,仔细检查无误后通电。

（2）用万用表测量 LM386 各引脚对地的直流电压,将测量结果填入表 3-6 中。

表 3-6　LM386 各引脚直流电压

引脚	1	2	3	4	5	6	7	8
直流电压								

（3）$R_L = 8\,\Omega$, $V_{CC} = +9$ V,在输入端输入频率为 1 kHz 的正弦波。逐渐调大输入信号幅度,并用示波器观察输出波形,直到最大不失真为止,用示波器测出此时输出电压 V_{omax},则输出信号最大输出功率为 $P_{omax} = \dfrac{V_{omax}^2}{R_L}$,将数据填入表 3-7 中。

（4）用万用表测出此时电源的工作电流 I_{Emax},则电源功率为 $P_E = V_{CC} \cdot I_{Emax}$。

（5）计算出集成功放的效率 $\eta = \dfrac{P_{omax}}{P_E}$,将数据填入表 3-7 中。

（6）保持负载 $R_L = 8\,\Omega$,改变电源电压 V_{CC} 为 +6 V,再次测量 P_{omax}、P_E、η,将数据填入表 3-7 中。

表 3-7　集成功率放大器测试数据

V_{CC}/V	P_{omax}	P_E	η
9			
6			

四、技能评价

"音频功放电路的安装与测试"实训任务评价表见表 3-8。

表 3-8 "音频功放电路的安装与测试"实训任务评价表

项目	考核内容	配分	评分标准	得分
元器件的检测	1. 元器件的识别 2. 元器件的检测	10 分	1. 不能识别元器件,每只扣 2 分 2. 不会检测元器件,每只扣 2 分	
电路制作	1. 按电路图装接无误 2. 元器件的整形、焊点质量 3. 电路板的整体布局	30 分	1. 电路接错,每处扣 5 分 2. 元器件装接不规范,每处扣 2 分 3. 电路板的布局不合理,扣 2~5 分	
调测	1. 电路的检查和测试 2. 集成功放引脚电压测量 3. 最大不失真功率测量	30 分	1. 出现问题无法解决,每次扣 5 分 2. 数据读取、记录、处理错误,扣 5 分	
制作效果	1. 基本功能的实现 2. 音频放大的效果	15 分	1. 没有声音,扣 15 分 2. 出现声音小、声音失真、啸叫等故障,扣 5 分	
安全文明操作	1. 遵守安全操作规程 2. 工作台上工具摆放整齐 3. 元器件保管	15 分	1. 违反安全文明操作规程,扣 5 分 2. 工作台表面不整洁,扣 5 分 3. 元器件丢失、损坏,每只扣 5 分	
合计		100 分	以上各项配分扣完为止	

五、问题讨论

1. 分析 R_P、C_1、C_3、C_4 在电路中的功能。

2. C_3 开路,对音频功放电路会产生什么影响?

*3.4
谐振放大器

学习目标

★ 熟悉谐振放大器的功能和类型。

★ 认识单谐振、双谐振放大器的电路组成,会调整谐振频率。

★ 了解陶瓷滤波器的电气图形符号和基本特性。

★ 了解集成谐振放大器的电路组成及其典型应用。

采用具有谐振性质的元件作为负载的放大器称为谐振放大器,又称调谐放大器。谐振放大器具有选频放大作用,即选择有用信号进行放大,而对通频带以外的各种频率信号基本不放大,在无线接收系统中常用作高频、中频放大器。

谐振放大器有分散选频和集中选频两大类。分散选频的每级放大器都接入谐振负载,为分立元器件电路;而集中选频的谐振放大器都为集成放大器,且谐振网络多为集中滤波器。在分散选频的小信号谐振放大器中,又根据选频回路的不同特点,可分为单谐振放大器、双谐振放大器。

3.4.1 单谐振放大器

单谐振放大器如图 3-47 所示,图中 R_{b1}、R_{b2}、R_e 组成了稳定静态工作点的分压偏置电路。C_b、C_e 为高频旁路电容,电感 L 与电容 C 组成并联谐振回路,其谐振频率处在有用的输入信号频率上。三极管的输出端与 LC 回路的连接采用了部分接入的方式,从交流通路来看,三极管的 c、e 分别接电感线圈 L 的 1、2 脚,这样可以减小三极管内部的结电容对 LC 回路的谐振频率及 Q 值的影响,提高电路的稳定性,并使三极管的输出阻抗与 LC 回路匹配。

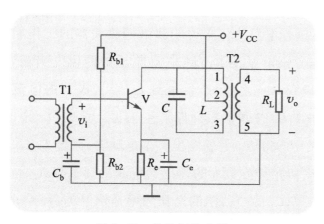

图 3-47　单谐振放大器

单谐振放大器的工作过程是这样的:输入信号经变压器 T1 加在三极管的 b、e 之间,使三极管产生电流 i_B,由于三极管的电流放大作用,产生较大的集电极电流 i_c,当谐振回路调谐在输入信号频率时,在回路两端出现最高的谐振电压,这个电压经变压器 T2 耦合到负载阻抗 R_L 上,从而使负载得到较大的信号功率或电压。

3.4.2 双谐振放大器

为了提高谐振放大器选频特性或改善通频带,可以采用具有两个 LC 选频回路的双谐振放大器。双谐振放大器一般有互感耦合和电容耦合两种形式,如图 3-48 所示。图 3-48(a)所示为互感耦合双谐振放大器,它与单谐振放大器的不同之处在于,用 L_2、C_2 谐振电路来代替单谐振放大器的二次绕组。一、二次之间采用互感耦合,即改变 L_1 与 L_2 之间的距离或磁心位置即可改变它们的耦合程度。图 3-48(b)所示为电容耦合双谐振放大器,通过外接电容 C_k 来改变两个谐振回路之间的耦合程度。

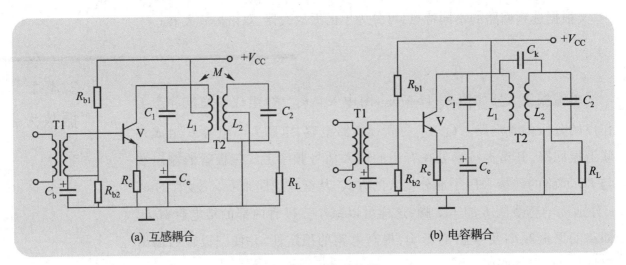

(a) 互感耦合   (b) 电容耦合

图 3-48　双谐振放大器

现以互感耦合电路为例来说明双谐振放大器的工作原理。设 L_1C_1、L_2C_2 两个回路分别谐振在中心频率 f_0 临近的两侧。当输入信号经变压器 T1 加在三极管 b、e 之间,产生电流 i_B,经三极管的电流放大后,集电极电流 i_C 经过 L_1C_1 并联谐振回路产生谐振。此时,L_1 中电流由于互感耦合的存在,在二次侧 L_2 上感应出一个电动势,经过 L_2C_2 回路的并联谐振作用,在二次回路产生最大的输出电压输出到负载 R_L 上。

由于 L_1C_1、L_2C_2 两个回路的谐振频率是错开的(f_1 略小于 f_0,f_2 略大于 f_0),适当地选择谐振回路之间的耦合程度,可使放大器的谐振曲线做得较为理想,即矩形的谐振曲线。通过实验的测试可知,当耦合较松时,谐振曲线显单峰,如图 3-49(a)所示;当耦合较强时,谐振曲线呈现对称于中心频率 f_0 的双峰,如图 3-49(b)所示,双峰之间的频率间隔以及下凹的深度与耦合程度有关,耦合愈紧,下凹程度和双峰之间的频率间隔愈大;当回路工作于临界耦合状态下,谐振曲线呈单峰,但中心频率 f_0 处曲线较平坦,如图 3-49(c)所示,这时有较宽的频带和较好的选择性,与理想矩形谐振曲线比较接近,一般双谐振放大器工作在临界耦合状态。

双谐振放大器具有较好的通频带和选择性,所以应用较为广泛。

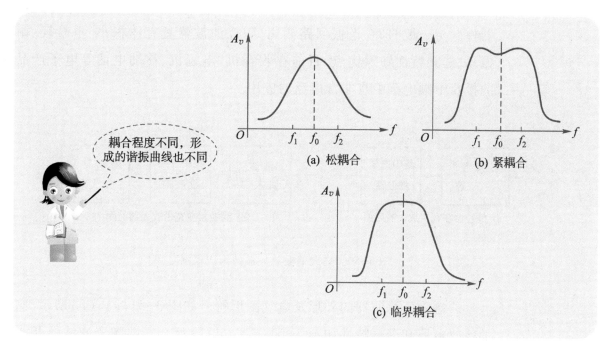

图 3-49　双谐振回路的谐振曲线

分立元器件 *LC* 谐振放大器在组成多级放大器时,线路比较复杂,调试不方便,稳定性不高,可靠性较差,尤其是不能满足某些特殊频率特性的要求。随着电子技术的不断发展,出现了采用集成宽带放大器和集中选频滤波器相结合的谐振放大器,即集成谐振放大器。集中选频滤波器常用的有陶瓷滤波器。

1. 电路组成

集成谐振放大器的组成结构主要有两种形式,如图 3-50 所示。其中图 3-50(a)所示是把集中选频滤波器设置在集成宽带放大器的后面,先将输入信号进行放大,再由集中选频滤波器进行选频。这种组合的优点是电路简单,可以补偿集中选频滤波器存在的损耗。但由于输入信号不经过选频就直接放大,所以容易受无用信号的干扰;图 3-50(b)所示的集中选频滤波器则放在集成宽带放大器的前面。输入信号先由前置放大器放大,然后由集中选频滤波器进行选频,最后由集成宽带放大器进行放大并输出。后一种组合的优点是能较好地抑制无用信号的干扰和影响。

2. 陶瓷滤波器

陶瓷滤波器是由压电陶瓷材料制成的具有选频特性的二端或三端器件。与一般的 LC 谐振回路相比,陶瓷滤波器具有体积小、重量轻、耐振动、选频特性好等优点,目前在收音机、电视机、移动电话等电子产品的接收中频电路中有非常广泛的应用。

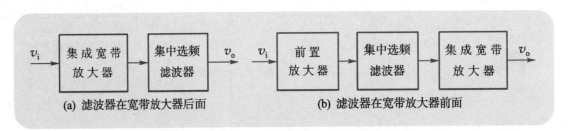

图 3-50 集成谐振放大器的组成框图

二端陶瓷滤波器的外形及电气图形符号如图 3-51(a)、(b) 所示,它的等效电路和谐振特性如图 3-51(c)、(d) 所示。二端陶瓷滤波器相当于一个 LC 串联谐振电路,谐振时的阻抗呈现最小。例如,国产 LTX1 A 型陶瓷滤波器常用于收音机的中频谐振放大电路中,其谐振频率为 465 kHz,谐振时的阻抗不大于 20 Ω,其选择性的指标为:频率为(465 ± 10) kHz 时,增益大于 6 dB。

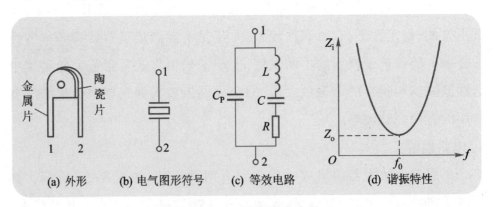

图 3-51 二端陶瓷滤波器

三端陶瓷滤波器的外形、电气图形符号、等效电路和谐振特性如图 3-52 所示。由图 3-52(d) 可见,谐振曲线呈现双峰,具有较宽的通频带和较好的矩形系数,因而选择性好。例如 3L465A 型三端陶瓷滤波器,其谐振频率为 465 kHz,通频带为 11 kHz,插入损耗为 0.45 dB。

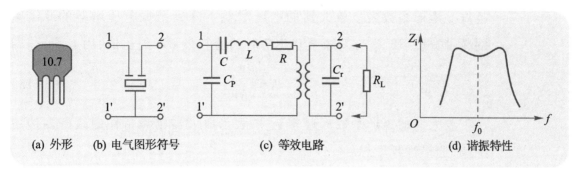

(a) 外形　　(b) 电气图形符号　　(c) 等效电路　　(d) 谐振特性

图 3-52　三端陶瓷滤波器

应用提示

▶ 陶瓷滤波器可用万用表进行检测,具体方法如下:将万用表置于 $R \times 10$ k 挡,用红、黑表笔分别测二端或三端陶瓷滤波器任意两脚之间的正、反向电阻均应为 ∞,若测得阻值较小或为 0 Ω,可判定该陶瓷滤波器已损坏。

▶ 需要说明的是,测得正、反向电阻均为 ∞ 不能完全确定该陶瓷滤波器完好,需要用扫频仪做进一步的选频特性的检测,在业余条件下对电子产品的维修常采用代换法试验。

3.4.4　谐振放大器的主要性能指标

1. 谐振频率

放大器的调谐回路谐振时所对应的频率 f_0 称为放大器的谐振频率。

2. 谐振电压增益

放大器的谐振增益是指放大器在谐振频率上的电压增益,记为 A_{v0},其值可以采用以 dB(分贝)为单位的形式。

3. 通频带

通频带是指放大器的电压增益下降到谐振电压增益的 0.707 时所对应的频率范围,一般用 BW 表示。

4. 选择性

选择性是指放大器从各种不同频率的信号中选出有用信号并抑制其他信号的能力。

(1)抑制比　抑制比为谐振电压增益与通频带以外某一特定频率上的电压增益之比值,用 d 表示。d 值越大,放大器的选择性越好。

(2)矩形系数　放大器的谐振曲线越接近矩形,则放大器的选择性越好。矩形系数表示放大器的电压增益下降到谐振电压增益的 0.1 时的频带宽度 $BW_{0.1}$ 与下降至 0.707 时的通频带 BW 的比值,用 K 表示,即

$$K = \frac{BW_{0.1}}{BW} \tag{3-15}$$

放大器的矩形系数 K 越接近 1,表示放大器幅频特性曲线的两边越陡峭,选择性越理想。

思考与练习

1. 什么是谐振放大器?它由哪几部分组成?

2. 画出单谐振放大器的原理电路,并简述其工作原理。

3. 双谐振放大器一般有几种形式?与单谐振放大器相比有哪些优点?

4. 简述图 3-48 所示的互感耦合双谐振放大器的工作原理,并分析电路中各元器件的作用。

5. 集成谐振放大器由哪几部分组成?画出框图。

6. 试用集成运算放大器和陶瓷滤波器构成一个简单的小信号谐振放大器,画出电路图。

项目小结

1. 集成运放是一种高电压放大倍数的多级直接耦合集成放大电路,内部主要由差分式输入级、中间级、互补对称式输出级及偏置电路组成。差分放大电路能有效抑制直接耦合引起的零点漂移,因此广泛应用于集成运放电路中。

2. 集成运放按输入信号的接入方式不同可组成反相放大电路、同相放大电路和差分放大电路。集成运放的应用范围极为广泛,本项目介绍了常用信号运算电路(加法器、减法器)的形式和信号运算关系。

3. 在放大电路中,把输出信号馈送到输入回路的过程称为反馈。反馈放大电路主要由基本放大电路和反馈电路两部分组成。负反馈应用于放大电路中主要有 4 种类型,即电压并联、电压串联、电流并联、电流串联负反馈放大电路。

4. 负反馈对放大电路的性能有广泛的影响,可稳定放大倍数、展宽通频带、减小非线性失真、增大或减小输入和输出电阻等。实际应用中可根据不同的要求引入不同的反馈方式,但负反馈是以损失放大倍数为代价,换取放大电路性能的改善。

项目 3 常用放大器及其应用

5. 功率放大器的主要任务是不失真地放大信号功率。常用的低频功率放大器按静态工作点的设置不同,分为甲类、乙类和甲乙类。按耦合方式不同可分为阻容耦合、变压器耦合和直接耦合 3 种方式。

6. 互补对称式功放电路有 OCL 和 OTL 两种类型,它们都是由对称的两个射极输出器组合而成,两只不同导电类型的配对管轮流放大信号的正、负半周,在负载上得到完整的放大信号。为了克服交越失真,应将推挽电路的静态工作点设置在甲乙类状态。

7. 集成功率放大器是由输入级、中间放大级和 OTL 输出级构成,具有体积小、重量轻、工作可靠、调试组装方便等优点,在目前得到越来越广泛的应用。使用集成功率放大器的关键是了解引脚功能、接线图和各外部元件的作用。

8. 谐振放大器主要由放大电路和谐振回路组成,它具有选频放大的功能,主要用于无线接收机的高频放大和中频放大。

9. LC 谐振放大器分为单谐振、双谐振两种类型,双谐振放大器适当地选择谐振回路之间的耦合程度可以改善通频带和选择性。

10. 集成谐振放大器由集成宽带放大器和集中选频滤波器组成,常用的集中选频滤波器为陶瓷滤波器。

自我测评

一、判断题

1. 集成运算放大器的输出电阻小,带负载能力强。　　　　（　　）

2. 放大电路中引入反馈,可以改善放大电路的性能。　　　（　　）

3. 互补对称式乙类功率放大器可以放大输出完整的全波信号。

　　　　　　　　　　　　　　　　　　　　　　　　　　（　　）

4. 反相运放是一种电压并联负反馈放大电路　　　　　　　（　　）

5. OTL 功率放大器采用双电源供电。　　　　　　　　　　（　　）

二、填空题

1. 造成直流放大电路零点漂移的两个主要原因是（1）_____ 变动,（2）_____ 变动。

2. 常采用 _____ 放大电路来抑制零点漂移。

3. 双端输出差分放大电路在电路完全对称时,其共模电压放大倍数为 _____。

4. 集成运放的共模抑制比 K_{CMR} = _____。共模抑制比越大,抑制零漂的能力越_____。

5. 集成运放的 3 种输入方式分别是_____、_____和_____。集成运放输入端所接的平衡电阻的作用是_____。

6. 在电子技术中,反馈是指将放大电路的_____的一部分或全部返回到输入端,并与输入信号叠加的过程。反馈放大电路由_____和_____所组成。

7. 对功率放大器的基本要求为_____、_____、_____和功率管能安全工作。

8. 按静态工作点设置不同,低频功率放大器可分为_____类、_____类和_____类 3 种。

9. 某 OTL 功率放大器负载为 $4\,\Omega$,要获得 $4.5\,\text{W}$ 的最大不失真输出功率,则其电源电压应为_____ V。

三、选择题

1. 图 3-53 所示的集成运放电路,电压放大倍数 $A_{vf}=$_____。

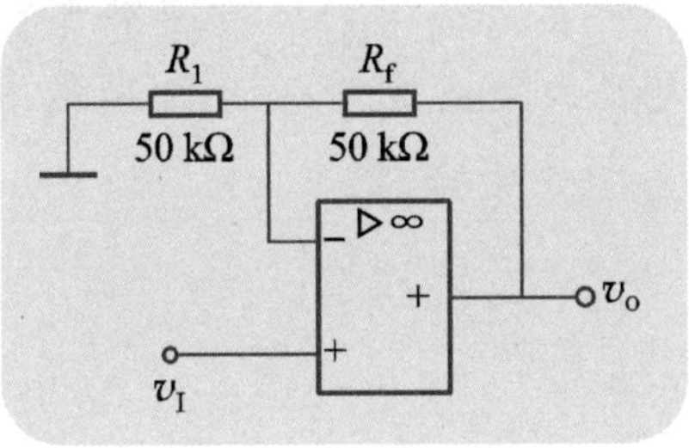

图 3-53 选择题 1 图

A. $1+\dfrac{R_{f}}{R_{1}}$ B. $1+\dfrac{R_{1}}{R_{f}}$

C. $-\dfrac{R_{f}}{R_{1}}$ D. $-\dfrac{R_{1}}{R_{f}}$

2. 要使输出电压稳定又具有较高的输入电阻,放大电路应引入_____负反馈。

A. 电压并联   B. 电流串联

C. 电压串联   D. 电流并联

3. 甲类功率放大器结构简单,其主要缺点是为_____。

A. 输出功率小   B. 效率低

C. 存在交越失真   D. 易产生自激

4. 克服互补对称功率放大器交越失真的有效措施是_____。

A. 选择特性一致的配对管　　B. 为输出管加上合适的偏置电压

C. 加入自举电路　　　　　　D. 选用额定功率较大的放大管

5. 以下器件中，_____不能作为集成谐振放大器的滤波器。

A. 电容器　　　　　　　　B. 陶瓷滤波器

C. 声表面波滤波器　　　　D. LC 谐振回路

四、分析题

找出图 3-54 各电路的反馈元件，并判断反馈类型。

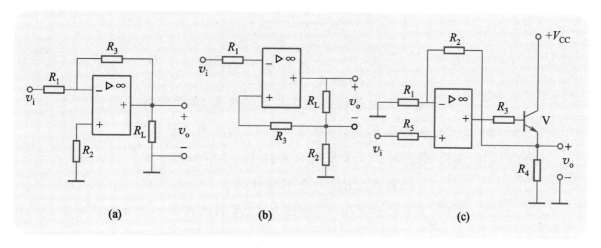

图 3-54　分析题图

五、计算题

计算题图 3-55(a)、(b) 所示电路的输出电压，已知 $v_{I1} = 30 \text{ mV}$，$v_{I2} = 20 \text{ mV}$，$v_I = 10 \text{ mV}$。

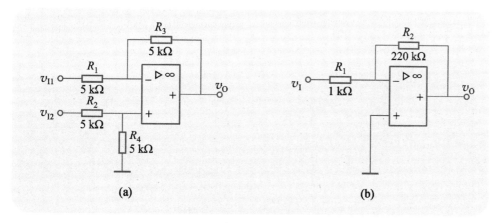

图 3-55　计算题图

六、分析题

OTL 互补对称式输出电路如图 3-56 所示，$V_{CC} = +15 \text{ V}$，$R_L = 8 \text{ } \Omega$，试分析以下问题。

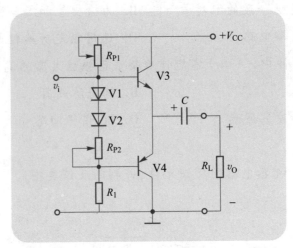

图 3-56　分析题图

（1）该 OTL 电路按静态工作点的设置，属于哪种类型？

（2）电位器 R_{P2} 与二极管 V1、V2 的作用是什么？

（3）静态时，V3 管发射极电位 V_{E3} 正常值为多少？

（4）电位器 R_{P1}、R_{P2} 的作用是什么？

（5）若电容 C 足够大，负载 R_L 上得到的最大不失真输出功率 P_{om} 为多大？

　　　　　　　　　　　　　　　　　　　　　　　　项目 3　常用放大器及其应用

项目 正弦波振荡器的认识及制作

项目描述

　　振荡器是一种能量转换装置，它不需要外加信号，就能自动地将直流电能转换成具有一定频率、一定幅度和一定波形的交流信号。振荡器与放大器不同之处在于，放大器需要加入输入信号，才能有信号输出；振荡器则不需外加信号，由电路本身自激而产生输出信号。正弦波振荡器输出的波形是正弦波，广泛应用在无线话筒、遥控玩具、实验室的信号发生器等电子产品中，如图 4-1 所示。本项目的知识目标是了解正弦波振荡器的电路组成、振荡条件及振荡频率；实训的主要任务是完成音频信号发生器的安装与调试。

(a) 无线话筒　　　　(b) 遥控玩具　　　(c) 信号发生器

图 4-1　正弦波振荡器的应用

4.1
正弦波振荡器

★ 掌握正弦波振荡器的电路组成和振荡器的类型。

★ 理解自激振荡的条件。

4.1.1 正弦波振荡器的组成

正弦波振荡器主要由放大电路、选频电路和反馈网络三部分组成，如图4-2所示。

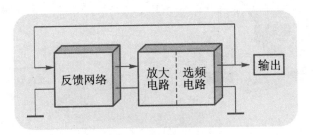

图4-2 正弦波振荡器结构框图

1. 放大电路

利用三极管的电流放大作用使电路具有足够的放大倍数。

2. 选频电路

它仅对某个特定频率的信号产生谐振，从而保证了正弦波振荡器具有单一的工作频率。按选频电路组成元件不同，可分为 *LC* 振荡器、*RC* 振荡器及石英晶体振荡器等几种常见的类型。

3. 反馈网络

将输出信号正反馈到放大电路的输入端，作为输入信号，使电路产生自激振荡。

4.1.2 自激振荡的过程

在日常生活中经常会见到自激现象，如扩音机中出现的啸叫声，其原因就是扬声器输出的声音反馈回送话器，送话器将声音转换为电信号经再放大后输出，这样声音就逐渐加大，由此产生自激啸叫，如图4-3所示。

项目4 正弦波振荡器的认识及制作

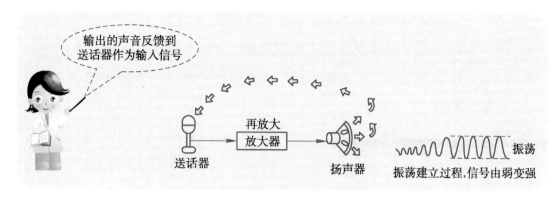

图 4-3　扩音机的自激振荡过程

电路的自激过程类似扩音机的自激现象。当振荡器接通电源的瞬间,电路受到扰动,在放大器的输入端将产生一个微弱的扰动电压 v_i,经放大器放大、选频后,通过正反馈网络回送到输入端,形成放大→选频→正反馈→再放大的过程,使输出信号的幅度逐渐增大,振荡便由小到大地建立起来。当振荡信号幅度达到一定数值时,由于三极管非线性区域的限制作用,使三极管的放大作用削弱,即电路的放大倍数下降,振幅也就减小,最终使电路维持稳幅振荡。

4.1.3　自激振荡的条件

振荡电路要产生自激振荡必须同时满足下列两个条件:

1. 相位平衡条件

相位平衡条件是指反馈信号与输入信号的相位同相,即要求电路有正反馈存在,相位平衡条件的定义式为

$$\varphi = 2n\pi \tag{4-1}$$

式中,$n=0,1,2,\cdots,\varphi$ 为反馈信号与输入信号的相位差。

2. 振幅平衡条件

反馈电压的幅值与输入电压的幅值相等,这是电路维持稳幅振荡的振幅条件。假定输入电压 v_i 通过放大器放大后增大为 A_v 倍,此时输出电压 $v_o = A_v v_i$,反馈电压 $v_f = F v_o = F A_v v_i$,为保证满足 $v_f = v_i$,则

$$A_v F = 1 \tag{4-2}$$

满足式(4-2)即可满足振荡电路的振幅平衡条件。但在自激振荡的初期,要求 $A_v F > 1$,以确保振荡过程的建立。

思考与练习

1. 试述振荡电路和放大电路的主要区别。

2. 正弦波振荡电路主要有几种类型?

3. 正弦波振荡电路由几部分组成?选频电路的作用是什么?

4. 为什么电路必须满足相位平衡条件和振幅平衡条件,电路才能自激振荡?

4.2
LC 振荡器

学习目标

★ 能识读变压器耦合式、电感三点式、电容三点式 *LC* 振荡器的电路图。

★ 了解 *LC* 振荡电路的工作原理。

★ 会安装和调试 *LC* 振荡器。

LC 振荡器是由放大器、*LC* 选频回路和反馈电路三部分组成。*LC* 振荡器可分为变压器耦合式振荡器和三点式振荡器两大类。

4.2.1 变压器耦合式 *LC* 振荡器

变压器耦合式 *LC* 振荡器是通过变压器耦合信号送到放大器的输入端。常见的有共发射极变压器耦合式 *LC* 振荡器和共基极变压器耦合式 *LC* 振荡器。

1. 共发射极变压器耦合式 *LC* 振荡器

(1)电路元器件作用　图 4-4(a)所示为共发射极变压器耦合式 *LC* 振荡器电路原理图,图 4-4(b)所示为实物接线图。

R_{b1}、R_{b2} 是分压偏置电阻,R_e 是发射极直流负反馈电阻,它们提供了放大器的静态偏置。

C_1、C_e 是信号旁路电容,它们对振荡信号相当于短路。

L_1、C 构成并联谐振回路作为选频回路。当信号频率等于固有谐振频率 f_0 时,LC 并联谐振回路发生谐振,放大器通过 LC 并联谐振回路对 f_0 进行选频使之输出最大,且相移为零。对于频率偏离 f_0 的信号放大器输出减小,且有一定的相移。偏离 f_0 越多,输出越小,相移越大。

L_2 是反馈线圈,将输出信号正反馈到放大管的基极。

(2)振荡原理　开机瞬间产生的电扰动经三极管 V 组成的放大

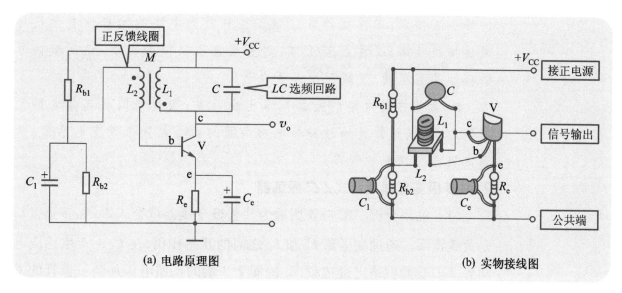

図4-4 共发射极变压器耦合式 *LC* 振荡器

（a）电路原理图　　　　（b）实物接线图

器放大,然后由 *LC* 选频回路从众多的频率中选出谐振频率 f_0,并通过线圈 L_1 和 L_2 之间的互感耦合把反馈信号反馈至三极管基极。设基极的瞬时极性为正,集电极电压倒相为负,按变压器同名端的符号可以看出,L_2 的下端电压极性为正,反馈回基极的电压极性为正,满足相位平衡条件,偏离 f_0 的其他频率的信号因有附加相移而不满足相位平衡条件。只要三极管的电流放大系数 β 及 L_1 和 L_2 的匝数比合适,满足振幅条件,就能振荡产生频率为 f_0 的信号。

振荡频率 f_0 的计算公式为

$$f_0 = \frac{1}{2\pi\sqrt{(L_1 + L_2 + 2M)C}} \tag{4-3}$$

（3）电路特点　共发射极变压器耦合式 *LC* 振荡器功率增益高,容易起振。但由于共发射极电流放大系数 β 随工作频率的增高而急剧降低,故其振荡幅度很容易受到振荡频率大小的影响,因此常用于固定频率的振荡器。

应用提示

▶ 振荡电路是否正常工作,常用以下两种方法来检测:一是用示波器观察输出波形是否正常;二是用万用表的直流电压挡测量振荡三极管发射结电压 V_{BE},观察 V_{BE} 是否出现反偏电压或小于正常放大时的数值,再用电容将正反馈信号交流短路到地端,V_{BE} 电压会升高,则可验证电路已经起振。

▶ 振荡电路如果不能正常振荡,首先应用万用表测量放大电路的静态工作点,工作点异常应重点检查放大电路的元器件有无损坏或连接线开路;工作点若正常,则要检查正反馈是否加上,反馈信号的极性是否正确、反馈深度是否合适。

▶ 如果振荡电路的振荡频率出现偏差,应适当调整选频电路元器件的参数,通常是通过旋转电感线圈的磁心位置来改变电感量,从而实现振荡频率的调整。

2. 共基极变压器耦合式 LC 振荡器

(1) 电路分析　图 4-5 所示为共基极变压器耦合式 LC 振荡器。L_1 是负载线圈。通过变压器 L_1 和 L_2 之间的互感作用,在 L_2 上产生感应电动势,L_2C 选频网络进行选频,L_2 线圈 2、3 端的反馈电压加到三极管的发射极与基极(地)使之产生振荡。正反馈量的大小可以通过调节 L_2 的匝数或两个线圈之间距离来改变。调整可变电容器 C 可调节振荡频率 f_0。

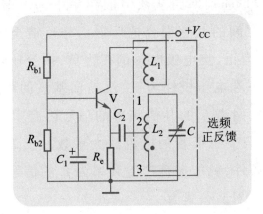

图 4-5　共基极变压器耦合式 LC 振荡器

共基极电路的输入阻抗很低,为了不降低 LC 选频回路的 Q 值,以保证振荡频率的稳定,采用了线圈部分接入法,即加到三极管输入端的信号只取自线圈 L_2 的一小部分。

(2) 电路特点　共基极变压器耦合式 LC 振荡器的振荡频率调节方便,波形较好,常用于收音机的本机振荡电路。

🔧 做中学

认识超外差收音机本振电路

【器材准备】

超外差收音机、示波器、螺丝刀、绘图工具一套。

【动手实践】

(1) 打开超外差收音机外壳,取出收音机电路板。

（2）辨认收音机的本振电路（共基极变压器耦合式 LC 振荡器）。

（3）根据收音机的实际电路板，在空白纸上绘制出本振电路部分的原理图，并标明相关元器件代号和参数。

（4）将磁棒天线的一次绕组短路，闭合收音机电源开关，用示波器观察本振电路输出的振荡波形。

（5）如图 4-6 所示，在用螺丝刀调整本振线圈的磁心的同时，用示波器观察输出波形的变化。

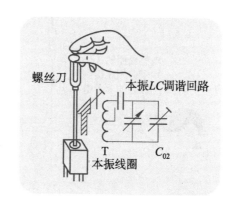

图 4-6　调整本振电路的振荡频率

三点式 LC 振荡器分为电容三点式和电感三点式两种，它们共同的特点都是从 LC 振荡回路中引出 3 个端点和三极管的 3 个电极相连接。

1. 电感三点式振荡器

电感三点式振荡器

（1）电路分析　图 4-7（a）、（b）所示为电感三点式振荡器的实物接线图及电路原理图，图 4-7（c）所示为它的交流通路，三极管的 3 个电极分别与电感支路的 3 个点 1、2、3 相连接，电感三点式振荡器由此得名。从电路图中看出分压式稳定工作点放大电路能够实现交流放大，LC 网络能够实现选频，从电感线圈 L_2 两端取出反馈电压 v_f 加到三极管输入端。利用瞬时极性法可判断电路对振荡信号的反馈是正反馈。图中 C_1 是隔直流、耦合正反馈信号的电容，C_e 是发射极旁路电容。

改变线圈的抽头位置，可调节 v_f 的大小，从而调节振荡器的输出幅度。L_2 越大，反馈越强，振荡信号输出越大。调整可变电容器 C 可调节振荡频率 f_0。

$$f_0 = \frac{1}{2\pi\sqrt{(L_1 + L_2 + 2M)C}} \qquad (4-4)$$

（2）电路特点　电感三点式振荡器容易起振，调节频率方便；振荡频率可以做得很高，可达到几十兆赫。但输出波形中含有高次谐波，波形较差。

2. 电容三点式振荡器

（1）电路分析　将电感三点式振荡电路中的谐振电容和电感互换，

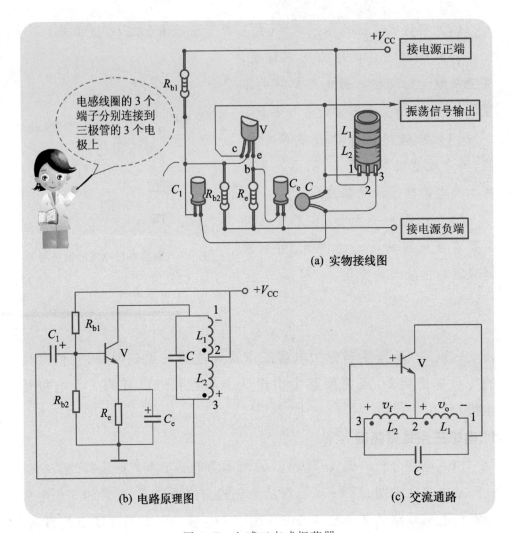

图 4-7　电感三点式振荡器

就构成了电容三点式振荡器,实物接线如图 4-8(a)所示,图 4-8(b)所示为电路原理图,图 4-8(c)所示为它的交流通路,三极管的 3 个电极与电容支路的 3 个点相接,电容三点式由此而得名。

从交流通路分析可知这个电路具有正反馈,满足相位平衡条件。L 和 C_1、C_2 组成振荡选频网络,利用 C_1 和 C_2 串联分压,将 C_2 上的信号正反馈到放大器的输入端。适当选择 C_1 和 C_2 的数值,就能满足振幅平衡条件。电路的振荡频率为

$$f_0 = \frac{1}{2\pi \sqrt{L \dfrac{C_1 C_2}{C_1 + C_2}}} \tag{4-5}$$

(2)电路特点　电容三点式振荡器的振荡频率可以做得较高,可达到 100 MHz 以上。输出波形中高次谐波较少,波形较好。它的缺点是振荡频率会受三极管极间电容的影响,不够稳定。

　　　　　　　　　　　　　　　　　　　项目 4　正弦波振荡器的认识及制作

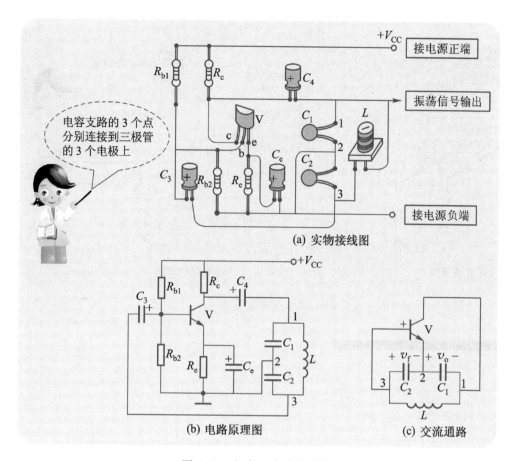

电容支路的 3 个点分别连接到三极管的 3 个电极上

(a) 实物接线图

(b) 电路原理图

(c) 交流通路

图 4-8　电容三点式振荡器

3. 改进型电容三点式振荡器

（1）电路分析　从图 4-9（a）所示的电容三点式振荡器交流通路可以看出：三极管极间电容 C_{be} 和 C_{ce} 分别与 C_1、C_2 并联，构成振荡电路的一部分。由于极间电容会随温度变化或更换三极管后有所差异，这些因素将造成振荡频率的不稳定。

改进型电容三点式振荡器是在 LC 回路的电感支路串入小电容 C_3，如图 4-9（b）所示。当 C_3 远小于 C_1 和 C_2 时，其振荡频率 f_0 与 C_1、C_2、C_{be}、C_{ce} 都基本无关，因此相对削弱了三极管极间电容的影响。

由于 $C_3 \ll C_1$、$C_3 \ll C_2$，因此改进型电容三点式振荡器的振荡频率为

$$f_0 \approx \frac{1}{2\pi\sqrt{LC_3}} \qquad (4-6)$$

（2）电路特点　改进型电容三点式振荡器具有振荡波形好、频率比较稳定的特点。缺点是调节 C_3 时，输出信号的幅度会随频率的增大而降低。改进型电容三点式振荡器常用于电视机、调频收音机的本机振荡电路及发射载频信号发生器。

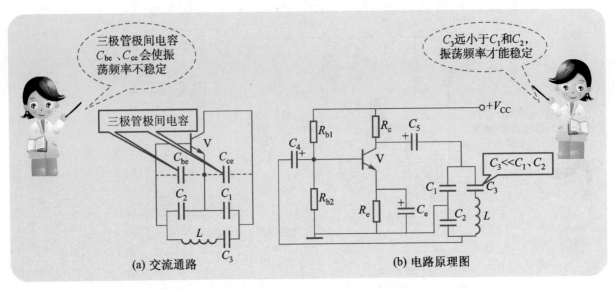

图 4-9　改进型电容三点式振荡器

4.3

石 英 晶 体 振 荡 器

学习目标

★ 了解石英晶体谐振器的结构和电特性。

★ 能识读并联型、串联型石英晶体振荡器的电路图。

★ 了解石英晶体振荡器的工作原理。

★ 会安装石英晶体振荡电路，能用示波器观测振荡器。

★ 能排除石英晶体振荡器的常见故障。

振荡器的振荡频率是由它的选频元件参数来决定的。环境温度变化或电源电压波动等因素的影响，会导致选频元件参数的变化。因此，无论是 LC 振荡器还是 RC 振荡器，其振荡频率是不稳定的。普通的 LC 振荡器的频率稳定度在 10^{-3} 左右，优质的可达到 10^{-5} 数量级。用石英晶体组成的振荡器其频率稳定度可达 $10^{-6} \sim 10^{-11}$ 数量级，大大提高了振荡频率的稳定度。目前，石英晶体振荡器已广泛应用于石英钟、彩色电视机、手持移动电话、计算机等各类电子设备中。

4.3.1　石英晶体谐振器

天然石英属于二氧化硅晶体（SiO_2），将它按一定方位角切成薄片，称为石英晶体。在石英晶片的两个相对表面喷涂金属层作为极板,焊上引线作为电极,再加上金属壳或塑胶壳封装就制成石英晶体谐振器,简称石英晶振,其外形、内部结构及电气图形符号如图 4-10 所示。

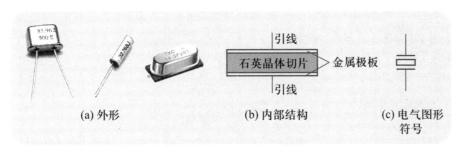

(a) 外形　　　　　(b) 内部结构　　　　(c) 电气图形符号

图 4-10　石英晶体谐振器

若在石英晶体两电极加上电压,晶片将产生机械形变;反之,如果在晶体上施加机械压力,晶片表面会产生电荷,这种物理现象称为压电效应。当外加交变电压的频率与晶体固有频率相等时,振幅将达到最大,这就是晶体的压电谐振。产生谐振的频率称为石英晶体的谐振频率。

石英晶振的等效电路如图 4-11(a) 所示。晶体不振动时,等效于一个平板电容 C_0,称为静态电容,其值一般为几皮法至几十皮法。当晶体振动时,有一个机械振动的惯性,用电感 L 来等效,其值为 $10^{-3} \sim 10^{-2}$ H。晶体振动时因摩擦而造成的损耗一般用 R 等效,为 10^2 Ω 左右。晶体的弹性一般用电容 C 来等效,其值为 $10^{-2} \sim 10^{-1}$ pF。可见,石英晶体的电感很大,电容很小,Q 值很高。晶体的固有频率只与晶体的几何尺寸有关,所以可做得非常精确和稳定。利用石英晶振组成振荡电路,可获得很高的频率稳定度。由石英晶振等效电路可知,这个电路有两个谐振频率。

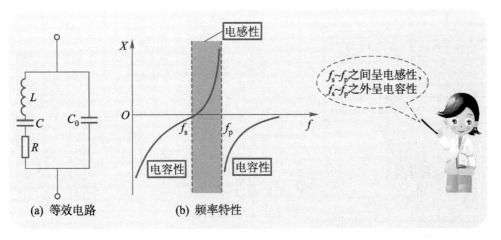

(a) 等效电路　　　　　(b) 频率特性

图 4-11　石英晶振

（1）串联谐振　当 R、L、C 支路发生串联谐振时,等效于纯电阻 R,

阻抗最小,其串联谐振频率为

$$f_s = \frac{1}{2\pi\sqrt{LC}} \qquad (4-7)$$

（2）并联谐振　当外加信号频率高于 f_s 时,R、L、C 支路与 C_0 支路发生并联谐振,谐振频率为

$$f_p = \frac{1}{2\pi\sqrt{L\dfrac{CC_0}{C+C_0}}} \qquad (4-8)$$

从上面可以看出,f_p 稍大于 f_s。由于 $C_0 \ll C$,所以两个谐振频率 f_p 与 f_s 非常接近。

图 4-11(b)所示为石英晶振的频率特性,石英晶振工作在 f_s 与 f_p 之间时呈电感性,在此区域之外呈电容性。

4.3.2　石英晶体振荡器

石英晶振作为选频元器件所组成的正弦波振荡电路称为石英晶体振荡器。石英晶体振荡器的电路形式有两类:一类为并联型石英晶体振荡器,工作在 $f_s \sim f_p$ 之间,石英晶体起电感作用;另一类为串联型石英晶体振荡器,工作在串联谐振频率 f_s 处,利用阻抗最小的特性来组成振荡电路。

1. 并联型石英晶体振荡器

并联型石英晶体振荡器实物接线如图 4-12(a)所示,图 4-12(b)所示为它的电路原理图,图 4-12(c)所示为交流通路。

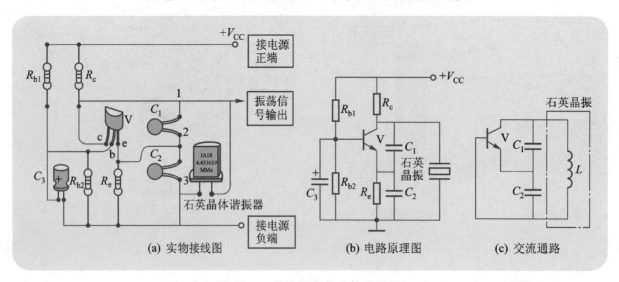

图 4-12　并联型石英晶体振荡器

选频回路由 C_1、C_2 和石英晶振组成。这时的谐振频率处于 f_s~f_p 之间,石英晶振在回路中等效为一个电感,显然这相当于一个电容三点式电路。谐振电压经 C_1、C_2 分压后,C_2 上的电压正反馈回到放大管的基极,只要反馈强度足够,电路就能起振并达到平衡。振荡频率基本上由石英晶体的固有频率决定,受 C_1、C_2 及三极管极间电容 C_{be}、C_{ce} 影响很小,因此振荡频率稳定度很高。

2. 串联型石英晶体振荡器

串联型石英晶体振荡器如图 4-13 所示。石英晶振接在三极管 V1、V2 组成的两级放大器的正反馈网络中,起到了选频和正反馈的作用。当振荡频率等于石英晶振的串联谐振频率 f_s 时,石英晶振阻抗最小,因此正反馈最强,且相移为零,电路满足自激振荡条件而振荡。对于频率不等于 f_s 的信号来说,石英晶振的阻抗较大,相移不为零,电路不满足自激振荡条件。因此,该电路只在 f_s 频率点上产生振荡,即振荡频率 $f_0 = f_s$。

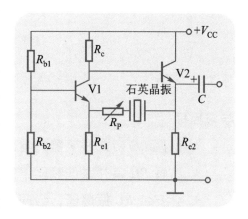

图 4-13 串联型石英晶体振荡器

在正反馈支路中串入可调电阻 R_P 用于调节正反馈量的大小。R_P 过大,正反馈太弱,电路可能停振;R_P 过小,正反馈太强,会导致输出波形失真。

应用提示

提高振荡器的频率稳定度,除了在电路结构上采取措施,如选用改进型电容三点式振荡器或石英晶体振荡器外,还可从以下几方面采取措施。

▶ 尽量减少温度的影响,将振荡放大电路与谐振元件置于恒温环境中,采用空调使其工作温度基本保持不变,该方法一般用于要求较高的控制设备。另外,谐振元件应选用温度系数很小的元器件。

▶ 安装工艺上要注意消除分布电容和分布电感的影响。

▶ 减小负载对振荡电路的影响,一般采用方法是在振荡电路与负载之间加一缓冲放大电路,这样负载变化对振荡回路的影响便可大大降低。

▶ 稳定电源电压,采用稳压电源供电。

▶ 谐振元件应密封和屏蔽,使之不受外界电磁场的影响,不受湿度变化的影响。

思考与练习

1. 试述石英晶体的压电效应，并画出它的等效电路。

2. 石英晶体振荡器有何特点？适用于什么场合？

3. 试绘出由集成运放组成的串联型石英晶体振荡器。

4. 在串联型、并联型石英晶体振荡器中，石英晶体可分别等效为什么元件？

*4.4
RC 振荡器*

学习目标

★ 掌握 *RC* 桥式振荡器的电路组成。

★ 了解 *RC* 串并联选频网络的特性。

★ 会安装 *RC* 振荡器，会调整振荡频率。

★ 能应用示波器进行观测和调试，获得不失真的波形。

RC 振荡器主要由 *RC* 选频反馈网络和放大器组成，常见的类型有桥式振荡电路和移相式振荡电路，本节将介绍 *RC* 桥式振荡电路的基本原理。

4.4.1 *RC* 串并联选频网络

图 4-14 所示为 *RC* 串并联选频网络，它是由 R_2、C_2 并联后与 R_1、C_1 串联组成，一般取 $R_1 = R_2 = R$，$C_1 = C_2 = C$，其选频特性如图 4-15 所示，输入电压 v_i 的幅度一定时，输入信号频率变化会引起输出电压 v_o 幅度和相位都变化。

当输入信号 v_i 频率等于谐振频率 f_0 时，输出电压 v_o 幅度最高，约为 $\dfrac{V_i}{3}$，而且相位差为零。谐振频率 f_0 取决于选频网络 R、C 的数值，计算公式为

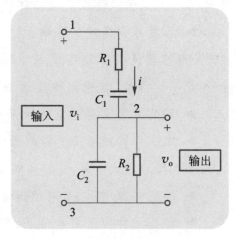

图 4-14 *RC* 串并联选频网络

$$f_0 = \frac{1}{2\pi RC} \qquad\qquad (4-9)$$

当输入信号的频率高于或低于谐振频率f_0愈多时,输出电压v_o幅度就愈小,且相移也愈大。

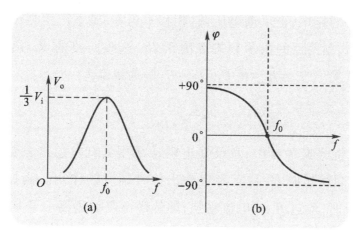

图 4-15　RC 串并联网络选频特性

1. 电路组成

图 4-16 所示电路为 RC 桥式振荡器,又称文氏桥振荡器,它由同相放大器和具有选频作用的 RC 串并联正反馈网络组成。

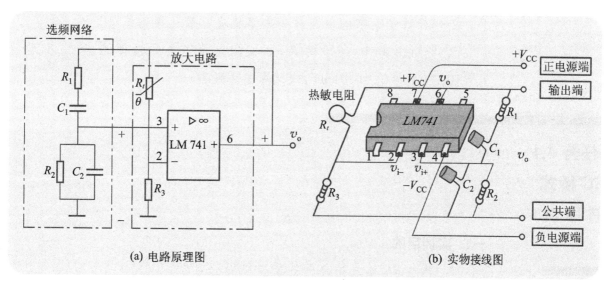

(a) 电路原理图　　　　　(b) 实物接线图

图 4-16　RC 桥式振荡器

2. 振荡原理

集成运放 LM741 组成同相放大电路,引脚 6 输出频率为 f_0 的信号通过 RC 串并联网络反馈到放大器的输入端引脚 3。因为 RC 选频网络的反

馈系数 $F=1/3$,因此,只要选择放大器的放大倍数 $A_{vf}=3$,就能满足振幅平衡条件;由于同相放大器的输入与输出信号相位差为 $0°$,RC 串并联选频网络的移相也为 $0°$,即振荡信号满足相位平衡条件,属正反馈。因此,电路对频率为 f_0 的分量能够产生自激振荡;而对于其他的频率分量,由于选频网络的作用,正反馈电压低,相移不为零,则不产生自激振荡。

RC 桥式振荡器的振荡频率取决于 RC 选频回路的 R_1、R_2、C_1、C_2 参数。通常情况下,$R_1=R_2=R$,$C_1=C_2=C$,振荡频率为

$$f_0 = \frac{1}{2\pi RC} \tag{4-10}$$

在 RC 桥式振荡器中,负反馈电阻常采用具有负温度系数的热敏电阻 R_t,以便顺利起振,并具有稳定输出信号幅度的作用。当振荡器的输出幅值增大时,流过 R_t 的电流增强,随热敏电阻的温度上升其电阻变小,负反馈加强,使放大器的增益下降,自动调节振荡输出信号趋于稳定。

3. 电路特点

RC 桥式振荡器的振荡频率调节方便,波形失真小,广泛应用在低频振荡电路中。

📖 **思考与练习**

1. RC 串并联选频网络的作用是什么? 说明其主要特性。

2. RC 桥式振荡器由几部分电路组成? 简述振荡原理。

3. 分析图 4-16 所示的 RC 桥式振荡器中各元器件的作用,若 $R_1=R_2=10\ \text{k}\Omega$,$C_1=C_2=0.01\ \mu\text{F}$,试计算振荡频率。

---

*实训任务 4.1 制作 RC 桥式音频信号发生器

一、实训目的

1. 熟悉 RC 桥式振荡器的典型应用。

2. 掌握音频信号发生器的安装和调试。

二、器材准备

1. 示波器。

2. 频率计。

3. 万用表。

4. 电烙铁、镊子、剪线钳、螺丝刀等常用工具。

5. 音频信号发生器套件。

6. 9 V 层叠电池(2 个)。

三、 实训相关知识

音频信号发生器是一种能够产生音频正弦信号的常用仪器,在调试和检修音响、扩音机等音频设备时经常应用。本实训使用的音频信号发生器可以产生 20 Hz～20 kHz 正弦波信号,共分为 3 个频段:第一频段可调频率范围为 20～200 Hz,第二频段可调频率范围为 200 Hz～2 kHz,第三频段可调频率范围为 2～20 kHz。

图 4-17 所示为音频信号发生器电路原理图。电路中采用双集成运算放大器 TL082,其中 IC1 组成 RC 桥式振荡器,IC2 组成电压跟随器,RC 桥式振荡器产生连续可调的正弦波信号,经电压跟随器缓冲后输出。波段开关 S1 为双刀联动开关,起频段切换的作用。电位器 R_{P1} 为双联同轴电位器,起频率细调的作用。R_{P2} 为输出电平调节电位器。

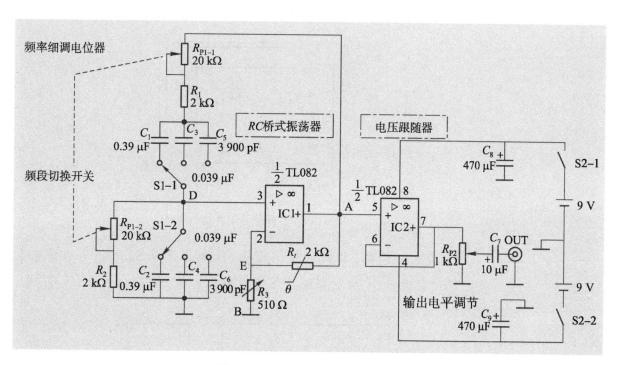

图 4-17 音频信号发生器电路原理图

四、 实训内容与步骤

1. 音频信号发生器的整机印制电路板如图 4-18 所示,按电路原理图和印制电路板图安装电路。

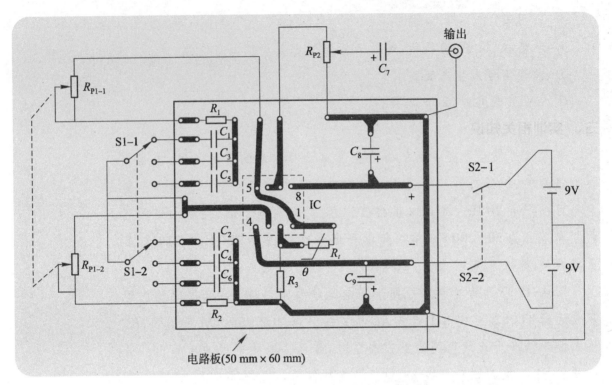

图 4-18　音频信号发生器的整机印制电路板图

2. 用木板或塑料自制外壳,并按图 4-19 所示开出各个安装孔。

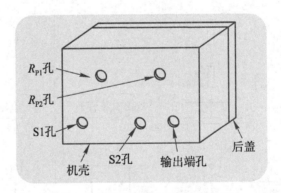

图 4-19　音频信号发生器的外壳

3. 将电位器 R_{P1} 和 R_{P2}、频段开关 S1、电源开关 S2 和输出端插座直接固定在面板上,电路板和电池固定在面板后面,如图 4-20 所示。

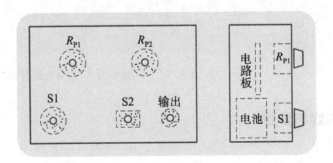

图 4-20　整机部件的固定

4. 如图 4-21 所示,用透明有机玻璃板制成一个带刻度线的指针板,粘牢在电位器 R_{P1} 的旋钮上。

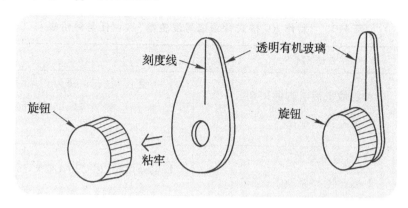

图 4-21 指针板的制作

5. 电路安装完毕,经检查无误后,接入+9 V 直流电源,用示波器观察输出端的波形,按图 4-22 所示用小螺丝刀缓慢调节 R_3 使电路起振,并调到示波器显示的正弦波波形最好。

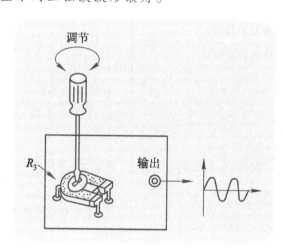

图 4-22 起振调整

6. 如图 4-23 所示,将频率计接音频信号发生器的输出端,转动频率细调旋钮(R_{P1}),根据频率计显示的输出频率数值,画出刻度线并标注信号频率。

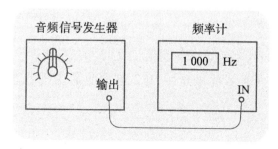

图 4-23 输出信号频率刻度线的确定

五、 技能评价

"制作 RC 桥式音频信号发生器"实训任务评价表见表 4-1。

表 4-1 "制作 RC 桥式音频信号发生器"实训任务评价表

项目	考核内容	配分	评分标准	得分
元器件的检测	1. 集成运放引脚的识别 2. 元器件的检测	10 分	1. 不能识别引脚,每只扣 2 分 2. 不会检测元器件,每只扣 2 分	
电路制作	1. 看懂电路图 2. 根据电路原理图、工艺要求进行装接 3. 元器件的整形、焊点质量 4. 电路板的整体布局	40 分	1. 电路接错,每处扣 5 分 2. 元器件装接不规范,每处扣 2 分 3. 电路板的布局不合理,扣 2~5 分	
电路调试	1. 观察输出信号波形 2. 标注输出信号频率	30 分	1. 电路存在故障,不会排除,扣 10 分 2. 输出信号频率的指示不正确,扣 5 分 3. 仪器使用错误,每次扣 2 分	
外观检查	1. 外壳制作是否牢靠、美观 2. 开关、旋钮调节是否灵活	10 分	1. 外壳不牢靠、不美观,酌情扣分 2. 开关、旋钮调节不灵活,每个扣 2 分	
安全文明操作	1. 遵守安全操作规程 2. 工作台上工具摆放整齐	10 分	1. 违反安全文明操作规程,扣 5 分 2. 工作台表面不整洁,元器件随处乱丢,扣 5 分	
合计		100 分	以上各项配分扣完为止	

六、 问题讨论

1. 音频信号发生器的 R_3 电阻值太大,会出现什么问题? 若 R_3 电阻值太小,对输出波形会有什么影响?

2. 音频信号发生器的电路中,IC2 组成的电压跟随器的功能是什么?

项目小结

1. 正弦波振荡器主要由放大电路、选频电路和正反馈网络三部分所

组成,电路要起振必须同时满足相位平衡条件和振幅平衡条件,即

$$\varphi = 2n\pi \qquad (n = 0,1,2,\cdots)$$

$$A_v F = 1$$

2. 按选频电路组成元件不同,正弦波振荡器主要有 RC 振荡器、LC 振荡器及石英晶体振荡器等几类。

3. LC 振荡器常用的有变压器耦合式、电感三点式和电容三点式 3 种类型,其相位平衡条件可用瞬时极性法判断,幅度平衡条件与三极管的 β 值和正反馈深度有关。LC 振荡器适合产生高频振荡。

4. 石英晶体振荡器有并联型和串联型两大类,并联型石英晶体振荡器工作频率在 $f_s \sim f_p$ 之间,石英晶体等效为一个电感。串联型石英晶体振荡器的振荡频率为 f_s,石英晶体相当于一个谐振的 LC 串联支路。石英晶体振荡器的突出优点是频率稳定性高,适合用作标准频率信号源,但它的带负载能力较差。

5. RC 桥式振荡器由同相放大器和具有选频作用的 RC 串并联正反馈网络组成,振荡频率公式为 $f_0 = \dfrac{1}{2\pi RC}$,适用于产生 200 kHz 以下的低频振荡信号。

自我测评

一、判断题

1. 一个放大器加入正反馈就能产生自激振荡。 (   )
2. 正弦波振荡器的振荡频率取决于反馈网络的参数。 (   )
3. 振荡器需要外加信号才能自激而产生输出信号。 (   )
4. 石英晶体的固有频率只与晶片的几何尺寸有关。 (   )
5. 串联型石英晶体振荡器中的石英晶振其作用相当于电感元件。
(   )

二、填空题

1. 振荡器属于_____反馈放大电路。

2. 正弦波振荡器主要由以下三部分组成:(1)_____;
(2)_____;(3)_____。

3. 电路产生自激振荡的条件是_____和_____,表示式分别为_____和_____。

4. 三点式 LC 振荡器的 3 种电路中,(1)容易起振,但振荡波形较差

的是_____振荡器。（2）振荡波形较好,但振荡频率会受三极管极间电容的影响的是_____振荡器。（3）振荡频率最稳定的电路是_____振荡器。

5. 石英晶片具有_____效应,当外加交变电压的频率为某一特定频率时,石英晶体的振幅突然增大的现象称为_____;石英晶片有两种谐振频率:_____和_____。

6. 石英晶体振荡器具有_____的特点,石英晶体振荡器的基本电路有_____石英晶体振荡器和_____石英晶体振荡器两类。

7. RC 桥式振荡器是由_____放大电路和具有选频作用的_____网络所组成。

三、选择题

1. 正弦波振荡器中选频网络的主要作用是_____。

A. 产生单一频率的振荡   B. 提高输出信号的振幅

C. 保证电路起振   D. 使振荡有丰富的频率成分

2. RC 桥式振荡器的振荡频率 f_0 为_____。

A. $\dfrac{2\pi}{RC}$ B. $\dfrac{RC}{2\pi}$

C. $\dfrac{1}{2\pi RC}$ D. $\dfrac{1}{2\pi\sqrt{RC}}$

3. 电容三点式振荡电路的谐振元件为 C_1、C_2、L,则振荡频率 f_0 为_____。

A. $\dfrac{1}{2\pi\sqrt{LC_1}}$ B. $\dfrac{1}{2\pi LC}$

C. $\dfrac{1}{2\pi\sqrt{L(C_1+C_2)}}$ D. $f_0=\dfrac{1}{2\pi\sqrt{L\dfrac{C_1C_2}{C_1+C_2}}}$

4. 改进的电容三点式振荡器_____。

A. 容易起振   B. 振幅稳定

C. 频率稳定度高   D. 能减小谐波分量

5. 石英晶体谐振于 f_s 时,相当于 LC 回路的_____现象。

A. 串联谐振   B. 并联谐振

C. 自激   D. 串并联谐振

四、计算题

说明图 4-24 所示的振荡电路的名称。图中电感线圈 $L=10\text{ mH}$,在

可变电容 C 的变化范围内,振荡频率的可调范围是多少?

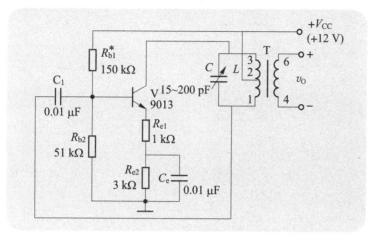

图 4-24　计算题图

五、 分析题

用自激振荡的两个平衡条件判断图 4-25 所示电路能否产生自激振荡。能振荡的电路请写出振荡频率 f_0 的计算公式和振荡电路的类型,不能振荡的电路试分析原因。

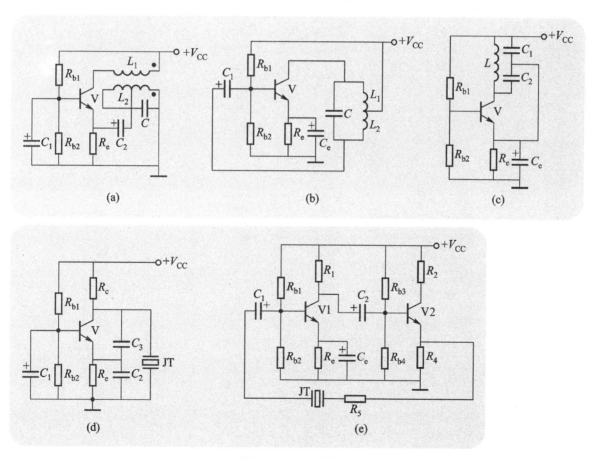

图 4-25　分析题图

项目　高频信号处理电路的认识与装配

项目描述

　　无线电通信的任务是利用电磁波将各种电信号由发送端传送给接收端，以达到传递信息的目的。根据载波信号被控制发生变化的参数不同，调制可分为幅度调制、频率调制。

　　解调是调制的逆过程，即将调制信号(如声音、图像信号等)从已调信号中取出来的过程。如图 5-1 所示的收音机、电视机、卫星接收机、手机等电子产品中，调制、解调及变频等高频信号处理电路得到广泛的应用。

　　本项目的主要任务是：通过高频处理电路相关知识的学习及安装调试，帮助学生了解变频和解调电路在无线电接收设备中的典型应用，并掌握其装配工艺、调试方法等专业技能，为后续通信专业课程的学习打好基础。

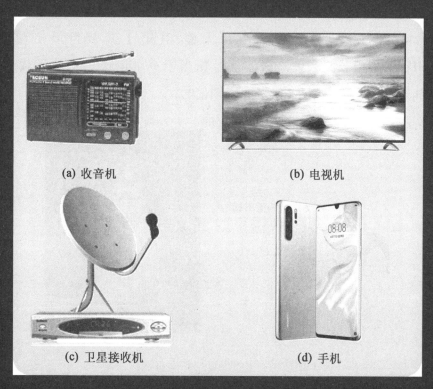

图 5-1　高频信号处理电路的应用

5.1

调幅与检波

学习目标

★ 了解调幅波的基本性质及典型应用。

★ 能识读二极管调幅电路图。

★ 能识读二极管包络检波的电路图,了解其检波原理。

★ 会观测调幅收音机检波电路的波形,了解检波电路的功能。

5.1.1 调幅波

用含有声音、图像信息的低频信号去控制高频信号,使高频信号某一参数随低频信号变化而变化的过程,称为调制。通常将含有信息的低频控制信号称为调制信号,被控制的高频信号称为载波信号。如图 5-2 所示为中央人民广播电台大楼,其第 1 套节目播出频率为 540 kHz,就是指载波频率。载波信号相当于一个运送信息的运载工具,已被加载了信息的载波信号称为已调信号。

图 5-2　中央人民广播电台大楼

1.调幅波的产生

用低频调制信号去控制高频载波信号的振幅,使高频信号的振幅随着调制信号瞬时值的变化而线性变化,而载波信号的频率和初相位则保持不变,这个过程通常称为调幅,常用 AM 表示。下面以广播电台的调幅发射设备为例,介绍调幅的工作概况。

图 5-3 所示为调幅广播发射机的组成框图,高频振荡器产生一个幅度较弱、频率固定的载波信号,经高频放大器放大后获得足够强的高频信号 v_ω。

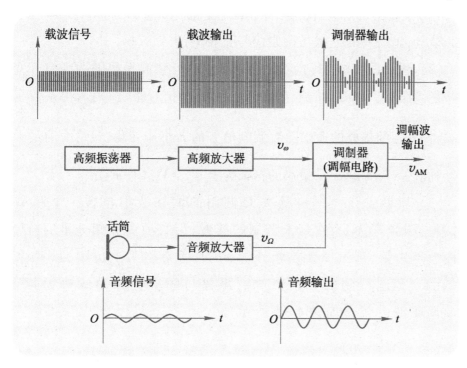

图 5-3　调幅广播发射机的组成框图

同时在电台的播音室里,话筒将播音员的声音转换为频率为 20 Hz ~ 20 kHz 的音频信号 v_Ω,当然音频信号还可以来自录音设备,这种音频信号还需经过音频放大器将它们放大到适当的程度。

上述高频信号 v_ω 和音频信号 v_Ω 最后都输入到调制器,经过调制器内部的调幅电路对信号进行处理后,输出端得到载波幅度随着音频信号而变化的高频调幅信号 v_{AM}(如图 5-4 所示),称为调幅波。经过调幅的高频信号送到天线上去,天线就向外发送含有声音信息的无线电波,中波和短波广播使用的是调幅波。

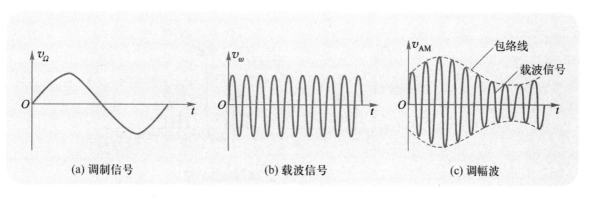

图 5-4　调幅波的波形

2. 调幅波的基本性质

（1）波形特征　调幅波的频率始终不变，而载波幅度变化的形状与调制信号变化的形态一样。载波的幅度变化的轨迹称为包络线，从图 5-4 可以看出，包络线的形状与调制信号是相同的。

（2）调幅系数 m_a　它表示在调幅过程中，载波振幅随调制信号变化的程度。若 $V_{\omega m}$ 为载波信号幅度，$V_{\Omega m}$ 为调制信号幅度，则调幅系数定义为 $m_a = \dfrac{V_{\Omega m}}{V_{\omega m}}$。调幅波的振幅随着调制信号的大小作变化，包络线的最大振幅为 $V_{AMmax} = V_{\omega m}(1+m_a)$，最小的振幅为 $V_{AMmin} = V_{\omega m}(1-m_a)$。

（3）频率成分　单一频率 Ω 调制的调幅波中包含 3 个频率成分，第一项频率为 ω，它是未调制的载波；第二项为和频分量 $\omega+\Omega$，通常称为上边频；第三项为差频分量 $\omega-\Omega$，通常称为下边频，后两个频率是由于调制得到的。调幅波的振幅与频率关系曲线称为频谱，单频调幅波的频谱如图 5-5 所示。

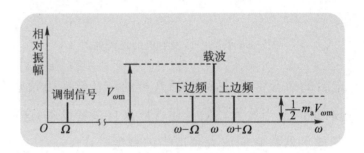

图 5-5　单频调幅波的频谱

如果传送的是语音信号，它的频谱要复杂得多。设调制信号为含有 Ω_1、Ω_2、Ω_3、… 多个频率的信号，形成一个频带，则上边频就不是单一的频率，而是包含多个频率的上边带 $\omega+\Omega_1$、$\omega+\Omega_2$、$\omega+\Omega_3$、…，相应的有下边带 $\omega-\Omega_1$、$\omega-\Omega_2$、$\omega-\Omega_3$、…，图 5-6 所示为多频调幅波的频谱。

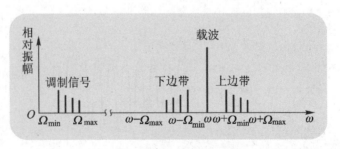

图 5-6　多频调幅波的频谱

调幅电路是由非线性器件和带通滤波器两部分构成的,如图5-7所示。非线性器件的作用是进行频率变换。若将频率为 ω 和 Ω 的两个信号同时送入非线性器件,则在输出信号中不但有 ω、Ω 的成分,而且还产生 $\omega+\Omega$、$\omega-\Omega$、$\omega+2\Omega$、$\omega-2\Omega$、…许多组合频率的成分,如图5-8所示。调幅正是利用了非线性器件的这一特性实现频率变换,常用的非线性器件有二极管、三极管和场效晶体管。

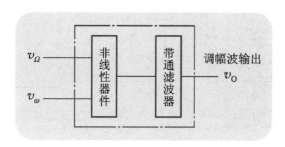

图 5-7 调幅电路的构成

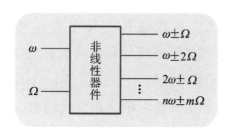

图 5-8 信号通过非线性器件

带通滤波器的作用是:只允许所需频率成分的信号通过,阻止其他频率成分的信号通过。带通滤波器通常是由 L、C 构成的谐振回路,谐振频率就是滤波器的中心频率,频带宽度由电路的有载品质因数决定。单频调幅波包含3种频率成分:载波频率 ω、上边频 $\omega+\Omega$ 和下边频 $\omega-\Omega$。用一个中心频率为 ω、频带宽度为 2Ω 的带通滤波器就能够选择出这3种频率的信号,由它们组合而成的就是所需的调幅波。

按调幅电路使用的非线性器件不同,可分为二极管调幅电路和三极管调幅电路两种类型。

在低电平调幅电路中,广泛采用二极管作为非线性器件。二极管平衡调幅电路原理图如图5-9(a)所示,低频调制信号 Ω 经低频变压器 T_Ω 在二次侧得到两个幅度相等、相位相反的电压加到两个二极管上;高频载波 ω 经高频变压器 T_ω,同相加到两个二极管上;整个电路的上下两部分是对称的。在两个回路中,载波信号和调制信号相串联后加到非线性器件二极管两端,等效电路如图 5-9(b)所示,二极管 V1 的端电压 $v_1 = v_\omega + v_\Omega$,二极管 V2 的端电压 $v_2 = v_\omega - v_\Omega$,因此,通过两个二极管的电流 i_1 和 i_2 都是幅度随调制信号变化的调制电流,即利用二极管的非线性进行幅度调制。

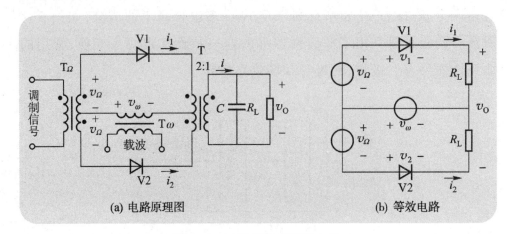

(a) 电路原理图 (b) 等效电路

图 5-9 二极管平衡调幅电路

在输出变压器 T 的一次绕组中,由于电流 i_1 和 i_2 的方向是相反的,总电流 $i = i_1 - i_2$,因此,许多频率成分会相互抵消,包括载波频率 ω 的成分会相互抵消,输出的只有调制的上边带信号 $\omega + m\Omega$、下边带信号 $\omega - m\Omega$ 及调制信号 $m\Omega$,经输出变压器 T 耦合到二次绕组,再由 T 的二次绕组和谐振电容 C 组成 LC 谐振回路滤除调制信号,取出载波 ω 附近的上、下边带的调幅信号。由于该调幅电路输出信号中没有载波成分,所以称为双边带调幅波。

5.1.3 检波电路

检波电路的功能是从高频调幅波中取出调制信号。如图 5-10 所示,检波电路的输入是高频调幅信号,输出的是低频调制信号,即调幅波的包络线。

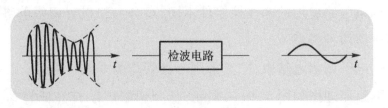

图 5-10 检波电路的功能示意

利用二极管的非线性特性,可以实现检波功能,二极管检波电路如

图 5-11 所示,检波电路的工作原理分析如下:

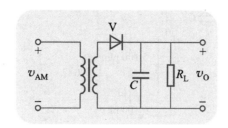

图 5-11 二极管检波电路

1. 二极管的作用

先假设图 5-11 中的滤波电容 C 未接入,图 5-12(a)所示的调幅信号经高频变压器耦合到检波二极管 V,由于二极管的单向导电性,把负半周截去了,变为正半周的高频脉动直流信号,它包含载波等幅信号成分、调制信号成分和直流成分,波形如图 5-12(b)所示。

2. 电容的作用

加入滤波电容 C 后,由于电容的充放电作用,负载电阻 R_L 输出电压波形如图 5-12(c)所示,这一波形基本等同于调幅波包络的波形图,如图 5-12(d)所示,即取出调制信号,实现了检波的功能。

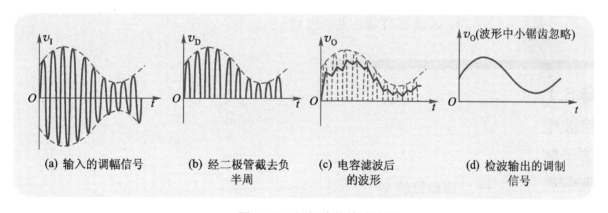

(a) 输入的调幅信号　　(b) 经二极管截去负　　(c) 电容滤波后　　(d) 检波输出的调制
　　　　　　　　　　　　半周　　　　　　　的波形　　　　　　　信号

图 5-12 调幅波的检波波形

✎ 应用实例

调幅收音机的实际检波电路如图 5-13 所示,调幅中频信号由中周变压器 T3 耦合到检波二极管进行检波,再经 C_2、R_{L1} 和 C_3 组成的滤波器滤波,取出调制的音频信号,可以通过电位器 R_P 来调节输出电压大小,即调节收音机音量的大小。C_4 为输出耦合电容,将音频信号耦合到后面的音频放大器进行放大,同时起隔直流的作用。

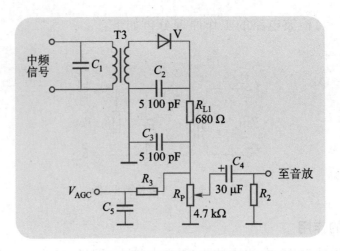

图 5-13　调幅收音机的实际检波电路

R_3 和 C_5 组成低通滤波器,其作用是滤除音频信号,输出检波产生的直流电压 V_{AGC},作为自动增益控制电压去控制收音机的中放电路的增益。

📞 思考与练习

1. 什么是调制?按控制高频载波参数不同,调制可分为哪几种?

2. 什么是调幅?常见的调幅电路有几种类型?

3. 检波器的功能是什么?

实训任务 5.1
调幅与检波电路的安装检测

一、实训目的

1. 熟悉调幅电路的结构,掌握调幅电路的安装方法。

2. 会搭接峰值检波电路。

3. 会用示波器观测调幅电路和检波电路的波形。

二、器材准备

1. 示波器。

2. 稳压电源。

3. 万用表。

4. 电烙铁、镊子、剪线钳等常用工具 1 套。

5. 实验元器件 1 套。

三、 实训相关知识

图 5-14 所示的调幅电路中,载波信号加在中频变压器 T 的 4、6 端,载波信号由共基极变压器耦合式 LC 振荡器产生的振荡信号提供。调制信号电压 v_Ω 通过电容器 C 加到调制三极管的基极,电路中的 v_{AM} 为调幅波输出。

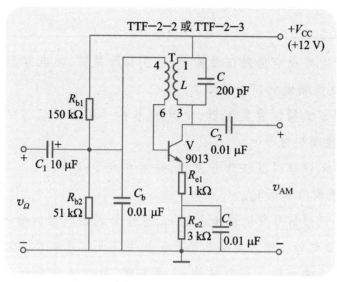

图 5-14 调幅电路

调幅波再经二极管峰值检波电路检波输出调制信号 v_0。

四、 实训内容与步骤

1. 调幅电路的焊接与调试

（1）按图 5-14 所示的调幅电路图焊接好电路。

（2）检查电路搭接无误后,接通 +12 V 电源。

2. 观测高频振荡信号波形 v_ω

（1）将示波器接电路输出端,观测电路产生的高频振荡信号 v_ω 的波形,并将该波形画在表 5-1 中。

表 5-1 观测调幅、检波电路的波形

高频振荡信号 v_ω	调制信号 v_Ω

调幅调制信号 v_{AM}	检波输出信号 v_o
v_{AM} ↑ O ──────→ t	v_o ↑ O ──────→ t

（2）若电路没有振荡信号输出，应先排除故障，使电路起振。

3. 观测低频调制信号波形 v_Ω

（1）调节低频信号发生器，使其输出 $f = 500$ Hz，$V_{OP-P} = 1$ V 的正弦波，作为低频调制信号 v_Ω。

（2）用示波器观测该信号波形，并画在表 5-1 中。

4. 观测调幅波形 v_{AM}

（1）将低频信号发生器输出的 v_Ω 信号加到调制器的输入端，此时用示波器观测电路输出端的波形应为调幅波，并将此信号波形画在表 5-1 中。

（2）逐步增大输入调制信号 v_Ω 的幅度，用示波器观测调幅信号 v_{AM} 的波形变化情况。

5. 观测检波电路的输出波形 v_o

（1）将调幅电路输出的调幅信号 v_{AM} 加到由 V、C_3、R_L 组成的检波电路输入端，如图 5-15 所示。

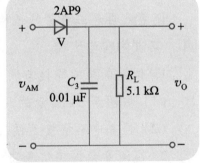

（2）示波器接在 R_L 两端，观测检波输出波形 v_o，并将此信号波形画在表 5-1 中。

图 5-15　检波电路

五、技能评价

"调幅与检波电路的安装检测"实训任务评价表见表 5-2。

表 5-2　"调幅与检波电路的安装检测"实训任务评价表

项目	考核内容	配分	评分标准	得分
元器件的检测	1. 元器件的识别 2. 元器件的检测	10 分	1. 不能识别元器件，每只扣 2 分 2. 不会检测元器件，每只扣 2 分	
电路制作	1. 根据电路原理图搭接电路 2. 元器件的整形、焊点质量	40 分	1. 电路接错，每处扣 5 分 2. 元器件装接不规范，每处扣 2 分	

续表

项目	考核内容	配分	评分标准	得分
电路制作	3. 电路板的整体布局		3. 电路板的布局不合理,扣 2~5 分	
电路测试	1. 观测高频振荡波形 2. 观测低频调制波形 3. 观测输出调幅波形 4. 观测检波输出波形	40 分	1. 仪器、仪表使用错误,每次扣 2 分 2. 观测的方法和步骤不正确,每次扣 2 分 3. 波形测绘错误,每处扣 5 分	
安全文明操作	1. 遵守安全操作规程 2. 工作台上工具摆放整齐	10 分	1. 违反安全文明操作规程,扣 5 分 2. 工作台表面不整洁,元器件随处乱丢,扣 5 分	
合计		100 分	以上各项配分扣完为止	

六、问题讨论

1. 本实训的调幅电路属于哪种类型?

2. 调幅波信号检波前后的波形有什么变化?

3. 如果将检波器的滤波电容 C_3 或负载电阻 R_L 的数值增大,对滤波输出有什么影响?

5.2
调频与鉴频

学习目标

★ 了解调频波的基本性质。

★ 了解调频电路的组成和工作原理。

★ 能使用示波器观测调频收音机鉴频电路的波形,了解鉴频电路的功能。

5.2.1 调频波的基本性质

1. 调频波的产生

调频是指载波信号的频率按照调制信号幅度变化的调制过程。如图 5-16 所示,载波信号 v_ω 和调制信号 v_Ω 输入到调频电路,经过调频电

157

路对信号进行处理后,输出端得到载波频率随着调制信号变化而变化的高频调频信号 v_{FM}(如图 5-17 所示),称为调频波。

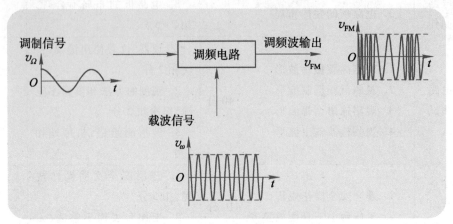

图 5-16　调频电路功能示意图

调幅信号传输存在的主要缺点是抗干扰能力差,各种工业干扰和天电干扰会以调幅的形式叠加在载波上,成为干扰和杂音,影响调幅信号收听效果。而调频信号传输稳定,抗干扰能力强,信噪比高,动态范围大,失真小,信号频响宽,载波功率利用率高,节约发射功率,因此被广泛应用于电视广播的声音传送、调频电台广播、移动通信等。

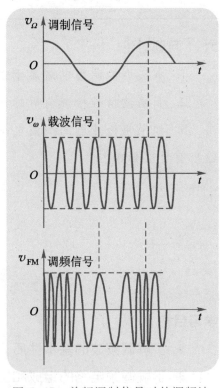

图 5-17　单频调制信号时的调频波

2. 调频波的基本性质

调频信号的基本性质主要有以下几点:

(1)波形特征　调频信号的幅度始终不变,而它的频率则随着调制信号大小变化而变化。如图 5-17 所示,当调制信号增强的时候,调频波的频率变高,波形就密;当调制信号减弱的时候,调频波的频率变低,波形就疏。这种波形疏密的变化即频率的高低在变化。频率高低的变化范围称为频率偏移,简称频偏,调频广播就是通过频偏来传送信息的。

(2)调频系数 m_f　是用来反映调频信号调制深度的一项重要指标,它等于调频波的最大频偏与调制信号频率的比值,定义式为

$$m_f = \frac{\Delta f_{\max}}{f_\Omega} \qquad\qquad (5-1)$$

（3）频率成分　调频波所含的频率成分非常多,根据理论分析,若用单一频率的调制信号(f_Ω)对载波(f_ω)进行调频,则调频波包含的频率成分有:f_ω、$f_\omega \pm f_\Omega$、$f_\omega \pm 2f_\Omega$、$f_\omega \pm 3f_\Omega$、……、$f_\omega \pm nf_\Omega$,可见调频波的边频有无穷多对,调频波频谱图如图 5-18 所示。离中心载波频率 f_ω 越远的边频,幅值越小,通常把幅值小于载波频率 f_ω 幅度 $\frac{1}{10}$ 以下的边频忽略,所以调频波的有效频带是有一定的宽度的。

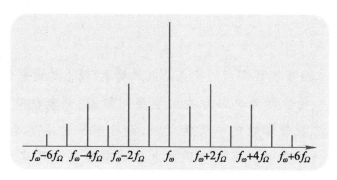

图 5-18　调频波频谱图

5.2.2　调频电路

调频电路的基本原理是:用调制电压直接控制振荡器谐振回路的参数,使载频信号的频率按调制信号变化规律线性地变化,由此完成调频任务。一般是通过改变变容二极管的容量来实现调频,其典型电路如图 5-19 所示。

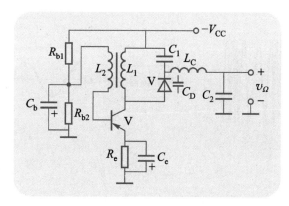

图 5-19　变容二极管调频电路

图 5-19 组成了 LC 变压器耦合式高频振荡电路,变压器的 L_1 与 L_2 耦合形成正反馈,使之产生自激振荡,振荡频率取决于 L_1、C_1 和变容二极管的结电容 C_D 所组成 LC 谐振回路。

L_C 为高频阻流圈,起阻碍高频载波、通低频调制信号的作用。调制信号 v_Ω 经高频阻流圈 L_C 加至变容二极管 V 两端,调制电压 v_Ω 的大小变化,将引起变容二极管结电容 C_D 的变化,这也就使谐振回路的总电容 C 发生变化,根据 $f = \dfrac{1}{2\pi\sqrt{LC}}$ 可知高频振荡频率也随着变化。当调制信号电压 v_Ω 变大时,变容二极管所加反向电压增大,其结电容变小,振荡频率随之提高;反之,调制信号电压 v_Ω 变小时,变容二极管承受的反向电压减小,结电容变大,振荡频率随之降低,从而实现频率调制。

电路中的 C_b、C_e、C_2 均为高频旁路电容。

📷 应用提示

▶ 变容二极管实现调频的优点是电路简单,输出的调频波频偏较大。

▶ 变容二极管调频电路存在的主要问题是:调制的非线性失真较大,另外变容二极管参数的一致性很差,而且容易受温度等环境因素影响,因此稳定性比较差。每一个调频电路都需要经过严格的调整,这给生产带来一定的困难。

5.2.3 鉴频电路

从调频波中取出原调制信号的过程,称为鉴频。能实现鉴频功能的电路称为鉴频器,该电路输入为等幅调频波,输出的是低频调制信号,如图 5-20 所示。

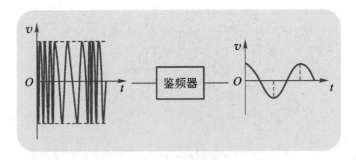

图 5-20 鉴频器的功能示意

鉴频器的输出信号电压变化与输入调频波的频率变化成对应的关系,这一关系曲线通常称为鉴频特性曲线。为了实现不失真的解调,这条曲线应为一条过原点的直线。但是实际的鉴频特性往往是一条曲线,形状如英文字母 S,常又称为 S 曲线,它只能在一定频率范围内 $(f_2 \sim f_1)$ 实现线性鉴频,如图 5-21 所示。由图可以看出,当调频波的频率等于中心频率 f_ω,即

$\Delta f_\omega = 0$ 时,输出电压 v_0 为 0;当信号频率低于中心频率 f_ω 时,输出电压 v_0 为负值;当信号频率高于中心频率 f_ω 时,输出电压 v_0 为正值。

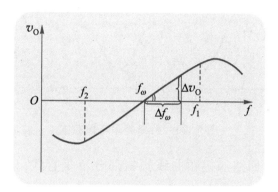

图 5-21　鉴频器的鉴频特性

常用的鉴频方法有斜率鉴频法、相位鉴频法、脉冲鉴频法等,本节只介绍较为常见的斜率鉴频法。

1. 分立元器件斜率鉴频器

斜率鉴频器电路原理图如图 5-22 所示。电路的工作过程是:先进行波形变换,将等幅调频波变换成幅度随瞬时频率变化的调频调幅波,然后用二极管包络检波器将振幅变化检测出来,以恢复调制信号,从而达到鉴频的目的。

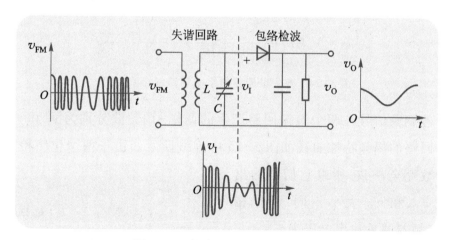

图 5-22　斜率鉴频器电路原理图

把调频波转换成调幅调频波的最简单的方法是利用失谐的 LC 并联回路。所谓失谐就是将 LC 回路的谐振频率 f_0 设置高于调频波的中心频率 f_ω,也就是说,f_ω 位于 LC 并联回路幅频特性曲线的倾斜部分的中心(如图 5-23 所示)。当输入的调频波瞬时频率较高时($f > f_\omega$),回路失谐小,回路输出电压幅度大;当输入的调频波瞬时频率较低时($f < f_\omega$),回路失谐大,回路输出电压幅度小,这样就能将频率的变化转换成幅度的变化。

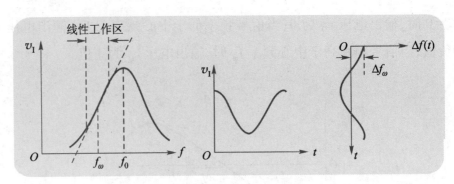

图 5-23　斜率鉴频特性曲线

由于单个 LC 回路的幅频曲线倾斜部分不是直线,只适用于频偏较小的鉴频器,因此在实际中很少采用,多采用两个 LC 谐振回路做成的双失谐回路斜率鉴频器,电路原理图如图 5-24 所示。两个 LC 谐振回路分别调谐在 f_{01} 和 f_{02} 上,f_{01} 高于调频波的中心频率 f_{ω},f_{02} 低于调频波的中心频率 f_{ω},f_{01} 和 f_{02} 对称分布于 f_{ω} 两侧,因此称为双失谐回路斜率鉴频器。

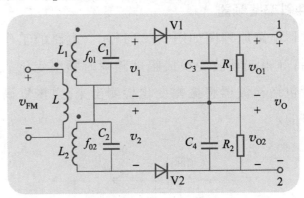

图 5-24　双失谐回路斜率鉴频器电路原理图

若调频信号在两个谐振回路产生的调幅-调频波分别为 v_1 和 v_2,且两个回路的幅频特性曲线如图 5-25 中虚线所示。由于两个包络检波器的参数完全一致,所以它们的输出电压 v_{01} 和 v_{02} 大小相同、相位相反,鉴频器的总输出电压为 $v_0 = v_{01} - v_{02}$。因此,v_0 随 f 变化的规律就是 $v_{01} - v_{02}$ 随 f 变化的规律,将 v_{01} 与 v_{02} 两曲线相减,可得到图 5-25 中实线所示的合成鉴频特性曲线。只要 f_{01} 和 f_{02} 配置恰当,两回路幅频

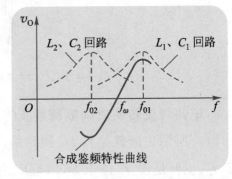

图 5-25　双失谐回路的合成鉴频特性曲线

特性曲线中的弯曲部分就可相互补偿,由它们合成的鉴频特性曲线的线性鉴频范围较大。与单失谐回路斜率鉴频器相比,双失谐回路斜率鉴频

器具有鉴频灵敏度高、非线性失真小和线性鉴频范围宽等优点。

2. 集成斜率鉴频器

集成电路中广泛采用的斜率鉴频器电路原理图如图 5-26(a)所示，图中 L_1、C_1 和 C_2 为外接线性网络，有两个谐振频率，由 L_1、C_1 组成的回路其谐振频率 $f_{01} \approx \dfrac{1}{2\pi\sqrt{L_1 C_1}}$，由 L_1、C_1、C_2 组成的回路其谐振频率 $f_{02} \approx$

$\dfrac{1}{2\pi\sqrt{L_1(C_1+C_2)}}$，$f_{01}$ 高于调频波的中心频率 f_ω，f_{02} 低于调频波的中心频率 f_ω，f_{01} 和 f_{02} 对称分布于 f_ω 两侧，合成鉴频特性曲线如图 5-26(b) 中的实线所示，输入的等幅调频波 v_{FM} 经该线性网络后转换成两个调幅调频波 v_1、v_2，实现频率-振幅的变换。

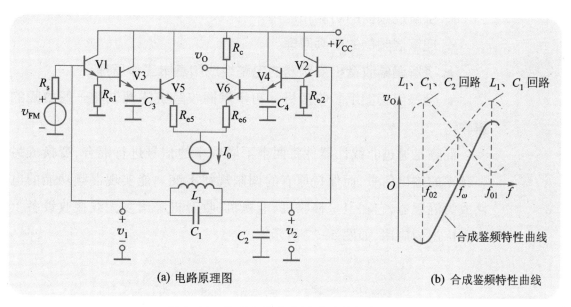

(a) 电路原理图   (b) 合成鉴频特性曲线

图 5-26　集成电路中广泛采用的斜率鉴频器

调幅调频波 v_1 通过射极跟随器 V1 加到三极管 V3 的基极，调幅调频波 v_2 通过射极跟随器 V2 加到三极管 V4 的基极，三极管 V3、V4 的 b、e 极之间的 PN 结起到检波二极管的功能，检波输出的解调电压分别由三极管 V5 和 V6 构成的差分放大器放大，从三极管 V6 集电极输出的就是鉴频器的输出电压 v_0。显然输出电压 v_0 是与 v_1、v_2 的振幅差值成正比，即实现从调频波中取出原调制信号。

🔖 **思考与练习**

1. 什么是调频？调频波与调幅波的主要区别是什么？

2. 调制信号载波的中心频率为 50 MHz，振幅为 10 V，调制信号为频率等于 1 kHz 的余弦波,调频波的最大的频偏为 0.75 kHz,调制指数 m_f 是多少?

3. 变容二极管在调频电路中起什么作用?

4. 鉴频器的功能是什么?说明鉴频特性曲线的物理意义。

5. 斜率鉴频器主要由几部分电路组成?用斜率鉴频器实现调频波解调的基本思路是什么?

5.3
混频器

学习目标

★ 了解混频器的功能和应用。

★ 理解混频器的变频原理。

★ 了解调幅收音机变频器的电路组成和基本工作原理。

★ 会按电路图组装收音机,初步掌握收音机的调试和一般故障的排除。

混频是通过非线性器件将两个不同频率的信号进行混合,变换成另一频率的输出信号,而保持原有的调制规律不变。能实现混频功能的电路成为混频器,它在卫星接收机、电视机、收音机等诸多无线接收设备上有着广泛的应用,如图 5-27 所示。

卫星天线接收高频头里有混频器

图 5-27　混频器的应用

例如,在超外差收音机中,中波接收的信号频率范围为 520~1 620 kHz,天线接收的微弱电信号要放大并检波后才能得到所要的音频信号,但是要使各级的电路都有如此宽的频带比较困难。而用混频电路先将不同频率的外来信号都变换成 465 kHz 的固定中频,就可以用中频放大器放大信号获得足够大的增益,提高收音机的灵敏度,还可用以提高电路的稳定性能,防止高频放大所产生的自激。

图 5-28 所示为混频电路框图。在混频电路上加有两个信号,一个是接收的外来高频信号 f_S,另一个是由本机产生的等幅正弦波信号 f_L。混频电路先将本机振荡的信号与接收的信号在非线性器件的作用下产生和频 f_L+f_S、差频 f_L-f_S 和其他频率 $mf_L\pm nf_S$,再由选频电路取出所需的频率信号。在混频电路中如果使用差频信号 f_L-f_S,使得输出信号频率比输入信号频率要低,称为下变频;如果使用和频信号 f_L+f_S,变频后的信号频率比输入信号频率要高,称为上变频。从图 5-28 中可以看出,混频电路的输出信号仍然是调幅波,只不过是载波的频率发生了变化。

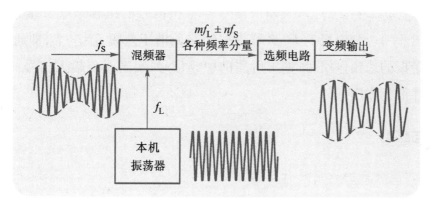

图 5-28　混频电路框图

🔭 **应用提示**

▶ 在实际应用中,如果非线性器件既产生振荡信号,又实现频率变换,称为变频器;如果非线性器件本身仅实现频率变换,本振信号是由其他器件产生,则称为混频器。

▶ 混频器需要两只三极管,混频管和振荡管可以分别调整在最佳状态,效果好,用在较高档的电子设备中。

▶ 变频器仅使用 1 只三极管,在电路中兼混频管和振荡管的作用,两者的静态工作点要兼顾,因此效果比混频器差一些,但成本低,通常用在低档的电子设备中。

图 5-29 所示为三极管变频电路。图中本振信号 v_L 和输入信号电压 v_S 串联后加在三极管的基极和发射极之间,利用三极管 be 结的非线性

特性进行频率变换。输出接 LC 并联谐振回路,取出所需的变频信号。

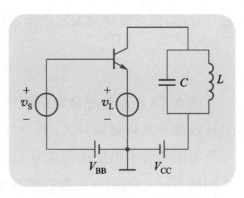

图 5-29　三极管变频电路

三极管变频电路的工作原理简述如下:通常作用在三极管 be 结上的本振电压 v_L 幅度足够大($50\sim200\ \mathrm{mV}$),且远大于输入信号电压 v_S。本振电压 v_L 与直流偏置电压 V_{BB} 叠加,合成为一个时变偏压,使三极管工作点按本振电压变化。而输入的信号电压 v_S 叠加在工作点上,v_S 是小信号,因此对 v_S 而言,变频器可看做工作点按 v_L 变化的小信号放大器。这样集电极电流 i_C 中必将产生许多新的频率成分,如本振信号的基波与谐波(f_L、$2f_L$、$3f_L$、$\cdots$),以及输入信号与本振信号的组合频率分量($f_L\pm f_S$、$2f_L\pm2f_S$、$\cdots$)。集电极的 LC 并联谐振回路调谐于差频 $f_I=f_L-f_S$,即通过 LC 并联谐振的选频作用后,输出所需的中频信号,实现了将输入信号的载波频率降低的作用。

🖊 **思考与练习**

1. 混频器的作用是什么?

2. 混频器通常由哪几部分所组成,各部分的作用是什么?

3. 三极管变频器是如何完成变频任务的?

4. 混频器与变频器的差异主要是什么?

5. 中波超外差收音机的变频电路为什么要将接收的高频调制信号转换为中频调制信号?

实训任务 5.2
三极管混频电路的安装与特性观测

一、实训目的

1. 掌握三极管混频电路的工作原理。

2. 熟悉三极管混频电路的安装与调试。

3. 了解三极管直流偏置对混频器电路性能的影响,以及本振信号电压幅度对混频电路性能的影响。

4. 掌握高频仪器的测量技巧、调试手段及方法。

二、器材准备

1. 双踪示波器。

2. 稳压电源。

3. 信号发生器(2 台)。

4. 电烙铁、镊子、剪线钳、无感螺丝刀等常用工具 1 套。

5. 实训元器件 1 套。

三、实训相关知识

三极管混频电路利用三极管的非线性,可以对两个频率信号进行相加或相减,产生和频信号或差频信号。本实训是利用三极管构成混频电路,将高频信号转换成低频信号。

三极管混频电路如图 5-30 所示。本振信号的频率 f_L 设为 10.7 MHz,从三极管的发射极 e 输入;输入信号的频率 f_S 为 10.245 MHz,从三极管的基极 b 输入。

混频后输出的中频($f_I = f_L - f_S$)信号由三极管的集电极 c 输出。输出端的 LC 调谐回路必须调谐在中频 f_I 上,本实训的中频 $f_I = f_L - f_S = (10.7 - 10.245)$ MHz = 455 kHz。

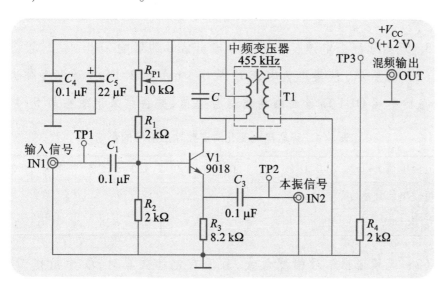

图 5-30　三极管混频电路

四、实训内容与步骤

1. 混频电路的焊接与调试

(1) 按图 5-30 所示焊接好电路,检查电路装接有无错误。

(2) 将万用表置于毫安挡,串入三极管的集电极回路,接通+12 V 电源,测量三极管的静态电流。调整可变偏置电阻 R_{P1},将三极管集电极电流调在 0.4 mA。

（3）将信号发生器的信号调在 455 kHz/30 mV，接在三极管的输入端 IN1。

（4）输出端 OUT 接上示波器，一边用无感螺丝刀调节中频变压器 T1 的磁心，一边观测示波器显示的输出波形幅度，当波形幅度最大时，输出端的中频调谐回路就校准在 455 kHz。

2. 混频输出信号的观测

信号发生器输出信号$(f_L = 10.7\ \text{MHz}, V_{OP-P} = 500\ \text{mV})$送至混频器的一个输入端（IN2），另一台信号发生器输出信号$(f_S = 10.245\ \text{MHz}, V_{OP-P} = 50\ \text{mV})$加到混频器的另一个输入端（IN1）。用示波器观测 TP1、TP2、TP3，用频率计测量其频率，将结果记录在表 5-3 中，并计算各频率是否符合$f_I = f_L - f_S$。

表 5-3　混频输出信号测量

项目	输入信号(f_S)	本振信号(f_L)	输出信号(f_I)
频率/MHz	10.245	10.7	测量值：
			计算值：
幅度/mV	50	500	

3. 混频管静态电流变化对混频输出信号的影响

（1）调整R_{P1}使集电极电流I_C从 0.1 mA 到 2.1 mA 逐渐变化，用示波器在输出端 OUT 测量混频输出信号幅值，并将结果记录在表 5-4 中。

表 5-4　静态电流变化对混频输出信号的影响

集电极电流I_C/mA	0.1	0.3	0.6	0.9	1.2	1.5	1.8	2.1
混频输出信号幅度V_I/mV								

（2）混频输出信号幅度最大，且没有包络失真时，I_C为最佳工作电流值。根据实测数据绘制出工作电流I_C——混频输出幅度的关系曲线，并确定混频器的最佳工作电流值。

4. 本振信号变化对混频输出信号的影响

（1）将集电极电流调回到 0.4 mA。

（2）逐步调大本振信号幅度，从 100 mV 到 600 mV，用示波器观察输出端 OUT 混频输出信号幅度受到的影响，并将结果记录在表 5-5 中。

表 5-5　本振信号幅度变化对混频输出信号幅度的影响

本振信号幅度 V_s/mV	100	200	300	400	500	600
混频输出信号幅度 V_t/mV						

（3）根据实测数据绘制出以本振电压为横坐标,混频输出电压为纵坐标的关系曲线,并写出有关本振信号幅度对混频器特性影响的结论。

五、技能评价

"三极管混频电路的安装与特性观测"实训任务评价表见表 5-6。

表 5-6　"三极管混频电路的安装与特性观测"实训任务评价表

项目	考核内容	配分	评分标准	得分
元器件的检测	1. 元器件的识别 2. 元器件的检测	10分	1. 不能识别元器件,每只扣2分 2. 不会检测元器件,每只扣2分	
电路制作	1. 根据原理图搭接电路 2. 元器件的整形、焊点质量 3. 电路板的整体布局	30分	1. 电路接错,每处扣5分 2. 元器件装接不规范,每处扣2分 3. 电路板的布局不合理,扣2~5分	
电路测试	1. 混频输出信号的观测 2. 静态电流变化对混频输出信号影响的观测 3. 本振信号变化对混频输出信号影响的观测	50分	1. 仪器、仪表使用错误,每次扣2分 2. 观测的方法和步骤不正确,每次扣5分 3. 测量结果错误,每处扣10分	
安全文明操作	1. 遵守安全操作规程 2. 工作台上工具摆放整齐	10分	1. 违反安全文明操作规程,扣5分 2. 工作台表面不整洁,元器件随处乱丢,扣5分	
合计		100分	以上各项配分扣完为止	

六、 问题讨论

1. 本实验混频电路的主要功能是什么？

2. 为什么三极管混频电路的输出与本振信号的大小、混频管的静态电流有关？怎样合理选择本振电压和电流？

3. 混频电路的输出信号频率主要受电路中哪些元器件的影响？若混频输出信号频率偏离 455 kHz，应如何调整？

项目小结

1. 调幅就是用低频调制信号去控制高频载波信号的振幅，使高频信号的振幅随着调制信号瞬时值的变化而线性变化，调幅常用 AM 表示。调幅电路主要由非线性器件和带通滤波器两部分构成。

2. 检波电路的功能是从高频调幅波中取出调制信号。检波器的输入是高频调幅信号，输出的是低频调制信号，即调幅波的包络线。

3. 调频是指载波信号的频率按照调制信号幅度变化的调制过程，调频常用 FM 表示。调频基本原理是：用调制电压直接控制振荡器谐振回路的参数，使载频信号的频率按调制信号变化规律线性地变化，由此完成调频任务。

4. 从调频波中取出原调制信号的过程，称为鉴频。鉴频器输入为等幅调频波，输出的是低频调制信号。斜率鉴频器的工作过程是：先进行波形变换，将等幅调频波变换成幅度随瞬时频率变化的调频调幅波，然后用二极管包络检波器将振幅变化检测出来，以恢复调制信号，从而达到鉴频的目的。

5. 混频是通过非线性器件将两不同频率的信号变换成另一频率的输出信号，而保持原有的调制规律不变。三极管变频器在超外差接收机中得到较为广泛的应用，本振信号和输入信号串联后加在三极管的基极和发射极之间，利用三极管 be 结的非线性特性进行频率变换。利用输出端所接的 LC 并联谐振回路，取出所需的变频信号。

自我测评

一、 判断题

1. 使低频信号某一参数随高频信号而变化的过程称为调制。　（　　）

2. 将调制信号从已调信号中取出来的过程，称为解调。　（　　）

3. 调幅就是用低频调制信号去控制高频载波信号的振幅，使高频信

号的振幅随着调制信号瞬时值的变化而线性变化。　　　　　（　　）

4. 斜率鉴频器的工作过程是:先将等幅调频波变换成幅度随瞬时频率变化的调频调幅波,然后用检波器将振幅变化检测出来。　　　　（　　）

5. 从调幅波中取出原调制信号的过程,称为鉴频。　　　　　　（　　）

二、填空题

1. 中波及短波广播使用的是_____信号。

2. 调幅电路主要由_____和_____两部分构成。按调幅电路使用的非线性器件不同,主要可分为_____电路和_____电路两种类型。

3. 检波电路的功能是从_____中取出调制信号。检波器的输入是_____信号,输出的是_____信号。

4. 调频是指载波信号的_____按照调制信号_____变化的调制过程。

5. 从调频波中取出原调制信号的过程,称为_____。

6. 鉴频器的输出信号_____与输入调频波_____的关系曲线,通常称为鉴频特性曲线。

7. 混频是通过非线性器件将两种不同频率的信号变换成_____的输出信号,而保持原有的_____不变。如果混频后的输出信号频率比输入信号频率低,称之为_____。

8. 调频系数 m_f 是用来反映调频信号_____的一项重要指标,它等于调频波的最大频偏与_____的比值。

9. 变频器仅使用单只三极管,在电路中兼_____管和_____管的作用。

三、选择题

1. 振幅调制简称为_____。

A. 调频　　　　　　　　　　B. 调幅

C. 解调　　　　　　　　　　D. 检波

2. 振幅调制信号的解调电路称为_____。

A. 检波　　　　　　　　　　B. 鉴频

C. 变频　　　　　　　　　　D. 混频

3. 调幅系数 m_a 表示在调幅过程中,_____随调制信号变化的程度。

A. 调制信号振幅　　　　　　B. 载波频率

C. 载波振幅　　　　　　　　D. 载波相位角

4. 把调频波转换成调幅调频波的最简单的方法是应用_____。

A. 失谐的 LC 并联回路　　　　　　B. LC 串联回路

C. 二极管检波电路　　　　　　　　D. 混频电路

5. 图 5-31 电路用于实现_____功能。

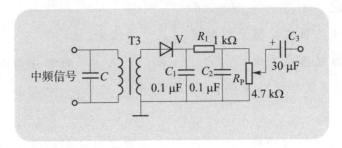

图 5-31　选择题 5

A. 调频　　　　　　　　　　　　B. 调幅

C. 鉴频　　　　　　　　　　　　D. 检波

四、综合题

1. 调幅收音机的检波电路如图 5-32 所示,请回答以下问题。

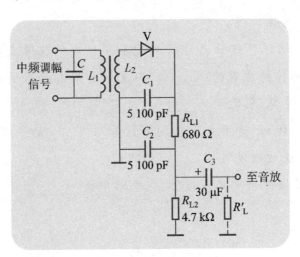

图 5-32　综合题 1 图

(1) 二极管 V 和电容 C_1 和 C_2 的作用是什么?

(2) 当中频调幅信号的载波频率发生变化时,对输出信号有何影响?

(3) 当中频调幅信号的调制信号频率发生变化时,对输出信号有何影响?

2. 图 5-33 所示是最简单的调频无线话筒,试画出交流等效电路,并分析电路工作原理。

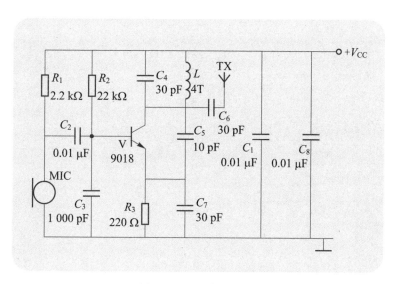

图 5-33　综合题 2 图

项目 直流稳压电源的制作

项目描述

　　放大器、振荡器等电子产品都要求用直流电源来供电，而电网 50 Hz 的交流电源是不能直接为电路供电的。 直流稳压电源就是一种将交流电转换为稳定直流电的装置，主要由整流电路、滤波电路和稳压电路三部分组成，如图 6-1 所示。 整流电路先将交流电转换为直流脉动电，然后由滤波电路滤除脉动成分，最后通过稳压电路输出稳定电压。

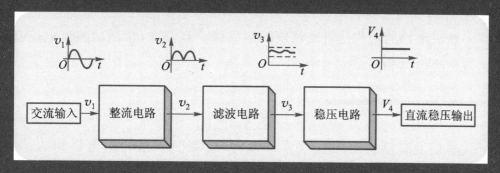

图 6-1　直流稳压电源结构框图

　　本项目的主要任务是完成直流稳压电源的制作与性能测试。 由于本项目需要使用 220 V 交流电源，因此在完成项目中各项实训时要注意用电安全，必须连接好电路后，经指导教师检查无误再接通电源。另外，变压器一次绕组与电源的接点不能裸露，要有安全可靠的绝缘防护。 参照中级电子设备装接工、无线电调试工的基本要求，通过本项目的学习，在知识方面要求为：了解直流稳压电源的电路基本原理，知道电路中相关数据的观测方法和数据的正常范围；在技能方面要求为：能准备电子材料与元器件，能装配直流稳压电源，能检验产品的功能和检查装配的质量问题。

6.1
整流电路

学习目标

★ 认识整流电路图，了解整流电路的工作原理。

★ 会正确搭接整流电路，会用示波器观测波形。

★ 学会合理选用整流电路元器件的参数。

★ 会用万用表测量整流电路的输出电压。

整流电路的功能是将交流电转换成脉动直流电,常用的整流电路有半波整流电路和桥式整流电路。

6.1.1 半波整流电路

单相半波整流电路由整流二极管、电源变压器和用电器构成,如图 6-2(a)所示。用电器通常以负载 R_L 等效,则单相半波整流电路可由图 6-2(b)所示的电路原理图来表示,其中 v_2 表示变压器二次绕组的交流电压, v_L 是脉动的直流输出电压,即向直流用电负载提供的电压。变压器的作用是将交流市电 220 V 转换为合适的电压再整流,以获得所需的直流电压。

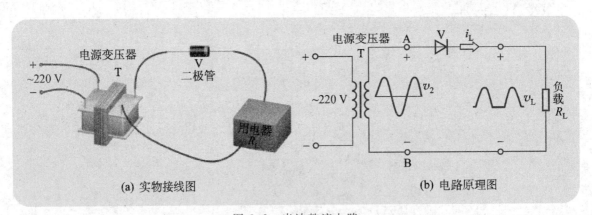

图 6-2 半波整流电路

1. 整流原理

用示波器观察半波整流电路的输入电压 v_2 、输出电压 v_L 的波形,如图 6-3 所示。

(1) 当 v_2 正半周时 变压器的 A 端为正、B 端为负,二极管 V 承受正向电压而导通,此期间负载上的电压 $v_L = v_2$ 。

（2）当 v_2 负半周时　变压器的 A 端为负、B 端为正，二极管 V 承受反向电压而截止。若忽略二极管的反向漏电流，此期间无电流通过 R_L，此期间负载上的电压 $v_L = 0$。

由此可见，在输入电压 v_2 变化的一个周期内，二极管就像一个自动开关，v_2 为正半周时，它自动把电源与负载接通；v_2 为负半周时，则自动将电源与负载切断。因此，负载 R_L 上得到的是如图 6-3(b) 所示的方向不变、大小变化的脉动直流电压 v_L。

该电路输入电压为单相正弦波时，负载 R_L 上得到的只有正弦波的半个波，故称为半波整流电路。

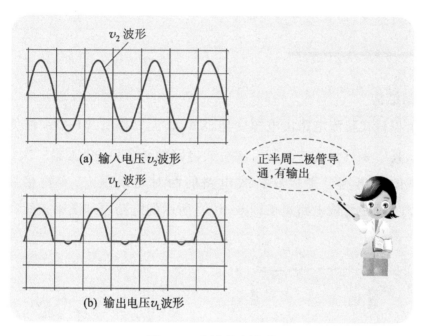

图 6-3　半波整流波形

2. 负载上电压和电流的平均值

（1）负载上电压的平均值 V_L　负载上电压大小虽然是变化的，但可以用其平均值来表示其大小（相当于把波峰上半部割下来填补到波谷，将波形拉平），如图 6-4 所示。负载 R_L 上的半波脉动直流电压平均值可用直流电压表直接测得，也可按下述方法计算得到

$$V_L = 0.45 V_2 \qquad (6-1)$$

式中，V_2 是变压器二次电压有效值。

（2）负载上电流的平均值 I_L
根据欧姆定律可得

$$I_L = 0.45 \frac{V_2}{R_L} \qquad (6-2)$$

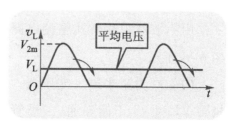

图 6-4　脉动电压的平均值

177

应用提示

▶ 半波整流电路的变压器选用:二次电压 $V_2 = \dfrac{V_L}{0.45}$,额定功率 P 应大于负载功率。

▶ 半波整流二极管的选用:最高反向工作电压 V_{RM} 不低于输入交流电的峰值电压 $\sqrt{2}\,V_2$,额定电流不低于负载上电流的平均值 I_L。

▶ 半波整流电路的优点是电路简单,使用的元器件少。但它的明显缺点是输出电压脉动很大,效率低,所以只能应用在对直流电压波动要求不高的场合,如蓄电池的充电等。

6.1.2 桥式整流电路

1. 电路结构

单相桥式整流电路由电源变压器 T、整流二极管 V1~V4 和负载 R_L 组成。其中 4 只整流二极管组成桥式电路的 4 条臂,变压器二次绕组和接负载的输出端分别接在桥式电路的两对角线顶点,实物接线图如图 6-5(a)所示,该电路可由图 6-5(b)所示的电路原理图来表示。

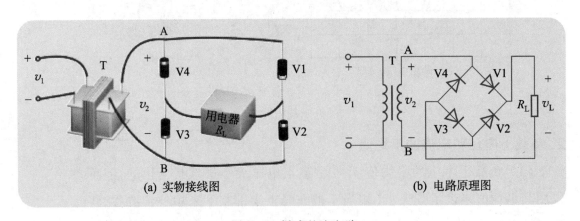

(a) 实物接线图　　　　(b) 电路原理图

图 6-5　桥式整流电路

桥式整流电路

2. 整流原理

用示波器观察桥式整流电路的输入电压 v_2、输出电压 v_L 的波形,如图 6-6 所示。

(1) v_2 为正半周　变压器二次绕组的电压极性为 A 正 B 负,此时二极管 V1 和 V3 正偏导通,二极管 V2、V4 受到反向电压而截止。单向脉动电流的流向为:A 端→V1→R_L→V3→B 端,负载上电流方向从上到下,其脉动电压极性为上正下负。

（2）v_2 为负半周　变压器二次绕组的电压极性为 B 正 A 负，二极管 V2、V4 正偏导通，二极管 V1、V3 受到反向电压而截止。单向脉动电流的流向为：B 端→V2→R_L→V4→A 端，负载上的脉动电压极性仍为上正下负。

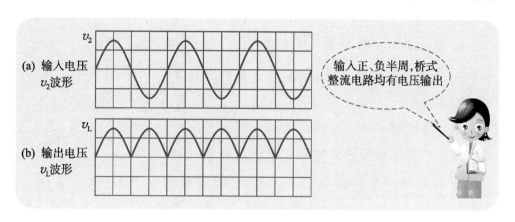

图 6-6　单相桥式整流电路的电压波形

综上所述，在交流电正、负半周都有同一方向的电流流过 R_L，4 只二极管中 2 只为一组，两组轮流导通，在负载上得到全波脉动的直流电压和电流，所以这种整流电路属于全波整流类型。

3. 负载上的直流电压和电流

在桥式整流电路中，交流电在一个周期内有两个半波电流以相同方向通过负载，所以该整流电路输出直流电压比半波整流电路增加一倍，即

$$V_L = 0.9 \, V_2 \tag{6-3}$$

根据欧姆定律可求出负载上的直流电流 I_L，即

$$I_L = 0.9 \, \frac{V_2}{R_L} \tag{6-4}$$

🔍 **应用提示**

▶ 桥式整流电路变压器的选用：二次电压 $V_2 = \dfrac{V_L}{0.9}$，额定功率 P 应大于负载功率。

▶ 桥式整流二极管的选用：最高反向工作电压 V_{RM} 不低于输入交流电的峰值电压 $\sqrt{2} \, V_2$，最大整流电流 I_{FM} 不低于负载上的直流电流 $\dfrac{1}{2} I_L$。

▶ 桥式整流电路中的二极管极性不允许接错，否则会造成二极管或

变压器电流过大而损坏。

▶ 要获得负极性的直流脉动电源,只要将图6-5中的4只二极管的极性都对调即可。

🔖 **思考与练习**

1. 整流电路的作用是什么?常用的整流电路有哪几种?

2. 半波整流电路的变压器二次电压的有效值为 15 V,负载电阻 R_L 为 100 Ω,试计算:

（1）整流输出直流电压。

（2）二极管通过的电流和所承受的最高反向工作电压。

3. 在图6-7中标出 R_L 上的电压极性,并画出 v_L 波形图。

4. 在图6-8所示的桥式整流电路中,若出现以下问题,分析对电路正常工作的不良影响。

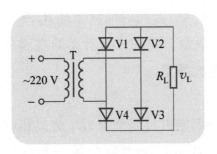 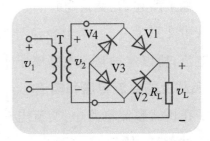

图6-7 题3图   图6-8 题4图

（1）二极管 V1 极性被反接。

（2）二极管 V2 开路或脱焊。

（3）二极管 V3 被击穿短路。

（4）负载 R_L 被短路。

5. 一桥式整流电路,变压器一次电压为220 V,要求输出直流电压为18 V,输出直流电流 200 mA,试求:

（1）变压器的变压比。

（2）整流二极管所承受的最高反向工作电压 V_{RM} 和最大整流电流 I_{FM}。

6. 桥式整流电路的输出电压 $V_L = 9$ V,负载电流 $I_L = 1$ mA,试求:

（1）变压器的二次电压 v_2。

（2）整流二极管的最高反向工作电压 V_{RM} 和最大整流电流 I_{FM}。

项目6 直流稳压电源的制作

一、 实训目的

1. 熟悉二极管桥式整流电路的搭接方法。

2. 会用万用表测量整流电路的交、直流电压。

3. 会用示波器观测整流电路的波形。

二、 器材准备

1. 万用表。

2. 示波器。

3. 桥式整流电路套件。

4. 电烙铁、镊子、剪线钳、焊锡丝、导线若干。

三、 实训相关知识

整流电路是利用二极管的单向导电性来实现将交流电转换为直流电。桥式整流电路在交流电正、负半周都有同一方向的电流流过负载 R_L，在负载上得到全波脉动的直流电压和电流。

四、 实训内容与步骤

1. 电路搭接

按照图 6-9 所示在电路板（或实验板）上搭接桥式整流电路。搭接完后，应注意检查二极管的极性是否接正确。

2. 波形观测

用示波器观察变压器二次电压 v_2 和负载电阻上的电压 v_L 波形，并在表 6-1 中画出波形图，标出电压的峰-峰值。

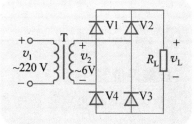

图 6-9 桥式整流电路

3. 电压测量

用万用表的交流电压挡测量变压器二次电压 V_2，用直流电压挡测量整流输出电压平均值 V_L，将数据记入表 6-1 中。分析电路中 V_L 与 V_2 的关系。

表 6-1 桥式整流波形与电压测量

测量内容	交流输入电压 v_2	整流输出电压 v_L
电压波形	峰–峰值电压 V_{OP-P} =	峰–峰值电压 V_{OP-P} =
电压有效值	V_2 =	V_L =

4. 整流电路故障的观察

将整流电路中的 1 只二极管开路,用示波器观察负载电阻上的电压 v_L 波形,并画出波形图。用万用表测量输出电压平均值 V_L,将数据记入表 6-2 中。

表 6-2 二极管开路时的整流波形与电压

测量内容	交流输入电压 v_2	整流输出电压 v_L
电压波形	峰–峰值电压 V_{OP-P} =	峰–峰值电压 V_{OP-P} =
电压有效值	V_2 =	V_L =

五、技能评价

"整流电路输出电压的测量"实训任务评价表见表 6-3。

表 6-3 "整流电路输出电压的测量"实训任务评价表

项目	考核内容	配分	评分标准	得分
元器件的检测	1. 二极管的引脚识别 2. 二极管的检测	10 分	1. 二极管正负极识别错误,每只扣 2 分 2. 不会检测二极管,每只扣 2 分	

项目 6 直流稳压电源的制作

项目	考核内容	配分	评分标准	得分
电路制作	1. 按电路图装接无误 2. 元器件的整形、焊点质量	30分	1. 电路接错,每处扣5分 2. 元器件装接不规范,每处扣2分	
波形观测	1. 观测变压器二次电压波形 2. 观测负载电压波形	20分	1. 示波器操作错误,每次扣2分 2. 波形读取、记录错误,扣5分	
电压测量	1. 使用万用表测量变压器二次电压 2. 使用万用表测量负载电压	20分	1. 操作步骤和方法错误,每次扣2分 2. 万用表读数、记录错误,扣5分	
故障观测与排除	1. 故障的设置与排除 2. 故障现象的观测	10分	1. 不会进行故障的设置和排除,扣5~10分 2. 不会用常用仪器、仪表观测故障现象,扣5~10分	
安全文明操作	1. 遵守安全操作规程 2. 工作台上工具摆放整齐	10分	1. 违反安全文明操作规程,扣5分 2. 工作台表面不整洁,元器件随处乱丢,扣5分	
合计		100分	以上各项配分扣完为止	

六、问题讨论

1. 桥式整流电路中,若有1只二极管反接,电路可能会出现什么问题?

2. 将图6-9中的4只二极管均反接,对输出电压有何影响?

6.2

滤波电路

学习目标

★ 知道滤波电路的实际应用,能识读滤波电路图。

183

★ 能应用示波器观察滤波电路的输出波形，了解滤波工作原理。

★ 会焊接整流滤波电路，了解滤波元件参数对滤波效果的影响。

★ 了解各类滤波电路的主要特性及应用场合。

整流电路输出的是脉动直流电，含有很大的交流成分，因而不能直接作为电子设备的直流电源来使用。为此需要将脉动直流电中的交流成分滤除掉，这一过程称为滤波。

从已学过的电工知识可知，电感与电容都是储能元件，当电源电压变高时，它们把能量存储起来；而当电源电压下降时，它们又将能量释放出来，从而使电压波动减小。因此，滤波电路通常由电容 C 和电感 L 等元件组成。滤波电路又简称为滤波器，常用的有电容滤波器、电感滤波器和复式滤波器。

6.2.1 电容滤波器

电容滤波器是在负载的两端并联一个电容构成的。它是根据电容两端电压在电路状态改变时不能突变的原理设计的。图 6-10 所示为半波整流电容滤波电路，图 6-11 所示为桥式整流电容滤波电路。

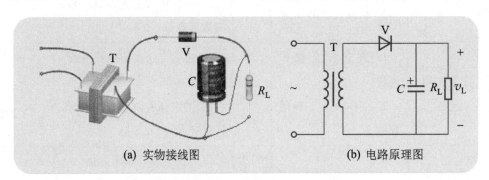

(a) 实物接线图　　(b) 电路原理图

图 6-10　半波整流电容滤波电路

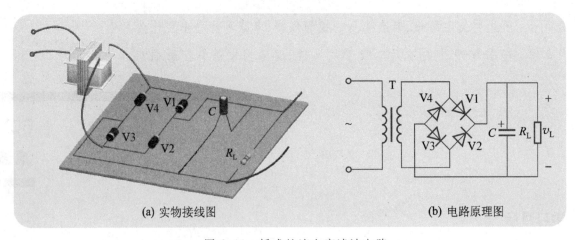

(a) 实物接线图　　(b) 电路原理图

图 6-11　桥式整流电容滤波电路

项目 6　直流稳压电源的制作

1. 观测电容滤波情况

整流输出的电压在向负载供电的同时,也给电容充电。当充电电压达到最大值 $\sqrt{2}\,V_2$ 后,v_2 开始下降,电容开始向负载电阻放电。如果滤波电容足够大,而负载的电阻值又不太小的情况下,不但使输出电压的波形变得平滑,而且输出电压 v_L 的平均值增大。

做中学

观察电容参数对滤波效果的影响

【器材准备】

双踪示波器、万用表、电源变压器(36 V/12 V)、二极管(1N4007,4 只)、电阻(500 Ω/1 A)、电容(47 μF/100 V,220 μF/100 V)、开关(3 个)、导线若干。

【动手实践】

根据图 6-12 所示搭接电路,然后按以下步骤观察滤波电容大小对滤波效果的影响。

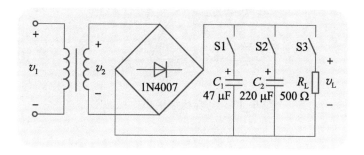

图 6-12 桥式整流电容滤波电路

(1)断开开关 S1、S2,合上开关 S3,用示波器观察输出电压波形,用万用表直流电压挡测量输出电压值 V_L,并填入表 6-4。

(2)断开开关 S2,合上开关 S1、S3,用示波器观察输出电压波形,用万用表直流电压挡测量输出电压值 V_L,并填入表 6-4。断开 S3 再观测,并填表。

(3)合上开关 S1、S2、S3,用示波器观察输出电压波形,用万用表直流电压挡测量输出电压值 V_L,并填入表 6-4。

表 6-4 电容滤波电路的输出电压值和波形

开关设置	v_2 波形	v_L 波形	V_2/V 电压值	V_L/V 电压值
S1、S2 断,S3 合				

开关设置	v_2 波形	v_L 波形	V_2/V 电压值	V_L/V 电压值
S2 断,S1、S3 合				
S2、S3 断,S1 合				
S1、S2、S3 合				

从以上的实验表明:电容滤波的效果与电容 C 的容量和负载电阻 R_L 的阻值大小有关。C、R_L 越大的情况下,放电越慢,输出电压越平滑,输出电压的平均值也可得到提高。图 6-13 中曲线 1、2 是对应不同容量滤波电容的曲线。曲线 1 是滤波电容容量比较小的情况,曲线 2 是滤波电容的容量比较合适的情况,此时负载两端电压的平均值 V_L 估算公式为

$$V_L = 1.2V_2 \tag{6-5}$$

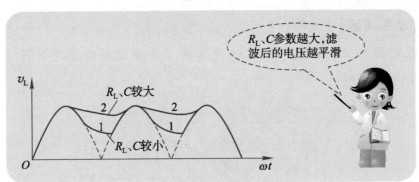

图 6-13　电容滤波输出电压波形

2. 工作原理

桥式整流电路接上滤波电容后,滤波原理分析如下:

(1)桥式整流电路的输出电压上升超过电容端电压时,向滤波电容 C 迅速充电(同时向负载供电),电容 C 两端电压 v_C 与 v_2 同步上升,并达到 v_2 的峰值。

(2)桥式整流电路的输出电压降到低于电容两端电压时,电容 C 要通过 R_L 放电,维持了负载 R_L 的电流。由于 R_L 的阻值远大于二极管的正向内阻,所以放电很慢,电容 C 两端电压 v_C 下降缓慢。

输入电压是周期性直流脉动电压,充电-放电的过程周而复始,由于滤波电容的充放电作用,使得输出电压 v_L 的脉动程度大为减弱,波形相对平滑,达到了滤波的目的。桥式整流电容滤波在交流电的一个周期内电容要充、放电两次,电容向负载放电的时间缩短了,因此输出电压波形比半波整流电容滤波更加平滑。

3. 电容滤波器的特点

（1）在电容滤波电路中，C 的容量或 R_L 的阻值越大，滤波电容 C 放电越慢，输出的直流电压就越大，滤波效果也越好。反之，C 的容量或 R_L 的阻值越小，输出电压越低且滤波效果越差。

（2）在采用大容量的滤波电容时，接通电源的瞬间充电电流特别大，因此，电容滤波器不适用于负载电流较大的场合。

应用提示

▶ 滤波电容的选用：耐压应大于 $\sqrt{2} \, V_2$，容量 $C \geq (3 \sim 5) \, T/R_L$，$T$ 为脉动电压的周期，市电半波整流电路的 T 为 0.02 s，桥式整流电路为 0.01 s。

▶ 电容滤波的输出直流电压可按下述方法进行估算。半波整流电路加电容滤波时，输出直流电压约为 V_2；而桥式整流电路加电容滤波时，输出直流电压约为 $1.2 \, V_2$。负载开路时，输出直流电压均能达到 $\sqrt{2} \, V_2$。

▶ 滤波电容若采用电解电容，正负极性不允许接反，否则电容的漏电流会加大，引起温度上升使电容爆裂。

例 6-1 在桥式整流电容滤波电路中，负载电阻为 180 Ω，输出直流电压为 18 V，试确定电源变压器二次电压，并选择整流二极管和滤波电容。

解：桥式整流电容滤波电路的输出直流电压约为 $1.2 \, V_2$，所以电源变压器二次电压为

$$V_2 \approx \frac{V_L}{1.2} = \frac{18 \text{ V}}{1.2} = 15 \text{ V}$$

二极管承受的最高反向工作电压为

$$V_{RM} = \sqrt{2} \, V_2 \approx 1.414 \times 15 \text{ V} \approx 21.2 \text{ V}$$

流过二极管的电流为

$$I_D = \frac{1}{2} I_L = \frac{1}{2} \times \frac{18 \text{ V}}{180 \text{ Ω}} = 50 \text{ mA}$$

根据以上计算，查晶体管手册，可选用额定电流为 100 mA，最高反向工作电压为 50 V 的二极管 2CP11。

$$滤波电容 \, C \geq (3 \sim 5) \frac{T}{R_L} = (3 \sim 5) \frac{0.01 \text{ s}}{180 \text{ Ω}} \approx (166.7 \sim 277.8) \, \mu F$$

$$滤波电容耐压 \, V_C \geq \sqrt{2} \, V_2 \approx 1.414 \times 15 \text{ V} \approx 21.2 \text{ V}$$

根据电解电容标称值系列，选用容量为 220 μF、耐压为 50 V 的电解电容。

6.2.2 电感滤波器

1. 电路构成

电感滤波电路中电感 L 与负载 R_L 串联,如图 6-14(a) 所示,它利用通过电感的电流不能突变的特性来实现滤波。

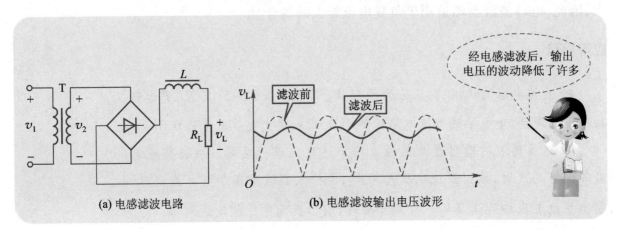

图 6-14　电感滤波电路及其波形

2. 滤波原理

从能量的观点来看,电感是一个储能元件,当电流增加时,电感线圈产生自感电动势阻止电流的增加,同时将一部分电能转化为磁场能量;当电流减小时,电感线圈便释放能量,阻止电流减小。因此,通过负载 R_L 的电流脉动成分受到抑制而变得平滑,其波形如图 6-14(b) 所示。

3. 电路特点

一般情况下,电感值 L 愈大,滤波效果愈好。但电感的体积变大、成本上升,且输出电压会下降,所以滤波电感常取几亨到几十亨。

🔭 应用提示

电感滤波主要用于电容滤波难以胜任的大电流负载或负载经常变化的场合,但由于电感体积大、笨重、成本高,在小功率的电子设备中很少使用。

6.2.3 复式滤波器

复式滤波器是由电感、电容或电阻组合起来的多节滤波器,它们的滤波效果要比单电容或单电感滤波好。常见的有 LC-π 形和 RC-π 形两类复式滤波器。

1. LC-π 形滤波器

LC-π 形滤波器的电路如图 6-15 所示。LC-π 形滤波器能使输出直流电的纹波更小,因为脉动直流电先经电容 C_1 滤波,然后再经 L 和 C_2 的滤波,使交流成分大大降低,在负载 R_L 上得到平滑的直流电压。

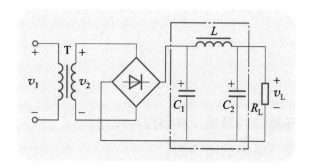

图 6-15 LC-π 形滤波器

LC-π 形滤波器的滤波效果好,但电感的体积较大、成本较高。

2. RC-π 形滤波器

在电流较小、滤波要求不高的情况下,常用电阻 R 代替 π 形滤波器的电感 L,构成 RC-π 形滤波器,如图 6-16 所示。

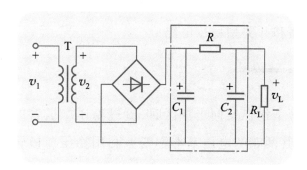

图 6-16 RC-π 形滤波器

RC-π 形滤波器成本低、体积小,滤波效果较好。但由于电阻 R 的存在,会使输出电压降低。

🖉 思考与练习

1. 滤波电路的作用是什么?常用的滤波电路有哪些形式?

2. 有一电容滤波的单相桥式整流电路,输出电压为 24 V,电流为 300 mA,要求:

(1) 画出电路原理图,并标出电容极性和输出电压极性。

(2) 选择整流二极管。

(3) 选择滤波电容。

3. 分别画出桥式整流电路加电感滤波、LC-π 形滤波和 RC-π 形滤波的电路图。

6.3

稳压电路

学习目标

★ 了解稳压器件的种类、典型应用电路。

★ 会识读稳压电源的电路图。

★ 能安装和调试直流稳压源，对简单故障进行检修。

★ 对直流稳压电源基本性能进行检测。

交流电经过整流、滤波后的直流电源还是不够稳定，如果交流电源电压波动或负载发生变化，输出直流电压也会随着变化。为了获得稳定性好的直流电源，在整流、滤波之后还要接入稳压电路。在小功率设备上通常采用稳压二极管组成的并联型稳压电路，中大功率设备通常采用串联型稳压电路和开关型稳压电路。

6.3.1 稳压二极管并联型稳压电路

稳压二极管工作在反向击穿区时，流过稳压二极管的电流在相当大的范围内变化，其两端的电压基本不变。利用稳压二极管的这一特性可实现电源的稳压功能。

1. 电路组成

图 6-17 所示为由硅稳压二极管构成的简易稳压电路。其中稳压二极管 V 并联在负载 R_L 两端，所以这是一个并联型稳压电路。稳压电路的输入电压 V_I 来自整流、滤波电路的输出电压，电阻 R 起限流和分压作用。

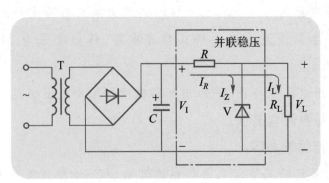

图 6-17　稳压二极管并联型稳压电路

2. 稳压原理

当输入电压 V_I 升高或负载 R_L 阻值变大时，造成输出电压 V_L 随之增大。那么稳压二极管的反向电压 V_Z 也会上升，从而引起稳压二极管电流 I_Z 的急剧加大，流过限流电阻 R 的电流 I_R 也加大，导致 R 上的电压降 V_R 上升，从而抵消了输出电压 V_L 的波动，其稳压过程如图 6-18 所示。

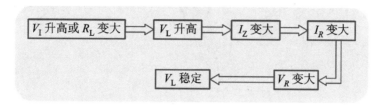

图 6-18　并联型稳压电路的稳压过程

反之，当电网输入电压 V_I 降低或负载 R_L 阻值变小时，同理可分析出输出电压 V_L 也能基本保持稳定。

3. 电路特点

该稳压电路结构简单，元器件少。但输出电压由稳压二极管的稳压值决定，不能调节且输出电流亦受稳压二极管的稳定电流的限制，因此，输出电流的变化范围较小，只适用于电压固定的小功率负载且负载电流变化范围不大的场合。

6.3.2　集成稳压器

分立元器件稳压电源存在组装麻烦、可靠性差、体积大等缺点。采用集成技术在单片晶体上制成的集成稳压器，具有体积小、外围元件少、性能稳定可靠、使用调整方便和价廉等优点，已得到广泛的应用，尤其中小功率的稳压电源以三端式串联集成稳压器应用最为广泛。

目前，集成稳压器的类型很多，按结构形式可分为串联型、并联型和开关型，按输出电压类型可分为固定式和可调式。

1. 三端固定输出式稳压器

（1）引脚功能　三端固定输出式稳压器分为正电压输出和负电压输出两类。CW78×× 系列是正电压输出的三端固定式稳压器，外形如图 6-19 所示。集成稳压器有 3 个引脚，引脚 1 为输入端，引脚 2 为公共端，引脚 3 为输出端。

（2）电路结构　CW78×× 属于串联型稳压电路，内部主要由取样电路、基准电压电路、比较放大电路和调整元件四部分组成，如图 6-20 所示。该稳压器是利用三极管作为电压调整元件与负载串联，从输出电压

V_L 中取出一部分电压,与基准电压进行比较产生误差电压,该误差电压经放大后去控制调整管的内阻,从而使输出电压稳定。

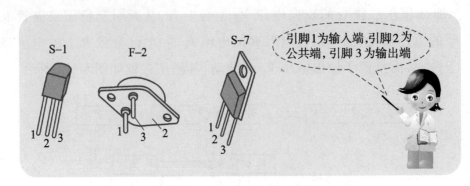

图 6-19　CW78×× 系列外形

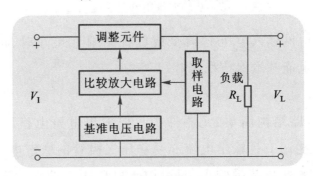

图 6-20　三端稳压器电路框图

（3）电路接法　三端稳压器 CW78×× 基本应用电路如图 6-21 所示,通常是在整流滤波电路之后接上三端稳压器,输入电压接 1、2 端,2、3 端输出稳定电压,在输入端并联的电容 C_1 用于旁路高频干扰信号,输出端的电容 C_2 用来消除输出电压的波动,并具有消振作用。CW78×× 输出的电压有 5 V、6 V、8 V、12 V、15 V、18 V 和 24 V 等系列,输出电压值由型号中的后两位表示,如 CW7805 表示输出电压为 +5 V,使用时根据输出电压的要求选择相应型号的稳压器。

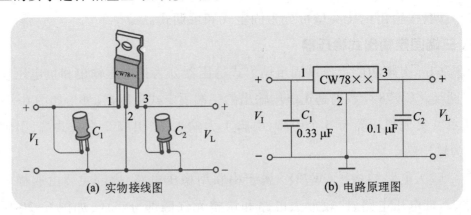

图 6-21　CW78×× 基本应用电路

而 CW79××系列三端稳压器是负电压输出,外形与 CW78××系列相同,但引脚的排列不同(如图 6-22 所示)。

固定负电压输出的集成稳压器 CW79××基本应用电路如图 6-23 所示。输出电压值由型号中的后两位表示,如 CW7912 表示输出稳定电压为 -12 V。

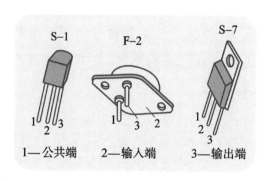
图 6-22　CW79××系列外形

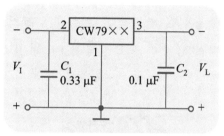
图 6-23　CW79××基本应用电路

🔭 应用提示

▶ 三端固定式稳压器的型号由五部分组成,其意义如下:

▶ 在装接集成稳压器时,引脚不能接错,各引脚都要接好才通电,不能在通电的状况下进行焊接,否则容易损坏。

▶ 整流电源变压器的二次电压不能过高,因为当市电电压波动出现高峰时,将使整流器出现高压脉冲,这就容易损坏集成稳压器。变压器二次电压也不能过低,在市电处于最低值时必须使集成稳压器的输入电压高于输出电压 2~3 V,否则不能保证稳压器正常工作。

📖 阅读

绿色制造在电子行业中的应用

党的二十大报告提出:"广泛形成绿色生产生活方式,碳排放达峰后稳中有降,生态环境根本好转,美丽中国目标基本实现。"电子产业作为我国非常重要的工业门类,要从产品设计、生产过程到回收的全过程管理,为保护生态环境,实现经济和生态的同步提升做出积极的贡献。

（1）优化电子产品全生命周期的绿色化设计,开发高附加值、低消耗、低排放产品。加快轻量化、模块化、集成化、高可靠、长寿命、易回收的新型电子产品应用。

（2）推进电子行业节能环保技术改造,加快应用清洁高效生产工艺,开展清洁生产,降低能耗和污染物排放强度,实现绿色生产。如电子元器件是通过焊接方式装配到电路板上,普通产品在焊接过程中使用的是含铅的焊锡丝或焊锡膏。而对于无铅产品或绿色产品,则需要使用专用的无铅生产工艺与材料,如图 6-24 所示。

(a) 无铅可调温电焊台　　　　　(b) 环保无铅焊丝

图 6-24　无铅焊接工具与环保材料

（3）发展绿色产业园区。加强电子产业园区企业与其他企业的合作,推动基础设施共建共享。发展循环经济,加强余热、余压、废热资源和水资源循环利用。

✎ **应用实例**

某型号全自动洗衣机电脑程序控制器的电源电路如图 6-25 所示。由电源变压器 T 降压后得到约 9 V 的交流低电压,再经二极管 V1~V4 桥式整流、C_1 滤波后,一路输入三端集成稳压器 CW7805。CW7805 输出稳定的+5 V 直流电压提供给洗衣机的主控制电路。而另一路未经稳压的+12 V 直流电压提供给继电器等。发光二极管 LED 作为通电指示器件。

　　　　　　　　　　项目 6　直流稳压电源的制作

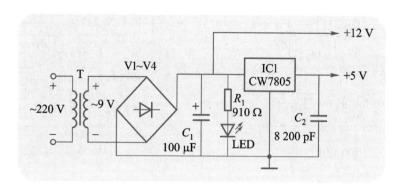

图 6-25　某型号全自动洗衣机电脑程序控制器的电源电路

2. 三端可调式集成稳压器

（1）引脚功能　三端可调式集成稳压器不仅输出电压可调,且稳压性能优于固定式,被称为第二代三端集成稳压器,它的外形如图 6-26所示。

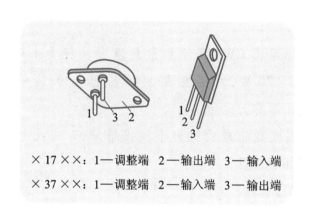

图 6-26　三端可调式集成稳压器外形

三端可调式集成稳压器分为正电压输出和负电压输出两类。CW117××/CW217××/CW317××系列是正电压输出,1 引脚为调整端、2 引脚为输出端、3 引脚为输入端;CW137××/CW237××/CW337××系列是负电压输出,1 引脚为调整端、2 引脚为输入端、3 引脚为输出端。

（2）电路接法　CW317××电路接法如图 6-27(a)所示,R_P 和 R_1 组成取样电阻分压器,接稳压器的调整端 1 引脚,改变 R_P 可调节输出电压 V_L 的大小,输出电压在 1.2～37 V 范围内连续可调。输入电压接引脚 3,引脚 2 输出稳定电压。在输入端并联电容 C_1 用于旁路输入高频干扰信号,输出端的电容 C_3 用来消除输出电压的波动,并具有消振作用。电容 C_2 可消除 R_P 上的纹波电压,使取样电压稳定。

CW337×× 可以构成负电压输出稳压电路,如图 6-27(b)所示。

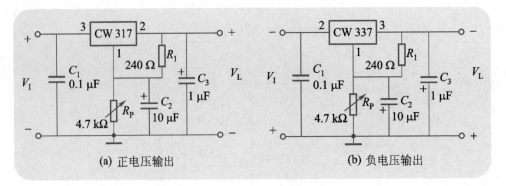

图 6-27　三端可调式稳压器接线图

（a）正电压输出　　　　　　（b）负电压输出

应用提示

▶ 三端可调式稳压器的型号由五部分组成，其意义如下：

▶ 可调式稳压器 CW317 不加散热器时功耗为 1 W 左右，当加散热器时功耗可达 20 W，故需在集成稳压器上加装散热片，尺寸为 200 mm×200 mm 即可。

▶ 三端可调式稳压器的引脚不能接错，同时应注意接地端不能悬空，否则容易损坏稳压器。

▶ 当集成稳压器输出电压大于 25 V 或输出端的滤波电容大于 25 μF 时，稳压器需外接保护二极管（如图 6-28 所示），以防止输出滤波电容放电引起集成稳压器损坏。

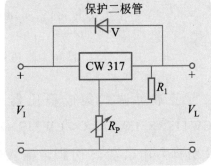

图 6-28　稳压器外接保护二极管

▶ 为确保输出电压的稳定性，应保证最小输入输出电压差。如三端集成稳压器的最小压差约为 2 V，一般使用时压差保持在 3 V 左右。同时又要注意最大输入输出电压差范围不超出规定范围。

思考与练习

1. 直流稳压电路的作用是什么？

2. 画出由桥式整流、电容滤波、并联稳压构成的直流稳压电源的电路图。

3. 在稳压二极管稳压电路中若不接限流电阻 R，对电路有何影响？

分析原因。

4. 将图 6-29 所示的稳压二极管接入电路构成一个输出电压为 -6 V 的稳压电路。

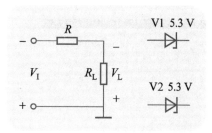

图 6-29 题 4 图

5. 标出图 6-30 所示的三端固定输出式集成稳压器的引脚功能。

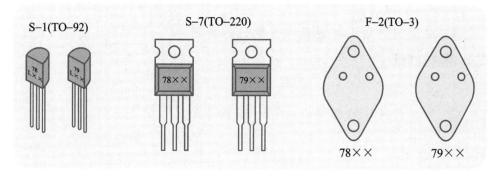

图 6-30 题 5 图

6. 标出图 6-31 所示的三端可调式集成稳压器的引脚功能。

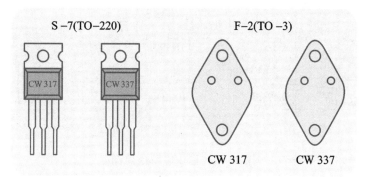

图 6-31 题 6 图

7. 要获得 +15 V 的直流稳压电源,应选用什么型号的固定式集成稳压器? 画出直流稳压电源的电路图。

8. 图 6-32 所示的直流稳压电路中,指出其错误,并画出正确的稳压电路。

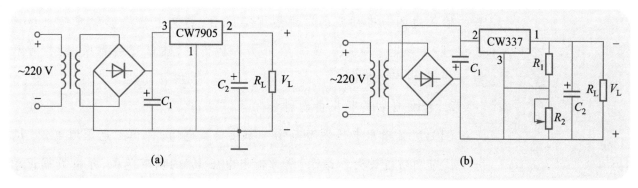

图 6-32 题 8 图

实训任务 6.2 直流稳压电源制作与性能测试

一、实训目的

1. 熟悉集成稳压器的使用,会安装一台三端可调式稳压电源。

2. 对制作的稳压电源基本性能进行检测。

二、器材准备

1. 万用表。

2. 集成稳压电路套件(如图 6-33 所示)。

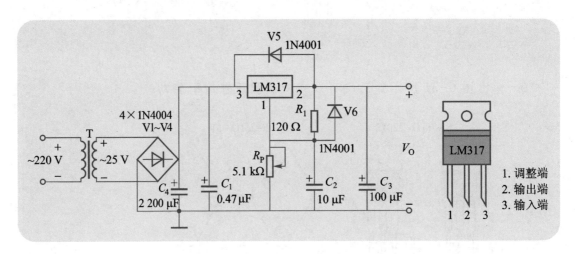

图 6-33 三端可调式稳压电源电路图

3. 电烙铁、镊子、剪线钳、焊锡丝、导线若干。

三、实训内容与步骤

1. 三端可调稳压器的制作

制作稳压电源时可参照图 6-33 所示安装。应注意的是:电源变压器的输入线圈与带插头的电源线焊接好后,要套上绝缘套管或缠上绝缘胶带,防止触电。电路安装完毕必须认真核对,确保安装无误,经指导教师检查同意才能通电。

2. 检测自制的稳压电源性能

(1)测量输出电压调节范围 不接负载电阻,将稳压电源通电,将 R_P 分别调节到阻值最大和最小,测量输出电压 V_0 的调节范围,并将数据记录在表 6-5 中。

表 6-5 输出电压调节范围

电位器 R_P 状态	阻值最大	阻值最小
输出电压 V_L		

（2）检测负载变化时的稳压情况

① 在空载时将稳压器输出电压调为 12 V。

② 在稳压器输出端接入负载和电流表，如图 6-34 所示。

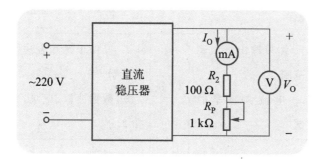

图 6-34　稳压特性的检测

③ 调节 R_P 电位器，按表 6-6 的要求使负载电流 I_O 分别为 20mA、40mA、60mA、80 mA，测量对应的输出电压 V_O，记录在表 6-6 中，并由该数据分析负载对稳压性能的影响。

表 6-6　负载电流变化时输出电压稳定情况

输出电流 I_O/mA	0	20	40	60	80
输出电压 V_O/V	12				
输出电阻 R_o/kΩ					
电流调整率 K_I					

④ 根据 $R_o = \Delta V_O / \Delta I_O$ 计算稳压电源的输出电阻。输出电阻越小，表示稳压效果越好。

⑤ 测出输出电流 0 mA 和 80 mA 的输出电压误差值 ΔV_O，根据 $K_I = |\Delta V_O| / V_O$ 计算电流调整率 K_I。K_I 越小，稳压效果越好。

四、技能评价

"直流稳压电源制作与性能测试"实训任务评价表见表 6-7。

表 6-7　"直流稳压电源制作与性能测试"实训任务评价表

项目	考核内容	配分	评分标准	得分
元器件的检测	1. 稳压集成电路引脚识别 2. 元器件的检测	10 分	1. 不能识别引脚，每只扣 2 分 2. 不会检测元器件，每只扣 2 分	

项目	考核内容	配分	评分标准	得分
电路制作	1. 按电路图装接电路 2. 元器件的整形、焊点质量 3. 电路板的整体布局	40分	1. 电路接错,每处扣5分 2. 元器件装接不规范,每处扣2分 3. 电路板的布局不合理,扣2~5分	
稳压电源性能检测	1. 测量输出电压调节范围 2. 电流调整率的测试	20分	1. 操作步骤和方法错误,每次扣2分 2. 数据读取、记录、分析错误,扣5分	
故障排除	1. 稳压电源的功能检查 2. 故障现象的排除	20分	1. 功能检验不合格,扣5~10分 2. 不会分析和排除故障,扣5~10分	
安全文明操作	1. 遵守安全操作规程 2. 工作台上工具摆放整齐	10分	1. 违反安全文明操作规程,扣5分 2. 工作台表面不整洁,元器件随处乱丢,扣5分 3. 不当使用,造成仪器损坏,扣5分	
合计		100分	以上各项配分扣完为止	

五、问题讨论

1. 说明三端稳压器 LM317 各引脚的基本功能。

2. 分析制作的集成稳压电源原理图中各元器件的作用。

🏆 项目小结

1. 利用二极管的单向导电性可组成半波整流电路和桥式整流电路,实现将交流电转换为脉动直流电的功能。

2. 将脉动直流电中的交流成分滤除掉,这一过程称为滤波。滤波电路通常由电容 C 和电感 L 和电阻 R 等元件组成。常见的类型有电容滤波器、电感滤波器和复式滤波器。

3. 稳压二极管组成的并联稳压电路结构简单,但输出电流小,稳压特性不够好,一般用于要求不高的小电流稳压电路中。

4. 三端集成稳压器目前已广泛应用于稳压电路中,它具有体积小、安装方便、工作可靠等优点。三端集成稳压器有固定输出和可调输出、正电压输出和负电压输出之分。CW78×× 系列为固定正电压输出,CW79×× 系列为固定负电压输出,CW×17 为可调式正电压输出,CW×37 为可调式负电压输出。使用时应注意不同类型稳压器的引脚排列差异。

自我测评

一、判断题

1. 整流输出电压经电容滤波后,电压波动减小,故输出直流电压也下降。　　　　　　　　　　　　　　　　　　　　　　　　(　　)

2. 并联型稳压电路中,硅稳压二极管应与负载电阻并联连接。
　　　　　　　　　　　　　　　　　　　　　　　　　　　(　　)

3. 电感滤波主要用于负载电流较大的场合。　　　　　　(　　)

4. 集成稳压器组成的稳压电源输出直流电压是不可调节的。(　　)

5. CW337 是三端可调式正压输出稳压器。　　　　　　(　　)

二、填空题

1. 直流稳压电源的功能是＿＿＿＿＿＿＿＿＿＿＿＿＿＿＿＿,直流稳压电源主要由＿＿＿＿＿、＿＿＿＿＿和＿＿＿＿＿三部分所组成。

2. 整流电路的功能是＿＿＿＿＿＿＿＿＿＿＿＿＿＿,常用的整流电路有＿＿＿＿＿＿和＿＿＿＿＿＿。

3. 滤波电路的功能是＿＿＿＿＿＿＿＿＿＿＿＿＿＿＿,滤波电路类型主要有＿＿＿＿＿＿,＿＿＿＿＿＿和＿＿＿＿＿＿。

4. 稳压电源按电压调整元件与负载 R_L 连接方式可分为＿＿＿＿＿＿型和＿＿＿＿＿＿型两大类。

5. 硅稳压二极管组成的并联型稳压电路的优点是＿＿＿＿＿＿＿＿＿＿＿＿＿＿＿＿＿;缺点是＿＿＿＿＿＿＿＿＿＿＿＿＿＿＿＿＿。

6. 三端集成稳压器 CW7809 如图 6-35 所示,1 脚为＿＿＿＿＿端,2 脚为＿＿＿＿＿端,3 脚为＿＿＿＿＿端。

7. 常用的三端可调式稳压器 CW317 输出为

图 6-35　填空题 7 图

_____极电压,电压值在_____范围内。

三、选择题

1. 在单相桥式整流电路中,若电源变压器二次绕组的交流电压有效值为 100 V,则负载电压为_____ V。

A. 45   B. 50

C. 90   D. 120

2. 电路如图 6-36 所示,已知稳压二极管的稳压值 $V = 10$ V,最大稳定电流 $I_{Zmax} = 20$ mA,正常工作时,流过电阻 R 的电流 I 和输出电压 U_O 分别为_____。

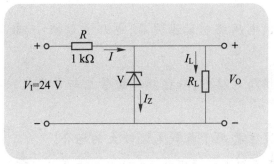

图 6-36   选择题 2 图

A. 14 mA、10 V   B. 20 mA、10 V

C. 20 mA、14 V   D. 14 mA、14 V

3. 要获得+9 V 的稳定电压,集成稳压器的型号应选用_____。

A. CW7812   B. CW7909

C. CW7912   D. CW7809

4. 三端可调式稳压器 CW317 的 1 脚为_____。

A. 输入端   B. 输出端

C. 调整端   D. 公共端

5. 三端集成稳压器 CW7805 的最大输出电流为_____。

A. 0.5 A   B. 1.5 A

C. 1.0 A   D. 2.0 A

四、计算题

单相桥式整流电容滤波电路如图 6-37 所示,已知负载电阻 $R_L = 2$ kΩ。

(1) 当开关 S 闭合时,输出负载电压 V_L 为 12 V,求变压器二次电压 V_2。

(2) 当开关 S 闭合时,选择二极管的参数 V_{RM} 和 I_{FM}。

(3) 当开关 S 打开时,若 V_2 保持不变,求流过二极管的平均电流 I_D。

项目 6 直流稳压电源的制作

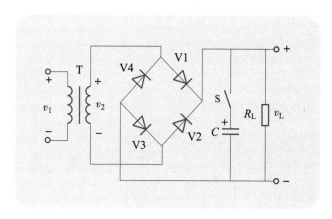

图 6-37　计算题 1 图

五、 作图题

画出由桥式整流、$RC\text{-}\pi$ 形滤波和三端可调式稳压器 W317 所构成的直流稳压电源的电路原理图。

项目 数字信号与逻辑电路的认识

项目描述

在电子技术中，被传递和处理的信号可分为模拟信号和数字信号两大类。模拟信号如图 7-1(a)所示，它在时间和数值上均是连续变化的，前面所学的放大电路、振荡电路等处理的信号均属模拟信号。数字信号如图 7-1(b)所示，它在时间上和数值上均是离散的、不连续变化的。从本项目开始学习的电路属于数字电路的范畴，主要内容有数字信号的产生、整形、编码、存储、计数和数据传输。

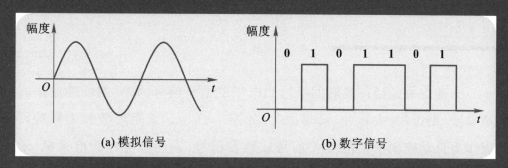

图 7-1 模拟信号与数字信号

数字电路与模拟电路相比较有极大的优点，主要体现在电路简单、稳定性高、信号传输过程失真小、抗干扰性强等方面。在现代的生活中，人们已经离不开数字化的电子产品，如图 7-2 所示的计算机、数码相机、手表电话等均应用数字电路对信号进行处理和存储，在各种自动化控制领域更离不开数字电子技术的应用，因此学习掌握数字电路的基础知识是十分重要的。

图 7-2 数字电子技术广泛应用在各类电子产品中

7.1
脉冲与数字信号

学习目标

★ 了解脉冲的定义和种类。

★ 会用示波器观测脉冲主要参数。

★ 掌握数字信号的表示方法。

7.1.1 脉冲的基本概念

脉冲信号是指持续时间极短的电压或电流信号,常见的脉冲波形有矩形波、锯齿波、尖脉冲、阶梯波等,如图 7-3 所示。矩形波和尖脉冲可以作为自动控制系统的开关信号或触发信号,锯齿波可作为电视机、示波器的扫描信号。各类脉冲波形的形状虽然不同,但表征其特性的主要参数通常是相同的,现以图 7-4 所示的矩形脉冲为例说明各参数的含义。

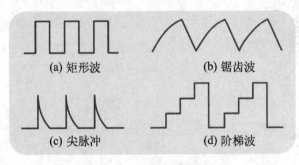

(a) 矩形波　　　　　(b) 锯齿波

(c) 尖脉冲　　　　　(d) 阶梯波

图 7-3　常见的脉冲波形

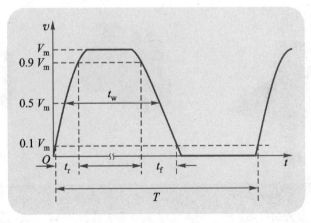

图 7-4　矩形脉冲

1. 脉冲幅值 V_m

表示脉冲电压的最大值,其值等于脉冲底部至脉冲顶部之间的电位差,单位为 V(伏)。

2. 脉冲上升时间 t_r

表示脉冲前沿从 $0.1V_m$ 上升到 $0.9V_m$ 所需的时间。脉冲上升时间越小则表明脉冲上升越快。

3. 脉冲下降时间 t_f

表示脉冲后沿从 $0.9V_m$ 下降到 $0.1V_m$ 所需的时间,其数值越小,表明脉冲下降得越快。

4. 脉冲宽度 t_w

由脉冲前沿 $0.5V_m$ 到脉冲后沿 $0.5V_m$ 之间的时间,其数值越大,说明脉冲出现后持续的时间越长。

5. 脉冲周期 T

对于周期性脉冲,脉冲周期指相邻两脉冲波对应点之间的间隔时间,其倒数为脉冲的频率 f,即 $f=\dfrac{1}{T}$。

t_r、t_f、t_w 和 T 的常用单位有 s(秒)、ms(毫秒)、μs(微秒)等。

6. 占空比 D

脉冲宽度 t_w 与脉冲周期 T 之比,称为占空比,即 $D=\dfrac{t_w}{T}$。占空比为 50% 的矩形波即方波。

7.1.2 数字信号

通常把脉冲的出现或消失用 **1** 和 **0** 来表示,这样一串脉冲就变成由一串 **1** 和 **0** 组成的代码,如图 7-5 所示,这种信号称为数字信号。需注意的是数字信号的 **0** 和 **1** 并不表示数量的大小,而是代表电路的工作状态,如开关、二极管、三极管导通用 **1** 状态表示;反之,器件截止时就用 **0** 状态表示。

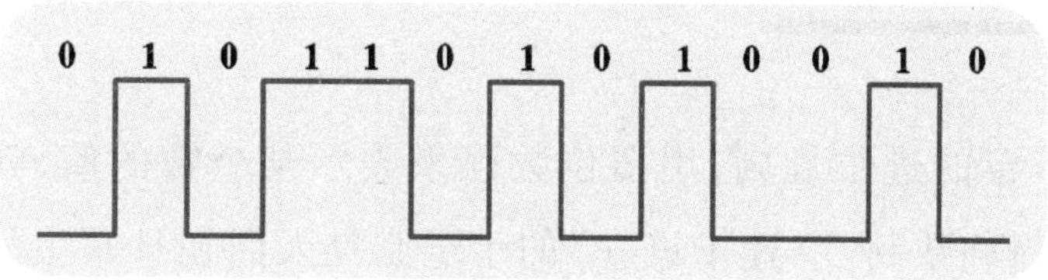

图 7-5 数字信号

数字电路的输入信号和输出信号只有两种情况,不是高电平就是低电平,且输出与输入信号之间存在着一定的逻辑关系。若规定高电平(3~5 V)为逻辑 **1**,低电平(0~0.4 V)为逻辑 **0**,称为正逻辑;反之,若规定高电平为逻辑 **0**,低电平为逻辑 **1**,则称为负逻辑。

思考与练习

1. 什么是数字电路?与模拟电路比较,数字电路具有哪些主要优点?

2. 什么是脉冲信号?如何定义脉冲的幅值和宽度?

3. 图 7-6 所示为锯齿波,试读出 V_m、t_r、t_f、t_w、T 的数值。

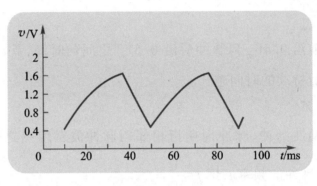

图 7-6 题 3 图

4. 脉冲与数字信号之间的关系是什么?

5. 什么是正逻辑?什么是负逻辑?

7.2
数制与码制

学习目标

★ 能掌握二进制数、十六进制数的表示方法。

★ 能进行二进制数、十进制数之间的相互转换。

★ 了解 8421BCD 码的表示形式。

7.2.1　数制

选取一定的进位规则,用多位数码来表示某个数的值,就是所谓的计数体制,简称数制。"逢十进一"的十进制是人们在日常生活中常用的一种计数体制,而数字电路中常采用的是二进制和十六进制。

1. 十进制数

十进制数是日常生活中使用最广泛的数制。十进制数有 0,1,2, 3,4,5,6,7,8,9 共 10 个符号,这些符号称为数码。十进制数进行加法运算时遵循"逢十进一"(进位规则),减法时遵循"借一当十"(借位规则)。

十进制数中,数码的位置不同,所表示的值就不相同,分个位、十位、百位……,例如

$$(198.56)_{10} = 1 \times 10^2 + 9 \times 10^1 + 8 \times 10^0 + 5 \times 10^{-1} + 6 \times 10^{-2}$$

上式中,每个数码有一个系数 10^2、10^1、10^0、10^{-1}、10^{-2} 与之相对应,这个系数称为权或位权。用数学通式表示为

$$(N)_{10} = k_{n-1} \times 10^{n-1} + k_{n-2} \times 10^{n-2} + \cdots + k_1 \times 10^1$$
$$+ k_0 \times 10^0 + k_{-1} \times 10^{-1} + k_{-2} \times 10^{-2} + \cdots \qquad (7-1)$$

式中,$(N)_{10}$ 表示十进制数,k_i 为第 i 位的数码;10^i 为第 i 位的权;n 为整数部分的位数。

2. 二进制数

二进制数仅有 **0** 和 **1** 共 2 个不同的数码。进位规则为"逢二进一";借位规则为"借一当二"。对于任意一个二进制数可表示为

$$(N)_2 = k_{n-1} \times 2^{n-1} + k_{n-2} \times 2^{n-2} + \cdots + k_1 \times 2^1$$
$$+ k_0 \times 2^0 + k_{-1} \times 2^{-1} + k_{-2} \times 2^{-2} + \cdots \qquad (7-2)$$

例如,二进制数 $(\mathbf{10110.1})_2 = 1 \times 2^4 + 0 \times 2^3 + 1 \times 2^2 + 1 \times 2^1 + 0 \times 2^0 + 1 \times 2^{-1}$

二进制是数字电路中应用最广泛的一种数制,这是因为电路元件的截止与导通,输出电平的高与低这两种状态均可以用 **0** 和 **1** 两个数码来表示,且二进制数的运算规则简单,容易通过电路来实现。

3. 十六进制数

二进制数在数字电路中处理很方便,但当位数较多时,比较难以读取和书写,为了减少位数,可将二进制数用十六进制数来表示。

十六进制数的计数规律为"逢十六进一",十六进制数有 0、1、2、3、4、5、6、7、8、9、A、B、C、D、E、F 共 16 个不同的数码。

例如,十六进制数 $(3AE)_{16} = 3 \times 16^2 + A \times 16^1 + E \times 16^0$
$$= 3 \times 16^2 + 10 \times 16^1 + 14 \times 16^0$$
$$= (942)_{10}$$

表 7-1 列出了十进制数 0~15 对应的二进制数和十六进制数。

表 7-1　与十进制数对应的二进制数、十六进制数

十进制数	0	1	2	3	4	5	6	7	8	9	10	11	12	13	14	15
二进制数	0000	0001	0010	0011	0100	0101	0110	0111	1000	1001	1010	1011	1100	1101	1110	1111
十六进制数	0	1	2	3	4	5	6	7	8	9	A	B	C	D	E	F

4. 二-十进制数的转换

（1）二进制数转换为十进制数　转换方法是：把二进制数按权展开，再把每一位的位值相加，即可得到相应的十进制数。

例 7-1　将二进制数 $(1101)_2$ 转换为十进制数。

解：$(1101)_2 = 1 \times 2^3 + 1 \times 2^2 + 0 \times 2^1 + 1 \times 2^0 = (13)_{10}$

（2）十进制整数转换为二进制数　转换方法是：把十进制数逐次地用 2 除取余数，一直除到商为零。然后将先取出的余数作为二进制数的最低位数码，依次排列其他数码，即可得到相应的二进制数。

例 7-2　将十进制数 19 转换为二进制数。

解：

$$
\begin{array}{rl}
2 & \underline{|19} \\
2 & \underline{|9} \quad 余 1, 即\ k_0 = 1 \\
2 & \underline{|4} \quad 余 1, 即\ k_1 = 1 \\
2 & \underline{|2} \quad 余 0, 即\ k_2 = 0 \\
2 & \underline{|1} \quad 余 0, 即\ k_3 = 0 \\
 & 0 \quad 余 1, 即\ k_4 = 1
\end{array}
$$

所以 $(19)_{10} = (k_4 k_3 k_2 k_1 k_0)_2 = (10011)_2$

7.2.2　码制

在数字系统中，可用多位二进制数码来表示数值，也可表示各种文字、符号等，这样的多位二进制组合数码称为代码。数字电路处理的是二进制数码，而人们习惯使用十进制数，所以就产生了用 4 位二进制数来表示 1 位十进制数的计数方法，这种用于表示十进制数的二进制代码称为二-十进制代码（binary coded decimal），简称 BCD 码。最常用的 BCD 码是 8421BCD 码，见表 7-2。

表 7-2　8421BCD 码

十进制数	8421BCD 码	十进制数	8421BCD 码
0	0000	5	0101
1	0001	6	0110
2	0010	7	0111
3	0011	8	1000
4	0100	9	1001

8421BCD 码是使用最多的一种编码,在用 4 位二进制数码来表示 1 位十进制数时,每 1 位二进制数的权依次为 8、4、2、1。

例 7-3　将十进制数 168 用 8421BCD 码表示。

解:十进制数　　　　1　　　　6　　　　8

　　8421BCD 码　　**0001**　　**0110**　　**1000**

即 $(168)_{10} = (000101101000)_{8421}$

✎ **思考与练习**

1. 将下列二进制数转换成十进制数。

(1)$(101011)_2$　(2)$(11100)_2$　(3)$(1011.101)_2$　(4)$(0.01101)_2$

2. 将下列十进制数转换成二进制数。

(1) 76　　　(2) 128　　　(3) 275　　　(4) 36

3. 将下列代码分别转换为十进制数。

(1)$(10010001)_{8421}$　　　(2)$(001101010010)_{8421}$

4. 将下列十进制数用 8421BCD 码表示。

(1) 37　　　(2) 362　　　(3) 589

7.3

逻辑门电路

学习目标

★ 了解基本逻辑门、复合逻辑门的逻辑功能,会画电气图形符号。

★ 了解 TTL、CMOS 门电路的使用常识,能测试其逻辑功能。

★ 掌握 CMOS 门电路的安全操作的方法。

★ 能根据要求,合理选用集成逻辑门电路。

数字电路的基本单元是逻辑门电路。所谓"逻辑"是指事件的前因后果所遵循的规律,如果把数字电路的输入信号看做"条件",把输出信号看做"结果",则数字电路的输入与输出信号之间存在着一定的因果关系,即存在逻辑关系,能实现一定逻辑功能的电路称为逻辑门电路。

逻辑门电路由半导体开关元件等组成,其电路的种类很多,基本逻辑门电路有:与门、或门和非门,复合逻辑门电路有:与非门、或非门、与或非门、异或门等。

7.3.1 基本逻辑门

1. 与逻辑门

（1）与逻辑关系　如图 7-7 所示,开关 A 与 B 串联在回路中,两个开关都闭合时,灯点亮。若其中任意一个开关断开,灯就不会亮。这里开关 A、B 的闭合与灯亮的关系称为逻辑与,也称为逻辑乘,其逻辑函数表达式为

$$Y = A \cdot B \tag{7-3}$$

若将开关闭合规定为 1,断开规定为 0;灯亮规定为 1,灯灭规定为 0,可将逻辑变量和函数的各种取值的可能性用表 7-3 表示,称为真值表。

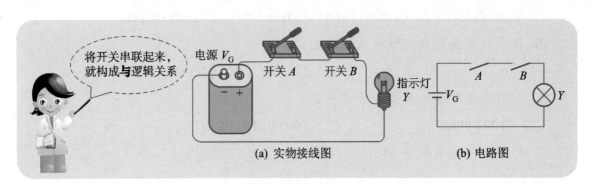

图 7-7　与逻辑实例

表 7-3　与逻辑真值表

输入		输出
A	B	Y
0	0	0
0	1	0
1	0	0
1	1	1

由真值表分析可知,A、B 两个输入变量有 4 种可能的取值情况,应满足以下运算规则

$$0 \cdot 0 = 0$$
$$0 \cdot 1 = 0$$
$$1 \cdot 0 = 0$$
$$1 \cdot 1 = 1$$

（2）与门电路　图 7-8（a）所示为一种由二极管组成的与门电路，图中 A、B 为输入端，Y 为输出端。根据二极管导通和截止条件，当输入端全为高电平（**1** 状态）时，二极管 V1 和 V2 都截止，则输出端为高电平（**1** 状态）；若输入端有 1 个或 1 个以上为低电平（**0** 状态），则有二极管正偏而导通，输出端电压被下拉为低电平（**0** 状态）；即与逻辑关系为"全 **1**出 **1**，有 **0** 出 **0**"。图 7-8（b）所示为与门电路的电气图形符号。

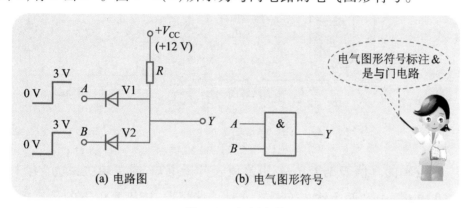

图 7-8　与门电路

✎ **应用实例**

在数控电动机上有起动开关 SA 和过载保护开关 SB，这两个开关都各有自己的控制系统，如图 7-9（a）所示。只有当起动开关 SA 闭合，过载保护开关 SB 未过载断开的情形下，电动机才能正常运转，这个控制功能用**与门**即可实现，如图 7-9（b）所示。由于逻辑门提供的电流较小，不能直接驱动电动机，所以是由**与门**驱动继电器来实现控制。

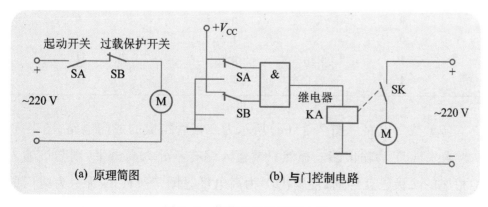

图 7-9　数控电动机控制电路

2. 或逻辑门

（1）或逻辑关系　如图 7-10 所示，开关 A 与 B 并联在回路中，开关 A 或 B 只要有 1 只闭合时灯亮，只有 A、B 两开关都断开时，灯才不亮。开关 A 闭合或开关 B 闭合，灯就能点亮的关系称为逻辑或，也称为逻辑加，其逻辑函数表达式为

$$Y = A + B \qquad\qquad (7-4)$$

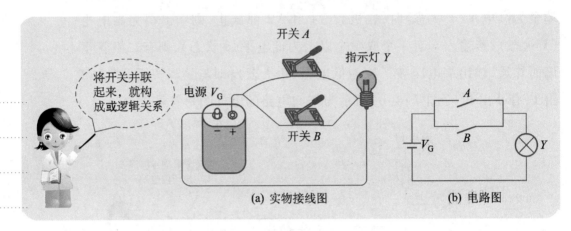

图 7-10　或逻辑实例

或逻辑的真值表见表 7-4，由真值表分析可知，或逻辑关系为"有 **1** 出 **1**，全 **0** 出 **0**"，A、B 两个输入变量有 4 种可能情况，应满足以下的运算规则。

$$0 + 0 = 0$$
$$0 + 1 = 1$$
$$1 + 0 = 1$$
$$1 + 1 = 1$$

表 7-4　或逻辑真值表

输入		输出
A	B	Y
0	0	0
0	1	1
1	0	1
1	1	1

（2）或门电路　图 7-11（a）所示为二极管组成的或门电路，图中 A、B 为输入端，Y 为输出端。显然只要输入端有一处为高电平，则与该输入端相连的二极管就导通，使输出 Y 为高电平。图 7-11（b）所示为或门的电气图形符号。

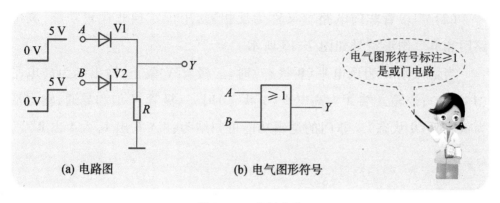

(a) 电路图　　　　　(b) 电气图形符号

图 7-11　或门电路

3. 非逻辑门

（1）非逻辑关系　非逻辑关系可用图 7-12 所示的电路来说明,开关 A 与指示灯 Y 并联,开关闭合时灯灭,开关断开时灯亮,这里开关的闭合与灯不亮的关系就是逻辑非,即"事情的结果和条件总是呈相反状态"。非逻辑函数表达式为

$$Y = \overline{A} \qquad\qquad (7-5)$$

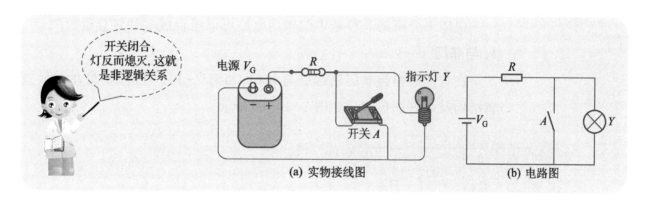

(a) 实物接线图　　　　　　　　　(b) 电路图

图 7-12　非逻辑实例

非逻辑的真值表见表 7-5。

表 7-5　非逻辑真值表

输入 A	输出 Y
1	0
0	1

非逻辑的运算规则为

$$\overline{1} = 0$$

$$\overline{0} = 1$$

（2）三极管非门电路 又称为反相器,用于实现非逻辑功能,其电路图和电气图形符号如图 7-13 所示。

当输入端 A 为低电平(**0 状态**)时,三极管 V 截止,输出端为高电平(**1 状态**);当输入端 A 为高电平(**1 状态**)时,三极管 V 饱和导通,输出端为低电平(**0 状态**)。非门的逻辑功能可归纳为:"**入 0 出 1,入 1 出 0**"。

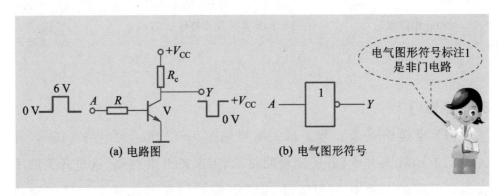

图 7-13 非门电路

7.3.2 复合逻辑门

由以上介绍的 3 种基本逻辑门电路可以组合成多种复合逻辑门。

1. 与非门

在与门后串接非门就构成与非门,如图 7-14(a)所示,与非门的逻辑结构及电气图形符号如图 7-14(b)所示。

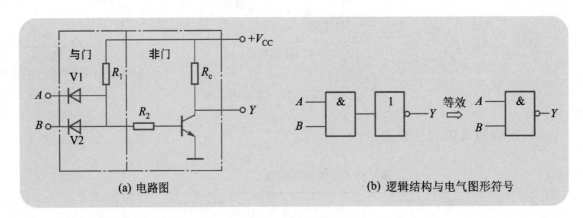

图 7-14 与非门

与非门的逻辑函数表达式为

$$Y = \overline{AB} \tag{7-6}$$

根据上式得出与非门的真值表,见表 7-6,其逻辑功能可归纳为"**有 0 出 1,全 1 出 0**"。

　　　　　　　　　　　　　　项目 7　数字信号与逻辑电路的认识

表 7-6　与非门真值表

输入		输出
A	B	Y
0	0	1
0	1	1
1	0	1
1	1	0

2. 或非门

在或门后串联非门就构成或非门,如图 7-15 所示。

或非门的逻辑函数表达式为

$$Y=\overline{A+B} \tag{7-7}$$

根据上式得出或非门的真值表,见表 7-7,其逻辑功能可归纳为"有 **1** 出 **0**,全 **0** 出 **1**"。

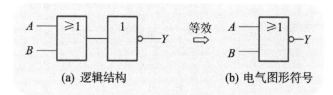

(a) 逻辑结构　　　(b) 电气图形符号

图 7-15　或非门

表 7-7　**或非门真值表**

输入		输出
A	B	Y
0	0	1
0	1	0
1	0	0
1	1	0

3. 与或非门

与或非门一般由两个或多个与门和一个或门,再和一个非门串联而成,其逻辑结构图与电气图形符号如图 7-16 所示。与或非的逻辑关系是,输入端分别先与,然后再或,最后是非。与或非门的逻辑函数表达式为

$$Y=\overline{AB+CD} \tag{7-8}$$

根据上式得出**与或非门**的真值表,见表 7-8,其逻辑功能为:当输入端的任何一组全 **1** 时,输出为 **0**;任何一组输入都至少有一个为 **0** 时,输出端才能为 **1**。

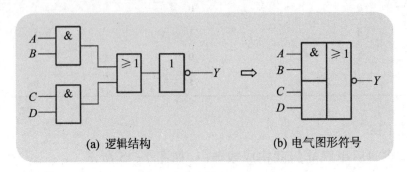

(a) 逻辑结构   (b) 电气图形符号

图 7-16   与或非门

表 7-8   与或非门真值表

输入				输出
A	B	C	D	Y
0	0	0	0	1
0	0	0	1	1
0	0	1	0	1
0	0	1	1	0
0	1	0	0	1
0	1	0	1	1
0	1	1	0	1
0	1	1	1	0
1	0	0	0	1
1	0	0	1	1
1	0	1	0	1
1	0	1	1	0
1	1	0	0	0
1	1	0	1	0
1	1	1	0	0
1	1	1	1	0

7.3.3 集成门电路

集成门电路是将逻辑电路的元器件和连线都制作在一块半导体基

片上。

　　集成门电路若是由三极管为主要器件,输入端和输出端都是三极管结构,这种电路称为三极管-三极管逻辑电路,简称 TTL 集成门电路。TTL 集成门电路具有运行速度较高、负载能力较强、工作电压低、工作电流较大等特点。

　　由 P 型和 N 型绝缘栅场效晶体管组成的互补型集成电路,简称 CMOS 集成门电路。CMOS 集成门电路具有集成度高、功耗低和工作电压范围较宽等特点。

1. TTL 集成门电路

　　74 系列集成电路是应用广泛的通用数字逻辑门电路,它包含各种 TTL 集成门电路和其他逻辑功能的电路。

　　(1) 型号的规定　按现行国家标准规定,TTL 集成门电路的型号由五部分构成,现以 CT74LS04CP 为例说明型号意义。

| C | T | 74LS04 | C | P |

　　第一部分是字母 C,表示符合中国国家标准。

　　第二部分表示器件的类型,T 代表 TTL 电路。

　　第三部分是器件系列和品种代号,74 表示国际通用 74 系列,54 表示军用产品系列;LS 表示低功耗肖特基系列,S 表示高速肖特基系列;04 为品种代号。

　　第四部分用字母表示器件工作温度,C 为 0~70 ℃,G 为 -25~70 ℃,L 为 -25~85 ℃,E 为 -40~85 ℃,R 为 -55~85 ℃。

　　第五部分用字母表示器件封装,P 表示塑封双列直插式,J 为黑瓷封装。

　　CT74LS×× 有时简称或简写为 74LS×× 或 LS××。

　　(2) 引脚识读　TTL 集成门电路通常是双列直插式外形。根据功能不同,有 8~24 个引脚,引脚编号判读方法是把凹槽标志置于左方,引脚向下,逆时针自下而上顺序排列,如图 7-17 所示。例如 74LS00 为四 2 输入与非门,内含有 4 个与非门,每个与非门有 2 个输入端,其引脚排列如图 7-18 所示。

集成与非门功能测试

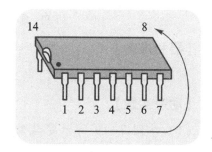

图 7-17　集成门电路引脚排列

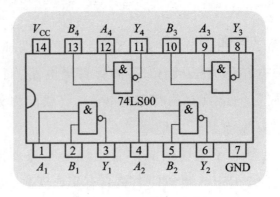

图 7-18　74LS00 引脚排列

应用提示

▶ TTL 集成门电路的功耗较大,且电源电压必须保证在 $+4.75 \sim +5.25$ V 的范围内才能正常工作,为避免电池电压下降影响电路正常工作,建议使用稳压电源供电。

▶ TTL 集成门电路的电源的正负极性不允许接错,否则可能造成器件的损坏。

▶ 为防止干扰,增加工作的稳定性,TTL 集成门电路若有不使用的多余输入端一般不能悬空。**与非门**多余端应将其接至固定的高电平,**或门和或非门**多余端应将其接地。

▶ 在电源接通的情况下,不可插拔集成电路,以避免电流冲击造成永久损坏。

▶ TTL 集成电路的输入端不能直接与高于 $+5.5$ V 或低于 -0.5 V 的低内阻电源连接,否则可能会损坏器件。

▶ TTL 集成电路的输出端不允许与正电源或地端短路,必须通过电阻与正电源或地端连接。

做中学

TTL 集成门电路小实验

【器材准备】

直流电源(6 V)、集成门电路(74LS32P)等电子套件。

【动手实践】

(1) 按图 7-19 所示安装实验电路。

(2) 根据表 7-9 设置 74LS32P 输入端 A、B 的电位,观测输出端绿色发光二极管亮、暗情况。

　　　　　　　　　　　　　　　　　　　　　项目 7　数字信号与逻辑电路的认识

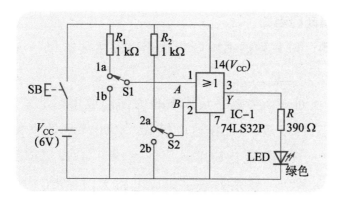

图 7-19　TTL 集成门电路实验

（3）填写真值表,分析该门电路的逻辑功能。

表 7-9　真　值　表

输入		输出
A	B	Y
0	0	
0	1	
1	0	
1	1	

（3）常用 TTL 集成门电路　应用较多的 74LS 系列集成门电路的型号及其功能见表 7-10。

表 7-10　常用的 74LS 系列 TTL 集成门电路

型号	名称	功能
74LS00	四 2 输入与非门	$Y=\overline{AB}$
74LS01	四 2 输入与非门	$Y=\overline{AB}$
74LS02	四 2 输入或非门	$Y=\overline{A+B}$
74LS04	六反相器	$Y=\overline{A}$
74LS08	四 2 输入与门	$Y=AB$
74LS10	三 3 输入与非门	$Y=\overline{ABC}$
74LS11	三 3 输入与门	$Y=ABC$
74LS14	六反相器（施密特触发）	$Y=\overline{A}$
74LS20	双 4 输入与非门	$Y=\overline{ABCD}$
74LS21	双 4 输入与门	$Y=ABCD$
74LS27	三 3 输入或非门	$Y=\overline{A+B+C}$
74LS30	8 输入与非门	$Y=\overline{ABCDEFGH}$
74LS32	四 2 输入或门	$Y=A+B$

2. CMOS 集成门电路

（1）种类　40 系列的 CMOS 集成门电路主要有以下 3 个子系列的产品。

① 4000 系列　该类数字集成电路为国际通用标准系列，其特点是电路功耗很小，价格低，但工作速度较低。4000 系列数字集成电路品种繁多，功能齐全，现仍被广泛应用。

② 40H×× 系列　该系列数字集成电路为国标 CC40H×× 系列，其特点是工作速度较快，但品种较少，引脚功能与同序号的 74 系列 TTL 集成门电路相同。

③ 74HC×× 系列　该系列数字集成电路是目前 CMOS 产品中应用最广泛的品种之一，性能比较优越，功耗低，工作速度快，引脚功能与同序号的 74 系列 TTL 集成门电路相同。

（2）型号的规定　CMOS 集成门电路的型号由五部分构成，现以 CC4066EJ 为例说明型号意义。

$$\boxed{C}\quad\boxed{C}\quad\boxed{4066}\quad\boxed{E}\quad\boxed{J}$$

第一部分是字母 C，表示符合中国国家标准。

第二部分表示器件的类型，C 代表 CMOS 电路。

第三部分是器件系列和品种代号，4066 表示该集成电路为 4000 系列四双向开关电路。

第四部分用字母表示器件工作温度，C 为 0~70 ℃，G 为 -25~70 ℃，L 为 -25~85 ℃，E 为 -40~85 ℃，R 为 -55~85 ℃。

第五部分用字母表示器件封装，P 表示塑封双列直插式，J 为黑瓷封装。

（3）引脚识读　CMOS 集成门电路通常是双列直插式，引脚编号判读方法与 TTL 电路相同。例如，CC4001 是一种常用的四 2 输入或非门，内含 4 个或非门，采用 14 脚双列直插塑料封装，其引脚排列如图 7-20 所示。

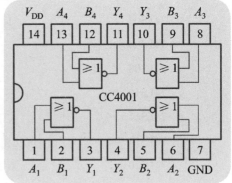

图 7-20　CC4001 引脚排列

（4）常用 CMOS 门电路　常用的 4000 系列 CMOS 集成门电路的型号及其功能见表 7-11。

表 7-11　常用的 4000 系列 CMOS 集成门电路

型号	名称	功能
CC4082	双 4 输入与门	$Y=ABCD$
CC4075	三 3 输入或门	$Y=A+B+C$
CC4011	四 2 输入与非门	$Y=\overline{AB}$
CC4002	双 4 输入或非门	$Y=\overline{A+B+C+D}$
CC4069	六反相器	$Y=\overline{A}$
CC4085	双 2-2 输入与或非门	$Y=\overline{AB+CD}$
CC4012	双 4 输入与非门	$Y=\overline{ABCD}$
CC4070	四异或门	$Y=A\oplus B$
CC4071	四 2 输入或门	$Y=A+B$
CC4072	双 4 输入或门	$Y=A+B+C+D$

应用提示

▶ 以电池为供电电源的数字电路,建议选用 CMOS 集成门电路较为合适,不仅功耗低,且电源电压在 4.75~18 V 的较宽范围内变动均能正常工作。

▶ CMOS 集成电路的电源电压一般为 10 V,电源电压的极性不能接错,不能超过最大极限电压范围,否则会造成器件损坏。

▶ 静电击穿是 CMOS 集成门电路失效的主要原因。平时要用防静电材料存放 CMOS 集成门电路,切不可放在易产生静电的泡沫塑料、塑料袋中。组装及调试时应注意电烙铁、仪表、工作台等良好接地,操作人员的服装和手套应选用防静电的材料制成。

▶ 为防止感应静电干扰或损坏器件,CMOS 集成门电路不使用的多余输入端不能悬空。CMOS 集成门电路的**与门**和**与非门**多余端应接至固定的高电平,**或门**和**或非门**多余端应接地。

▶ 在电源接通的情况下,不可插拔集成电路,以避免造成器件的永久损坏。

▶ CMOS 集成门电路的输出端不允许与正电源或地端短路,必须通过电阻与正电源或地端连接。

▶ 当电路的工作频率较低时,可选用 CMOS 集成门电路;当电路的工作频率较高时(如 1 MHz 以上),建议选用 TTL 集成门电路。这是因为 CMOS 集成门电路会随着工作频率的升高而导致动态功耗的增加。

思考与练习

1. 分别画出 4 输入端的**与门**、**或非门**的电路符号。

223

2. 非门的作用是什么？非门的输入信号与输出信号有什么不同？

3. 什么是真值表？若 A、B、C 为输入端，Y 为输出端，分别列出或门、与非门真值表。

4. 写出图 7-21 中各逻辑电路的输出状态。

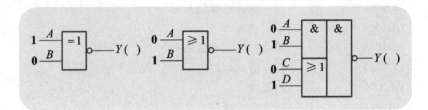

图 7-21　题 4 图

5. 根据输入信号 A、B 的波形，画出图 7-22 所示各逻辑门电路所对应的输出信号 Y 的波形。

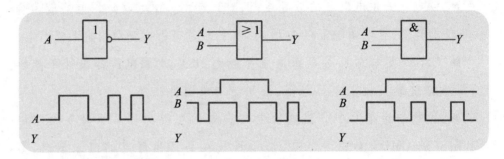

图 7-22　题 5 图

6. 什么是 TTL 集成门电路？TTL 集成门电路不使用的多余输入端应如何处理？

7. 什么是 CMOS 集成门电路？使用 CMOS 集成门电路时应注意什么问题？

实训任务 7.1
基本逻辑电路的功能检测

一、实训目的

1. 对 TTL 集成门电路 74LS00 的逻辑功能进行测试。

2. 对 CMOS 集成门电路 CC4001 的逻辑功能进行测试。

3. 掌握逻辑集成电路多余输入端的处理方法。

二、器材准备

1. 直流稳压电源。

2. 万用表。

3. 集成电路 74LS00 和 CC4001 各一块,引脚功能如图 7-23 所示。

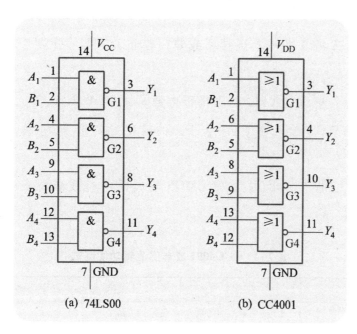

图 7-23 引脚功能

三、实训内容与步骤

1. TTL 与非门功能的简单测试方法

(1) 74LS00 接通 +5 V 电源(14 引脚接电源正极,7 引脚接电源负极)。

(2) 用万用表直流电压挡测与非门输出端电压(3、6、8、11 引脚对地的电压)。输出低电平为 **0** 状态,输出高电平为 **1** 状态。

(3) 74LS00 的输入端通过 1 kΩ 电阻接正电源 $+V_{CC}$ 为逻辑高电平输入,即 **1** 状态;输入端用导线短路至地为逻辑低电平,即 **0** 状态。按表 7-12 要求输入信号,用万用表直流电压挡测出相应的输出逻辑电平,并将结果记录于表 7-12 中。

表 7-12   74LS00 与非门逻辑功能测试

G1 门			G2 门			G3 门			G4 门		
A_1	B_1	Y_1	A_2	B_2	Y_2	A_3	B_3	Y_3	A_4	B_4	Y_4
0	1		0	1		0	1		0	1	
1	0		1	0		1	0		1	0	
1	1		1	1		1	1		1	1	
0	0		0	0		0	0		0	0	

2. CMOS 或非门功能测试

（1）CC4001 接通 +10 V 电源（引脚 14 接电源正极，引脚 7 接电源负极）。

（2）用万用表直流电压挡测或非门输出端电压（引脚 3、4、10、11 对地电压）。

（3）输入端通过 1 kΩ 电阻接正电源 +V_{DD} 为 1 状态，输入端接地为 0 状态。按表 7-13 输入信号，测出相应的输出逻辑电平，并将结果记录于表 7-13 中。

为了防止损坏元器件，注意 CMOS 集成门电路或非门多余输入端不可悬空，应接地。

表 7-13　CC4001 或非门逻辑功能测试

G1 门			G2 门			G3 门			G4 门		
A_1	B_1	Y_1	A_2	B_2	Y_2	A_3	B_3	Y_3	A_4	B_4	Y_4
0	1		0	1		0	1		0	1	
1	0		1	0		1	0		1	0	
1	1		1	1		1	1		1	1	
0	0		0	0		0	0		0	0	

四、技能评价

"基本逻辑电路的功能检测"实训任务评价表见表 7-14。

表 7-14　"基本逻辑电路的功能检测"实训任务评价表

项目	考核内容	配分	评分标准	得分
集成电路的识别	1. 集成电路型号的识读 2. 了解集成电路引脚功能	30 分	1. 不能识读集成电路的型号，每个扣 5 分 2. 不了解集成电路的引脚功能，每个扣 5 分	
集成电路的测试	1. 电源的接法 2. 与非门逻辑功能的测试 3. 或非门逻辑功能的测试	60 分	1. 不能正确搭接测试电路，扣 10 分 2. 万用表使用不当，每次扣 5 分 3. 输入、输出逻辑电平测量错误，每处扣 5 分	

项目	考核内容	配分	评分标准	得分
安全文明操作	1. 遵守安全操作规程 2. 工作台上工具摆放整齐	10 分	1. 违反安全文明操作规程,扣5 分 2. 工作台表面不整洁,扣 5 分 3. 集成电路丢失或损坏,扣5 分	
合计		100 分	以上各项配分扣完为止	

五、问题讨论

1. 如何检测与非门集成电路质量的好坏?

2. TTL、CMOS 集成门电路的多余输入端应怎样处理?

*7.4 逻辑代数

学习目标

★ 掌握逻辑代数中的基本运算法则。

★ 了解逻辑函数的公式化简方法在实际工作中的应用。

逻辑代数是 1847 年由英国数学家乔治·布尔(George Boole)首先创立的,所以人们通常又称逻辑代数为布尔代数。逻辑代数与普通代数有着不同概念,逻辑代数表示的不是数的大小之间的关系,而是逻辑的关系,它仅有 **0**、**1** 两种状态。逻辑代数是分析和设计数字电路的数学基础,它有一些基本的运算定律,应用这些定律可以把一些复杂的逻辑函数式化简。在数字电路中,是由逻辑门电路来实现一定的逻辑功能,逻辑函数的简化就意味着实现该功能的电路简化,能用比较少的门电路实现相同的逻辑功能,不仅有利于节省器件,而且还可提高工作的可靠性。

7.4.1 逻辑代数运算法则

1. 逻辑代数的基本公式

逻辑代数有与普通代数类似的交换律、结合律和分配律等基本运算法则,还有其自身特有的规律。表 7-15 列出了逻辑代数的基本公式。

表 7-15　逻辑代数的基本公式

公式名称	公式	
0,1 律	$A \cdot 0 = 0$	$A + 1 = 1$
自等律	$A \cdot 1 = A$	$A + 0 = A$
重叠律	$A \cdot A = A$	$A + A = A$
互补律	$A \cdot \overline{A} = 0$	$A + \overline{A} = 1$
交换律	$A \cdot B = B \cdot A$	$A + B = B + A$
还原律	$\overline{\overline{A}} = A$	
结合律	$A \cdot (B \cdot C) = (A \cdot B) \cdot C$	$A + (B + C) = (A + B) + C$
分配律	$A \cdot (B + C) = A \cdot B + A \cdot C$	$A + B \cdot C = (A + B)(A + C)$
吸收律	$(A + B)(A + \overline{B}) = A$	$A \cdot B + A \cdot \overline{B} = A$
反演律（摩根定律）	$\overline{A + B + C} = \overline{A} \cdot \overline{B} \cdot \overline{C}$	$\overline{A \cdot B \cdot C} = \overline{A} + \overline{B} + \overline{C}$

反演律可由表 7-16 所示的真值表进行验证。

表 7-16　$\overline{A + B} = \overline{A} \cdot \overline{B}$ 真值表

输入		输出	
A	B	$\overline{A + B}$	$\overline{A} \cdot \overline{B}$
0	**0**	**1**	**1**
0	**1**	**0**	**0**
1	**0**	**0**	**0**
1	**1**	**0**	**0**
结论	$\overline{A + B} = \overline{A} \cdot \overline{B}$，反演律关系成立		

2. 常用公式

公式 1　　　　　　　　　$AB + A\overline{B} = A$　　　　　　　　　　（7-9）

证明：　$AB + A\overline{B} \xrightarrow{\text{分配律}} A(B + \overline{B}) \xrightarrow{\text{互补律}} A \cdot 1 \xrightarrow{\text{自等律}} A$

公式 2　　　　　　　　　$A + AB = A$　　　　　　　　　　（7-10）

证明：$A + AB \xrightarrow{\text{0,1 律}} A \cdot 1 + A \cdot B \xrightarrow{\text{分配律}} A(1 + B) \xrightarrow{\text{0,1 律}} A$

公式 3　　　　　　　　　$A + \overline{A}B = A + B$　　　　　　　　（7-11）

证明：$A + \overline{A}B \xrightarrow{\text{公式 2}} A + AB + \overline{A}B \xrightarrow{\text{分配律}} A + (A + \overline{A})B \xrightarrow{\text{互补律}} A + B$

公式 4　　　　　　　　$AB + \overline{A}C + BC = AB + \overline{A}C$　　　　　　（7-12）

证明：$AB + \overline{A}C + BC \xrightarrow{\text{互补律}} AB + \overline{A}C + (A + \overline{A})BC \xrightarrow{\text{分配律}} AB + \overline{A}C + ABC + \overline{A}BC \xrightarrow{\text{公式 2}} AB + \overline{A}C$

公式 4 中，BC 项中的因子 B 和 C 分别包含在 AB 和 $\overline{A}C$ 乘积项中，且这两个乘积中一个包含了变量 A，而另一个包含反变量 $\overline{A}$，则 BC 项是多余的。

7.4.2 逻辑函数的公式化简法

同一个逻辑函数的表达式可以有不同的形式，有简有繁，利用逻辑代数定律将其化简为最简式，在用门电路实现该函数功能时才能得到最简单的逻辑电路。如逻辑函数 $Y=\overline{A}B+\overline{A}BC(D+E)$ 经过化简后变为 $Y=\overline{A}B$。显然，按未化简时逻辑函数构成的逻辑电路［如图 7-24（a）所示］较复杂，根据化简后函数构成的逻辑电路［如图 7-24（b）所示］结构就大大简化。

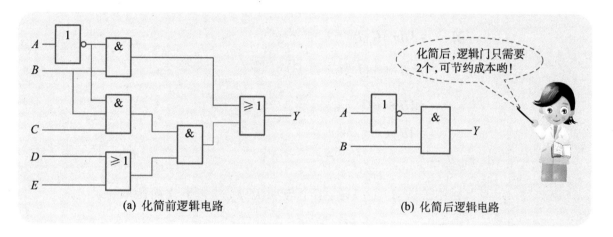

图 7-24　化简前后的逻辑电路

所谓的化简逻辑函数，就是使逻辑函数的与或表达式中所含的或项数及每个与项的变量数为最少。如函数 $Y=AB+\overline{A}C+CD$ 就是属于与或表达式，其或项数为 3 个，与项的变量数为 2 个。

化简后的逻辑函数式应是最简函数式，其标准有两条：一是函数的或项数最少，二是每与项的变量数最少。逻辑函数的化简需掌握一定的技巧，常用的化简方法有以下几种。

1. 并项法

利用公式 $AB+A\overline{B}=A$，把两项合并为一项，并消去一个变量。

例 7-4　化简逻辑函数 $Y=ABC+A\overline{B}C$

解：$Y=ABC+A\overline{B}C$

$\qquad = BC(A+\overline{A})$

$\qquad = BC$

2. 吸收法

利用公式 $A+AB=A$，吸收掉 AB 项。

例 7-5 化简逻辑函数 $Y=A\overline{B}+A\overline{B}C(D+E)$

解：$Y=A\overline{B}+A\overline{B}C(D+E)$

$\quad\quad =A\overline{B}\left[1+C(D+E)\right]$

$\quad\quad =A\overline{B}$

3. 消去法

利用公式 $A+\overline{A}B=A+B$，消去 $\overline{A}B$ 项中的多余因子 $\overline{A}$。

例 7-6 化简逻辑函数 $Y=AB+\overline{A}C+\overline{B}C$

解：$Y=AB+\overline{A}C+\overline{B}C$

$\quad\quad =AB+(\overline{A}+\overline{B})C$

$\quad\quad =AB+\overline{AB}C$

$\quad\quad =AB+C$

4. 配项法

利用公式 $A+\overline{A}=1$，给某个与项配项，进一步化简函数。

例 7-7 化简逻辑函数 $Y=ABC+\overline{A}C+BCD$

解：$Y=ABC+\overline{A}C+BCD$

$\quad\quad =ABC+\overline{A}C+BCD(A+\overline{A})$

$\quad\quad =ABC+\overline{A}C+ABCD+\overline{A}BCD$

$\quad\quad =ABC(1+D)+\overline{A}C(1+BD)$

$\quad\quad =ABC+\overline{A}C$

$\quad\quad =BC+\overline{A}C$

🖱 **思考与练习**

1. 化简逻辑函数的目的是什么？最简逻辑函数的标准是什么？

2. 利用公式证明以下逻辑函数等式成立。

（1）$A+\overline{A}C+CD=A+C$

（2）$A\oplus\overline{B}=AB+\overline{A}\,\overline{B}$

　　　　　　　　　　　　　　　　　　　　项目 7　数字信号与逻辑电路的认识

（3）$AB+BCD+\overline{A}C+\overline{B}C=AB+C$

（4）$\overline{\overline{AB}+\overline{AC}}=A\overline{B}+\overline{A}\overline{C}$

（5）$AB+A\overline{B}+\overline{A}B+\overline{A}\overline{B}=1$

3. 用公式法化简以下逻辑函数。

（1）$Y=A\overline{B}+\overline{A}B+A$

（2）$Y=AB+A\overline{C}+BC+A+\overline{C}$

（3）$Y=\overline{\overline{ABC}}+A+B+C$

（4）$Y=\overline{A}\overline{B}\overline{C}+\overline{A}B\overline{C}$

（5）$Y=A\overline{B}+BD+CD+\overline{A}D$

🏆 项目小结

1. 数字电子技术是有关数字信号的产生、整形、编码、存储、计数和传输的技术。由脉冲组成的数码称为数字信号,脉冲的主要参数有幅度、上升时间、下降时间、脉冲宽度、脉冲周期等。

2. 数制主要有十进制、二进制和十六进制等,在数字电路中主要用二进制数。

3. 基本逻辑门电路有与门、或门、非门 3 种,由基本门组成的复合门有与非门、或非门和与或非门等,它们是构成各种数字电路的基本单元。

4. 目前广泛应用的是数字集成器件,主要有 TTL 和 CMOS 两大系列,应用时应弄清其基本功能和引脚排列。

5. 逻辑函数的常用表达方法有逻辑函数表达式、真值表、逻辑电路图等方法。化简逻辑函数有利于电路的简化,可减少器件和提高工作可靠性。

📝 自我测评

一、判断题

1. 在数字电路中,高电平的电位为 1 V,低电平的电位为 0 V。（   ）

2. 用 4 位二进制数码来表示 1 位十进制数的编码称为 BCD 码。

（   ）

3. 在非门电路中,输入为高电平时,输出则为低电平。（   ）

4. 与运算中,输入信号与输出信号的关系是"有**1**出**1**,全**0**出**0**"。

                                                          (   )

5. 逻辑代数式 $A+1=A$。   (   )

二、填空题

1. 在数字信号中,若规定高电平用逻辑 **1** 表示,低电平用逻辑 **0** 表示,称为_____逻辑。

2. 脉冲幅值 V_m 表示_____,其值等于脉冲_____至脉冲_____之间的电位差。脉冲周期 T 的倒数为脉冲的_____。

3. 二进制数 **1101** 转换为十进制数为_____,将十进制数 28 用 8421BCD 码表示,应写为_____。十六进制数 3AD 转换为十进制数为_____。

4. 基本逻辑门电路有_____、_____、_____ 3 种。

5. 数字集成电路按组成的元器件不同,可分为_____和_____两大类。

6. 摩根定律表示式为 $\overline{A+B}=$_____,$\overline{AB}=$_____。

7. 当逻辑电路的工作频率较低时,可选用_____集成电路;当逻辑电路的工作频率较高时,建议选用_____电路。

8. 并项法公式 $AB+A\overline{B}=$_____,消去法公式 $A+\overline{A}B=$_____。

三、选择题

1. 将二进制数 $(1110100)_2$ 转换成十进制数是_____。

A. 116   B. 74

C. 110   D. 68

2. 将 $(58.7)_{10}$ 转换成 8421BCD 码是_____。

A. **0110110. 101**   B. **0011110. 1100**

C. **01011000. 011**   D. **0011001. 0111**

3. 下列算式中,不属于逻辑运算的是_____。

A. $1+1=10$ B. $1+1=1$

C. $1+A=1$ D. $1+0=1$

4. 下列逻辑门电路中,能实现"有 **0** 出 **1**,全 **1** 出 **0**"逻辑功能的是_____。

A. 与   B. 与非

C. 非   D. 或非

5. $Y=A+B+C$ 表示的是_____的逻辑函数式。

A. 与门　　　　　　　　　　B. 或门

C. 与或门　　　　　　　　　D. 或非门

四、化简题

用公式法化简以下逻辑函数

1. $Y=AB+\overline{A}\,\overline{C}+B\overline{C}$

2. $Y=AB+A\overline{B}+\overline{A}C$

3. $Y=\overline{\overline{AB(B+C)}A}$

五、作图题

1. 画出符合函数 $Y=\overline{A}C+B\overline{C}$ 的逻辑电路图。

2. 采用与非门集成电路 74LS00（如图 7-25 所示）实现 $Y=\overline{\overline{AB}\cdot\overline{CD}}$，使用 5 V 的稳压电源，试画出集成电路引脚的接线图。

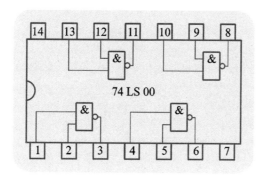

图 7-25　作图题 2 图

项目 组合逻辑电路的认识及应用

项目描述

    组合逻辑电路是由与门、或门、与非门、或非门等几种逻辑电路组合而成的，它的基本特点是：输出状态仅取决于该时刻的输入信号，与输入信号作用前的电路状态无关。

    本项目实训的主要任务是完成 3 人表决器、编译码显示电路的安装。在本项目的相关知识方面要求为：熟悉组合逻辑电路的类型，了解编码器、译码器及数码显示器的基本工作原理和逻辑功能；本项目技能方面的要求为：能识别常用组合逻辑集成电路（编码器、译码器）的类型、型号和引脚，能按工艺要求组装组合逻辑应用电路，能检验电路的功能和检修典型故障。

8.1 组合逻辑电路的基本知识

学习目标
★ 理解组合逻辑电路的读图方法和步骤。
★ 了解组合逻辑电路的类型。
★ 了解组合逻辑电路的设计思路和一般步骤。

8.1.1 组合逻辑电路的读图方法

组合逻辑电路的读图是学好数字电路的重要环节,只有看懂理解电路图,才能明确电路的基本功能,进而才能对电路进行应用、测试和维修。组合逻辑电路的读图一般按图8-1所示的步骤进行。

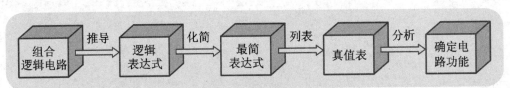

图8-1　组合逻辑电路的读图步骤

（1）列逻辑函数表达式　根据给定的逻辑原理电路图,由输入到输出逐级推导出输出逻辑函数表达式。

（2）化简表达式　对所得到的表达式进行化简和变换,得到最简式。

（3）确定逻辑功能　依据简化的逻辑函数表达式列出真值表,根据真值表分析、确定电路所完成的逻辑功能。

例8-1　分析图8-2所示电路的逻辑功能。

解:第一步,根据电路逐级写出逻辑函数表达式。

$$Y_1 = \overline{ABC}$$

$$Y_2 = AY_1 = A\overline{ABC}$$

$$Y_3 = BY_1 = B\overline{ABC}$$

$$Y_4 = CY_1 = C\overline{ABC}$$

$$Y = \overline{Y_2 + Y_3 + Y_4} = \overline{A\overline{ABC} + B\overline{ABC} + C\overline{ABC}}$$

第二步,对逻辑函数表达式进行化简。

$$Y = \overline{A\overline{ABC}} + \overline{B\overline{ABC}} + \overline{C\overline{ABC}} = \overline{(A+B+C)\overline{ABC}} = \overline{\overline{A+B+C}} + ABC$$
$$= \overline{A}\,\overline{B}\,\overline{C} + ABC$$

第三步,由化简逻辑函数表达式列出真值表,见表8-1。

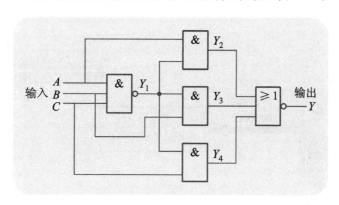

图 8-2　例 8-1 逻辑电路

表 8-1　$Y = \overline{A}\,\overline{B}\,\overline{C} + ABC$ 函数真值表

输入			输出
A	B	C	Y
0	0	0	1
0	0	1	0
0	1	0	0
0	1	1	0
1	0	0	0
1	0	1	0
1	1	0	0
1	1	1	1

第四步,分析确定电路逻辑功能。从真值表可看出:3个输入量 A、B、C 同为 1 或同为 0 时,输出为 1,否则为 0,所以该电路的功能是用来判断输入信号是否相同,相同时输出为 1,不相同时输出为 0,称其为"一致判别电路"。

8.1.2　组合逻辑电路的类型

具体的组合逻辑电路种类非常多,并都已制作成一系列中规模集成电路,常见的有:编码器、译码器、加法器、数值比较器、数据选择器、数据分配器等,这些组合逻辑电路已被广泛应用于数字电子计算机和其他数字系统中,必须熟悉它们的逻辑功能才能灵活应用。

1.编码器

在数字电路中,用若干二进制数码(**0**和**1**)按一定的规律编排成不同的代码,并赋予每个代码以给定的含义,称为编码。用来完成编码工作的电路称为编码器。如图8-3所示,计算机键盘输入的十进制数、字母、符号等信息就是通过编码电路转换为二进制编码的。

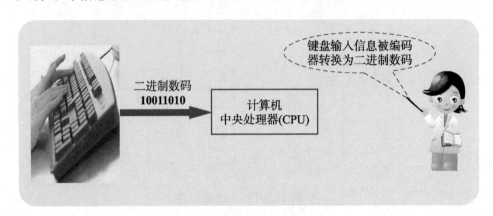

二进制数码
10011010

计算机
中央处理器(CPU)

键盘输入信息被编码
器转换为二进制数码

图8-3 编码器的典型应用

2.译码器

译码器的任务是将代码的特定含义"翻译"出来,将输入的数码变换成所需的信息,如控制信号、显示信号等,它是计算机系统和其他数字电路系统中最常见的一种输出逻辑电路,广泛应用在各类电子显示器、计算机显示器等设备上(如图8-4所示)。

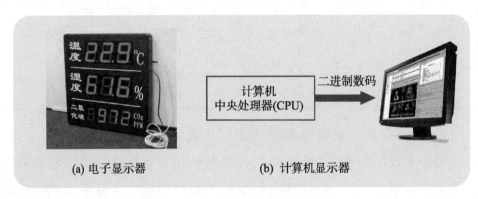

计算机
中央处理器(CPU)

二进制数码

(a) 电子显示器   (b) 计算机显示器

图8-4 译码器的应用

3.加法器

加法器是可进行二进制数加法运算的电路,如图8-5所示。算术运算是数字系统的基本功能,加、减、乘、除等算术运算都可以分解为加法运算来进行,所以实现加法运算的电路——加法器就成为数字系统中最基本的运算单元。加法器分为半加器和全加器。在现代计算机系统中,加法器存在于算术逻辑单元(ALU)之中。

项目8 组合逻辑电路的认识及应用

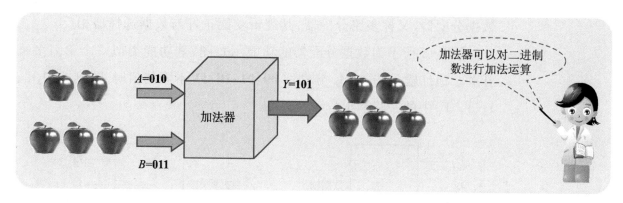

图 8-5　加法器功能示意图

4.数值比较器

日常生活中,常见图 8-6(a)所示的架盘天平,它可用来测量物体的质量或比较两个物体的质量大小。在数字系统中,特别是在计算机中有一种简单的运算就是比较两个数 A 和 B 的大小,图 8-6(b)所示的数值比较器是可以对二进制数据 A、B 进行比较,以判断其大小的逻辑电路。

比较结果为 $A>B$ 时,输出端 $Y_{A>B}$ 输出有效值。

比较结果为 $A<B$ 时,输出端 $Y_{A<B}$ 输出有效值。

比较结果为 $A=B$ 时,输出端 $Y_{A=B}$ 输出有效值。

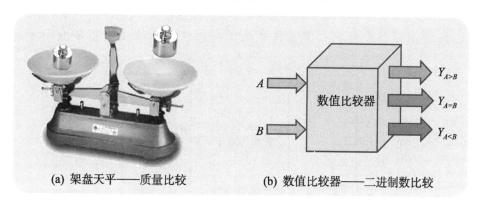

(a) 架盘天平——质量比较　　(b) 数值比较器——二进制数比较

图 8-6　两类比较器

5.数据选择器

在多路数据传送过程中,能够根据需要将其中任意一路选出来的电路,称为数据选择器,也称多路选择器或多路开关。

数据选择器的功能示意图如图 8-7 所示,$D_0 \sim D_3$ 为 4 个通道的数据输入端,Y 为数据输出端。A_0、A_1 为数据地址输入端,A_1、A_0 分别取 **00**、**01**、**10**、**11** 不同的值时,分别对应选中 D_0、D_1、D_2、D_3 中的某一通道的数据传输至输出端。

6.数据分配器

能将输入的数据传送到多个输出端的任何一个输出端的电路,称为数据分配器,又称多路分配器,其逻辑功能正好与数据选择器相反。

图 8-8 所示为数据分配器的功能示意图,其功能类似一个单刀多掷开关。地址输入端 A_1、A_0 分别取 **00**、**01**、**10**、**11** 不同的值时,分别选中 Y_0、Y_1、Y_2、Y_3 中的一路输出。

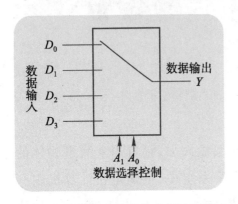

图 8-7 数据选择器的功能示意图

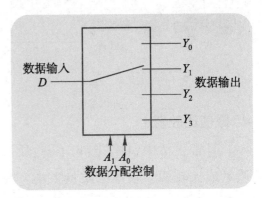

图 8-8 数据分配器的功能示意图

应用提示

在数字系统中,要将多路数据通过传输线进行传送时,为了减少传输线的数目,往往是将多个数据通道共用一条数据传输总线来分时传送信息。数据选择器和数据分配器构成的数据总线传输系统如图 8-9 所示。

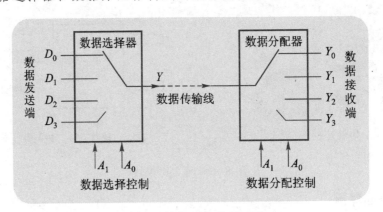

图 8-9 数据总线传输系统

*8.1.3 组合逻辑电路的设计

组合逻辑电路的设计就是根据给定的功能要求,画出实现该功能的逻辑电路。组合逻辑电路的设计步骤为:

(1)根据实际问题确定逻辑变量和逻辑关系,建立真值表。

(2)由真值表写出逻辑函数表达式。

(3)化简逻辑函数表达式。

（4）根据逻辑函数表达式画出由门电路组成的逻辑电路图。

组合逻辑电路的设计步骤如图 8-10 所示，下面以一个具体的例子说明组合逻辑电路的设计思路。

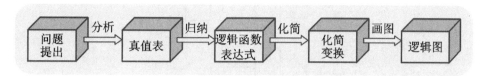

图 8-10　组合逻辑电路的设计步骤

例 8-2　设计 1 个 3 人表决器，3 个表决人分别为 A、B、C，表决同意用 **1** 表示，不同意用 **0** 表示，只有 2 人及 2 人以上同意才能通过。输出 $Y=1$ 表示通过，$Y=0$ 表示不通过。

解：第一步，由逻辑关系列出真值表，见表 8-2。

表 8-2　3 人表决器真值表

输入			输出
A	B	C	Y
0	0	0	0
0	0	1	0
0	1	0	0
0	1	1	1
1	0	0	0
1	0	1	1
1	1	0	1
1	1	1	1

第二步，由真值表写出逻辑函数表达式。

$$Y=\overline{A}BC+A\overline{B}C+AB\overline{C}+ABC$$

第三步，用逻辑公式对上式进行化简。

$$Y=\overline{A}BC+A\overline{B}C+AB\overline{C}+ABC$$

$$=BC(\overline{A}+A)+A\overline{B}C+AB\overline{C}$$

$$=BC+A\overline{B}C+AB\overline{C}$$

$$=AC+BC+AB\overline{C}$$

$$=AC+B(C+A\overline{C})$$

$$=AC+BC+AB$$

$$=\overline{\overline{AC}\cdot\overline{BC}\cdot\overline{AB}}$$

第四步，根据化简表达式画出相应的逻辑电路图，如图 8-11 所示。

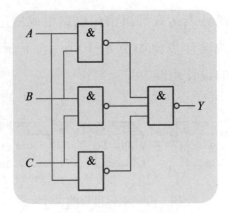

图 8-11 3 人表决器逻辑电路

🖉 **思考与练习**

1. 组合逻辑电路的特点是什么？如何对组合电路进行读图分析？

2. 分析图 8-12 所示电路的逻辑功能，写出逻辑函数表达式（提示：半加器电路）。

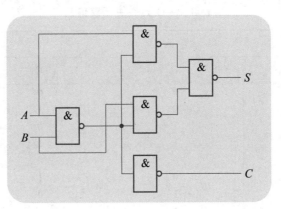

图 8-12 题 2 图

3. 分析图 8-13 所示电路的逻辑功能，写出逻辑函数表达式（提示：一致判别电路）。

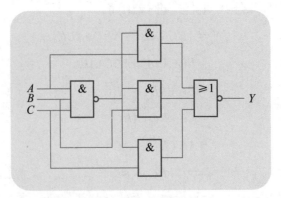

图 8-13 题 3 图

4. 组合逻辑电路的设计应如何进行？

一、 实训目的

1. 熟悉 74LS00 集成电路的引脚功能,学会使用数字集成电路搭接电路。

2. 学会对逻辑电路进行功能检测。

二、 器材准备

1. 直流稳压电源。

2. 万用表。

3. 2 块 74LS00 集成电路(引脚排列如图 7-18 所示)。

4. 按钮开关、电阻器、发光二极管套件(如图 8-14 所示)。

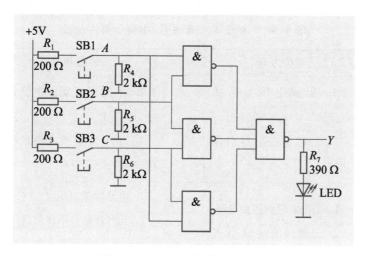

图 8-14　3 人表决器逻辑电路

三、 实训内容与步骤

1. 3 人表决器逻辑电路的制作

将 74LS00 集成电路接成图 8-14 所示的 3 人表决器逻辑电路,接上 +5 V 电源(14 引脚接电源正极,7 引脚接电源负极)。

2. 检测表决器电路的逻辑功能

按钮开关 SB1、SB2、SB3 按下为 **1** 状态,未按下为 **0** 状态。按表 8-3 要求设置按钮开关的状态,测出相应的输出逻辑电平,并将结果记录于表 8-3 中。

验证表决逻辑电路的功能:输入端 A、B、C 中,若两个以上输入端加高电平,输出为高电平(**1** 态);否则输出为低电平(**0** 态)。

表8-3　3人表决器逻辑电路功能测试

输入			输出
A	B	C	Y
0	0	1	
0	1	0	
0	1	1	
1	0	0	
1	0	1	
1	1	0	
1	1	1	

四、 技能评价

"制作3人表决器"实训任务评价表见表8-4。

表8-4　"制作3人表决器"实训任务评价表

项目	考核内容	配分	评分标准	得分
集成电路的识别	1. 集成电路型号的识读 2. 了解集成电路引脚功能	20分	1. 不能识读集成电路的型号,扣5分 2. 不了解集成电路的引脚功能,扣5分	
电路安装	1. 根据原理图搭接电路 2. 元器件的整形、焊点质量 3. 电路板的整体布局	50分	1. 电路接错,每处扣5分 2. 元器件装接不规范,每处扣2分 3. 电路板的布局不合理,扣2~5分	
功能测试	表决器的功能验证	20分	1. 电路的逻辑功能不能实现,扣10分 2. 验证方法不正确,扣5分	
安全文明操作	1. 遵守安全操作规程 2. 工作台上工具摆放整齐 3. 元器件的使用与保管	10分	1. 违反安全文明操作规程,扣5分 2. 工作台表面不整洁,扣5分 3. 集成电路丢失或损坏,扣5分	
合计		100分	以上各项配分扣完为止	

1. 本实训如何用 2 输入端的与非门来搭接成 3 输入端的与非门?

2. 如何将与非门当作非门来使用?

8.2 编码器

学习目标

★ 了解编码器的基本功能。

★ 了解二进制、二–十进制集成编码器的引脚功能。

★ 掌握优先编码器 74LS147 的引脚功能及应用方法。

在数字电路中,经常要把输入的各种信号(例如十进制数、文字、符号等)转换成若干位二进制码,这种转换过程称为编码。能够完成编码功能的组合逻辑电路称为编码器,常见的有二进制编码器、二–十进制编码器等。

8.2.1 二进制编码器

能够将各种输入信息编成二进制代码的电路称为二进制编码器。

图 8-15 所示为 3 位二进制编码器示意图。I_0、I_1、I_2、$\cdots$、I_7 表示 8 路输入,分别代表十进制数 0、1、2、$\cdots$、7 的 8 个数字。编码器的输出是 3 位二进制代码,用 Y_0、Y_1、Y_2 表示。编码器在任何时刻只能对 0、1、2、$\cdots$、7 中的一个输入信号进行编码,不允许同时输入两个 **1**。由此得出编码器的真值表,见表 8-5。

从真值表可以写出逻辑函数表达式

$$Y_2 = I_4 + I_5 + I_6 + I_7$$

$$Y_1 = I_2 + I_3 + I_6 + I_7$$

$$Y_0 = I_1 + I_3 + I_5 + I_7$$

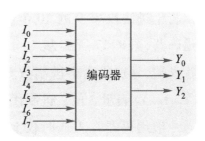

图 8-15 3 位二进制编码器示意图

表 8-5 3 位二进制编码器真值表

十进制数	输入								输出		
	I_7	I_6	I_5	I_4	I_3	I_2	I_1	I_0	Y_2	Y_1	Y_0
0	0	0	0	0	0	0	0	1	0	0	0
1	0	0	0	0	0	0	1	0	0	0	1
2	0	0	0	0	0	1	0	0	0	1	0

十进制数	输入								输出		
	I_7	I_6	I_5	I_4	I_3	I_2	I_1	I_0	Y_2	Y_1	Y_0
3	0	0	0	0	1	0	0	0	0	1	1
4	0	0	0	1	0	0	0	0	1	0	0
5	0	0	1	0	0	0	0	0	1	0	1
6	0	1	0	0	0	0	0	0	1	1	0
7	1	0	0	0	0	0	0	0	1	1	1

  根据逻辑函数表达式可画出**或**门组成的 3 位二进制编码器的电路图,如图 8-16 所示,在图中 I_0 的编码是隐含的,当 $I_1 \sim I_7$ 均为 **0** 时,电路输出就是 I_0 的编码。

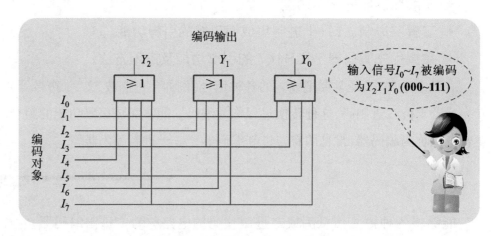

二-十进制编码器

图 8-16　3 位二进制编码器逻辑图

8.2.2　二-十进制编码器

  将十进制数 0~9 的 10 个数字编成二进制代码的电路,称为二-十进制编码器,图 8-17 所示为二-十进制编码器示意图,I_0、I_1、I_2、$\cdots$、I_9 表示 10 个输入端,分别代表十进制数 0、1、2、$\cdots$、9 的 10 个数字。编码器的输出 Y_0、Y_1、Y_2、Y_3 表示 4 位二进制代码,8421BCD 编码器的真值表见表 8-6。

  一般编码器在工作时仅允许一个输入端输入有效信号,如有两个或两个以上信号同时输入,则编码器输出就会出错。优先编码器则不同,在同时输入两个或两个以上信号时,只对优先级别高的输入信号进行编码,优先级别低的信号则不起作用。

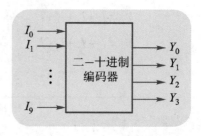

图 8-17　二-十进制编码器
示意图

表 8-6　8421BCD 编码器真值表

十进制数	输入										输出			
	I_9	I_8	I_7	I_6	I_5	I_4	I_3	I_2	I_1	I_0	Y_3	Y_2	Y_1	Y_0
0	0	0	0	0	0	0	0	0	0	1	0	0	0	0
1	0	0	0	0	0	0	0	0	1	0	0	0	0	1
2	0	0	0	0	0	0	0	1	0	0	0	0	1	0
3	0	0	0	0	0	0	1	0	0	0	0	0	1	1
4	0	0	0	0	0	1	0	0	0	0	0	1	0	0
5	0	0	0	0	1	0	0	0	0	0	0	1	0	1
6	0	0	0	1	0	0	0	0	0	0	0	1	1	0
7	0	0	1	0	0	0	0	0	0	0	0	1	1	1
8	0	1	0	0	0	0	0	0	0	0	1	0	0	0
9	1	0	0	0	0	0	0	0	0	0	1	0	0	1

74LS147 是一种常用的 8421BCD 码集成优先编码器,图 8-18 所示为该编码器集成电路的外形和引脚功能,它有 $\overline{I}_1$、$\overline{I}_2$、$\cdots$、$\overline{I}_9$ 的 9 个输入端,有 $\overline{Y}_0$、$\overline{Y}_1$、$\overline{Y}_2$、$\overline{Y}_3$ 的 4 位 BCD 码输出。74LS147 输入端、输出端均为低电平有效,即 **0** 表示有信号,**1** 表示无信号。

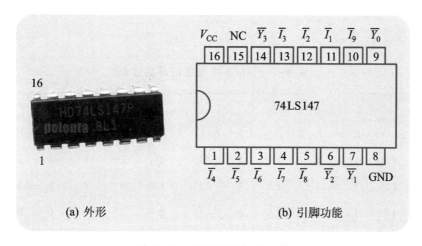

图 8-18　74LS147 集成电路

🔧 **做中学**

集成编码电路 74LS147 功能测试

【器材准备】

直流电源(5 V)、集成编码电路(74LS147)、逻辑电平选择开关、发光二极管、电阻器(元器件如图 8-19 所示)。

【动手实践】

（1）按图 8-19 所示搭接功能测试电路。

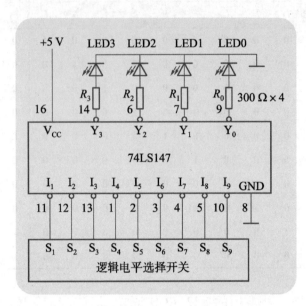

图 8-19　集成编码电路 74LS147 功能测试电路

（2）根据表 8-7 所列输入状态逐行观测其编码器的输出状态，验证其基本功能。验证时用逻辑电平选择开关设置输入状态，观察对应的输出发光二极管状态，发光二极管亮为 **1** 状态，暗为 **0** 状态，注意表中的"×"为任意状态。

表 8-7　74LS147 集成电路真值表

输入									输出			
$\overline{I_9}$	$\overline{I_8}$	$\overline{I_7}$	$\overline{I_6}$	$\overline{I_5}$	$\overline{I_4}$	$\overline{I_3}$	$\overline{I_2}$	$\overline{I_1}$	$\overline{Y_3}$	$\overline{Y_2}$	$\overline{Y_1}$	$\overline{Y_0}$
1	1	1	1	1	1	1	1	1	1	1	1	1
1	1	1	1	1	1	1	1	0	1	1	1	0
1	1	1	1	1	1	1	0	×	1	1	0	1
1	1	1	1	1	1	0	×	×	1	1	0	0
1	1	1	1	1	0	×	×	×	1	0	1	1
1	1	1	1	0	×	×	×	×	1	0	1	0
1	1	1	0	×	×	×	×	×	1	0	0	1
1	1	0	×	×	×	×	×	×	1	0	0	0
1	0	×	×	×	×	×	×	×	0	1	1	1
0	×	×	×	×	×	×	×	×	0	1	1	0

根据表 8-7 可知,74LS147 优先编码器在输入为十进制数 9 时,$\overline{I}_9$ 为 **0**,则不管其余 $\overline{I}_1 \sim \overline{I}_8$ 有无信号,均按 $\overline{I}_9$ 输入编码,编码器输出为 9 的 8421BCD 码的反码,即 $\overline{Y}_3\overline{Y}_2\overline{Y}_1\overline{Y}_0 = \mathbf{0110}$。由于 $\overline{I}_0 \sim \overline{I}_8$ 有无信号均不影响编码,所以用"×"表示 **0** 或 **1** 任意情况。74LS147 优先编码器中,$\overline{I}_9$ 为最高优先级,其余输入优先级依次为 $\overline{I}_8$、$\overline{I}_7$、$\overline{I}_6$、$\overline{I}_5$、$\overline{I}_4$、$\overline{I}_3$、$\overline{I}_2$、$\overline{I}_1$。

阅读

我国电子信息制造业快速发展

电子信息制造业是国民经济的战略性、基础性、先导性产业,规模总量大、产业链条长、涉及领域广,是稳定工业经济增长、维护国家政治经济安全的重要领域。

党的十八大以来,我国电子信息制造业规模效益稳步增长,创新能力持续增强,企业实力不断提升,行业应用持续深入,对工业经济发展起到重要支撑作用。工业和信息化部数据显示,从 2012 年到 2021 年,我国电子信息制造业增加值年均增速达 11.6%,营业收入从 7 万亿元增长至 14.1 万亿元,在工业中的营业收入占比连续 9 年保持第一,2021 年利润总额达 8 283 亿元。

其中,我国消费电子产销规模均居世界第一,是消费电子产品的全球重要制造基地,全球主要的电子生产和代工企业大多数在我国设立制造基地和研发中心。全球约 80% 的个人计算机、65% 以上的智能手机和彩电在我国生产,创造直接就业岗位约 400 万人,相关配套产业从业人员超千万。

此外,我国集成电路产业规模也在不断壮大。2021 年国内集成电路全行业销售额首次突破万亿元,2018—2021 年复合增长率为 17%,是同期全球增速的 3 倍多。

应用实例

图 8-20 所示的电风扇遥控器、无人机的红外遥控发射器中都有编码电路存在。

遥控器主要由发射器和接收器两部分所组成(如图 8-21 所示),它根据按键要求编码,产生不同的二进制代码作为控制信号,然后用这些二进制代码信号调制高频载波,这些已调波经红外管发射出去,到达接收器后被译码电路识别而作用于受控电路。

(a) 电风扇遥控　　　　　　(b) 无人机遥控

图 8-20　编码电路应用于遥控电路中

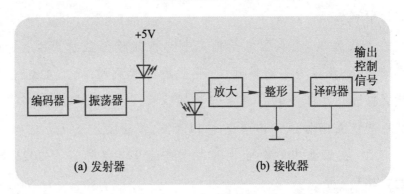

(a) 发射器　　　　　　(b) 接收器

图 8-21　遥控器组成框图

目前常见的遥控器是将编码器、载波发生器(振荡器)及其调制电路集成在同一芯片上,图 8-22 所示的电风扇遥控发射器电路用了一块集成芯片 LC219,其中就存在编码器部分,该芯片用来完成脉冲编码和产生载波及调制的功能,实现电风扇的遥控换挡控制。

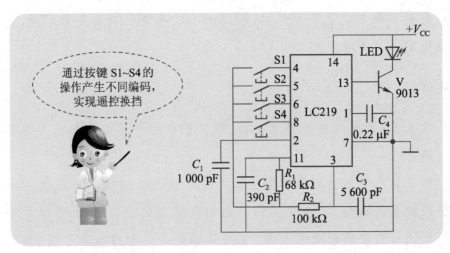

图 8-22　电风扇遥控发射器电路

思考与练习

1. 什么是编码器？

2. 试分析图 8-23 所示编码器的逻辑图,写出逻辑函数表达式与真值表。

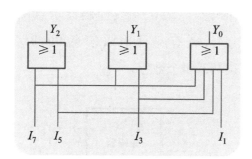

图 8-23 题 2 图

3. 什么是优先编码器？与普通编码器比较其主要优点是什么？

4. 74LS147 集成电路的功能是什么？当输入端 $\overline{I}_2$、$\overline{I}_6$ 同时为 **0** 时,编码器输出是多少？

8.3 译码器

学习目标

★ 了解译码器基本功能。

★ 了解典型集成译码电路的引脚功能、真值表，并能正确使用。

★ 了解数码显示管的基本结构和工作原理。

★ 会搭接数码管显示电路。

译码是编码的逆过程,其功能是把某种代码"翻译"成一个相应的输出信号,例如把编码器产生的二进制码复原为原来的十进制数就是一个典型的应用。目前译码器主要由集成门电路构成,它有多个输入端和输出端,对应输入信号的任一状态,一般仅有一个输出状态有效,而其他输出状态均无效。按照功能不同,译码器可分为通用译码器和显示译码器两大类。

8.3.1 通用译码器

通用译码器常用的有二进制译码器、二-十进制译码器。

1. 二进制译码器

将二进制码翻译成相应的输出信号的电路,称为二进制译码器。二进制译码器分 2 线-4 线译码器、3 线-8 线译码器和 4 线-16 线译码器等。

(1) 2 线-4 线译码器 2 线-4 线译码器示意图如图 8-24 所示,输入为二进制代码 A_0、A_1,可有 4 种输入信息 **00**、**01**、**10**、**11**,4 条输出线 $Y_0 \sim Y_3$ 分别代表 0、1、2、3 四个数字。

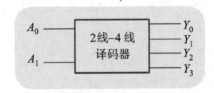

图 8-24 2 线-4 线译码器示意图

常用的 2 线-4 线译码器集成电路型号有 74LS139、74LS539、74LS155、T4139。

(2) 3 线-8 线译码器 常见的 3 线-8 线译码器集成电路型号有 74LS138、54LS138、74LS548、54LS548、T3138、T4138 等,现以 74LS138 集成电路为例介绍 3 线-8 线译码器。

74LS138 的实物外形图及引脚排列如图 8-25 所示,它有 3 条输入线 A_0、A_1、A_2,8 条输出线 $\overline{Y}_0 \sim \overline{Y}_7$,输出低电平时表示有信号,高电平表示无信号。

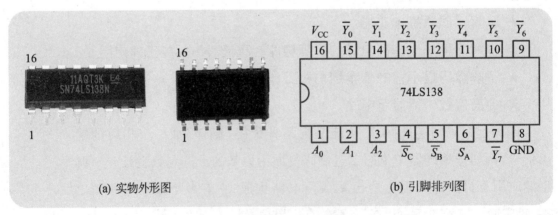

(a) 实物外形图　　　　　　(b) 引脚排列图

图 8-25 74LS138 集成译码器

74LS138 有 S_A、$\overline{S}_B$、$\overline{S}_C$ 3 个使能控制端。当 $S_A = \mathbf{1}$,$\overline{S}_B = \overline{S}_C = \mathbf{0}$ 时,电路处于译码工作状态,$\overline{Y}_0 \sim \overline{Y}_7$ 的输出由输入变量 A_2、A_1、A_0 决定;当 $S_A = \mathbf{0}$ 或 $\overline{S}_B = \mathbf{1}$ 或 $\overline{S}_C = \mathbf{1}$ 时,处于译码禁止状态,即封锁了译码器的

　　　　　　　　　　　　　　　项目 8 组合逻辑电路的认识及应用

输出,所有输出端均为高电平。

做中学

集成译码电路 74LS138 功能测试

【器材准备】

直流电源(+5 V)、集成译码电路(74LS138)、逻辑电平选择开关、逻辑电平输出显示器。

【动手实践】

(1)按图 8-26 所示搭接 74LS138 功能测试电路。

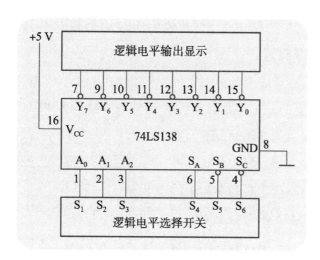

图 8-26　74LS138 功能测试电路

(2)用逻辑电平选择开关设置 $S_A = \mathbf{1}$、$\overline{S}_B = \mathbf{0}$、$\overline{S}_C = \mathbf{0}$,使译码器处于工作状态。

(3)根据表 8-8 所列输入状态逐行观测译码器的输出状态,验证其基本功能。验证时用逻辑电平选择开关设置输入状态,观察对应的输出发光二极管状态,发光二极管亮为 **1** 状态,暗为 **0** 状态。

表 8-8　74LS138 译码器真值表

输入			输出							
A_2	A_1	A_0	$\overline{Y}_0$	$\overline{Y}_1$	$\overline{Y}_2$	$\overline{Y}_3$	$\overline{Y}_4$	$\overline{Y}_5$	$\overline{Y}_6$	$\overline{Y}_7$
0	**0**	**0**	**0**	**1**	**1**	**1**	**1**	**1**	**1**	**1**
0	**0**	**1**	**1**	**0**	**1**	**1**	**1**	**1**	**1**	**1**
0	**1**	**0**	**1**	**1**	**0**	**1**	**1**	**1**	**1**	**1**
0	**1**	**1**	**1**	**1**	**1**	**0**	**1**	**1**	**1**	**1**
1	**0**	**0**	**1**	**1**	**1**	**1**	**0**	**1**	**1**	**1**
1	**0**	**1**	**1**	**1**	**1**	**1**	**1**	**0**	**1**	**1**

输入			输出							
A_2	A_1	A_0	$\overline{Y}_0$	$\overline{Y}_1$	$\overline{Y}_2$	$\overline{Y}_3$	$\overline{Y}_4$	$\overline{Y}_5$	$\overline{Y}_6$	$\overline{Y}_7$
1	1	0	1	1	1	1	1	1	0	1
1	1	1	1	1	1	1	1	1	1	0

根据表 8-8 可知,74LS138 输入为高电平有效,输出为低电平有效。例如,当输入二进制码为 **011**(即 $\overline{A}_2 A_1 A_0$)时,译码器的 $\overline{Y}_0 \sim \overline{Y}_7$ 输出端口中,只有 $\overline{Y}_3$ 端输出为低电平,而其他输出端均为高电平,表示输出为 3;再如,当输入二进制码为 **110**(即 $A_2 A_1 \overline{A}_0$)时,译码器的 $\overline{Y}_0 \sim \overline{Y}_7$ 输出端口中,只有 $\overline{Y}_6$ 端输出为低电平,而其他输出端均为高电平,表示输出为 6。

2. 二-十进制译码器

将 BCD 码翻译成对应的 10 个十进制输出信号的电路称为二-十进制译码器。常用的二-十进制集成译码器有 74LS42、T1042、T4042 等。

图 8-27 所示为 74LS42 译码器的引脚排列。BCD 码是用 4 位二进制数码表示 1 位十进制数,即译码器的输入为 4 位二进制数,因此它有 4 条输入线 A_0、A_1、A_2、A_3;有 10 条输出线 $\overline{Y}_0 \sim \overline{Y}_9$,分别对应于十进制的 10 个数码,输出为低电平有效。

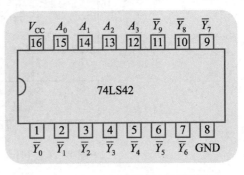

图 8-27 74LS42 译码器的引脚排列

74LS42 集成译码器的真值表见表 8-9。例如,当输入二进制码为 **1001**(即 $A_3 \overline{A}_2 \overline{A}_1 A_0$)时,译码器 $\overline{Y}_0 \sim \overline{Y}_9$ 输出端口中,只有 $\overline{Y}_9$ 端输出为低电平,而其他输出端均为高电平,表示输出为 9。

表 8-9 74LS42 译码器真值表

输入				输出									
A_3	A_2	A_1	A_0	$\overline{Y}_0$	$\overline{Y}_1$	$\overline{Y}_2$	$\overline{Y}_3$	$\overline{Y}_4$	$\overline{Y}_5$	$\overline{Y}_6$	$\overline{Y}_7$	$\overline{Y}_8$	$\overline{Y}_9$
0	0	0	0	0	1	1	1	1	1	1	1	1	1
0	0	0	1	1	0	1	1	1	1	1	1	1	1
0	0	1	0	1	1	0	1	1	1	1	1	1	1
0	0	1	1	1	1	1	0	1	1	1	1	1	1
0	1	0	0	1	1	1	1	0	1	1	1	1	1
0	1	0	1	1	1	1	1	1	0	1	1	1	1
0	1	1	0	1	1	1	1	1	1	0	1	1	1

输入				输出									
A_3	A_2	A_1	A_0	$\overline{Y}_0$	$\overline{Y}_1$	$\overline{Y}_2$	$\overline{Y}_3$	$\overline{Y}_4$	$\overline{Y}_5$	$\overline{Y}_6$	$\overline{Y}_7$	$\overline{Y}_8$	$\overline{Y}_9$
0	1	1	1	1	1	1	1	1	1	1	0	1	1
1	0	0	0	0	1	1	1	1	1	1	1	0	1
1	0	0	1	1	1	1	1	1	1	1	1	1	0
1	0	1	0	1	1	1	1	1	1	1	1	1	1
1	0	1	1	1	1	1	1	1	1	1	1	1	1
1	1	0	0	1	1	1	1	1	1	1	1	1	1
1	1	0	1	1	1	1	1	1	1	1	1	1	1
1	1	1	0	1	1	1	1	1	1	1	1	1	1
1	1	1	1	1	1	1	1	1	1	1	1	1	1

（伪码：对应 1010~1111 六行）

74LS42 集成电路能自动拒绝伪码,当输入为 **1010~1111** 这 6 个超出 9 的无效状态时,输出 $\overline{Y}_0 \sim \overline{Y}_9$ 均为 **1**,译码器拒绝译出。

8.3.2 显示译码器

在数字仪器仪表、数字钟等数字系统中,常需将测量数据和运算结果用十进制数码显示出来,显示译码器的功能是将输入的 BCD 码译成能用于显示器件的十进制数的信号,并驱动显示器显示数字。显示译码器通常由显示译码集成电路和显示器两部分组成,如图 8-28 所示。

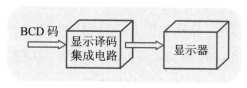

图 8-28 显示译码器的组成

1. 数码显示器

常用的数码显示器有半导体数码管、液晶数码管和荧光数码管等,下面以半导体七段数码管为例,说明显示器的工作原理。

半导体七段数码管实物照片如图 8-29(a)所示,它是将 7 个发光二极管(LED)排列成“日”字形状制成的;如图 8-29(b)所示,发光二极管分别用 a、b、c、d、e、f、g 7 个小写字母代表;一定的发光线段组合,就能显示相应的十进制数字,如图 8-29(c)所示。例如,当 a、b、c 这 3 个发光二极管发光时,就能显示数字“7”。表 8-10 列出了 $a \sim g$ 发光线段的 10 种发光组合情况,分别显示 0~9 十个数字。表中 **1** 表示线段发光,**0** 表示线段不发光。

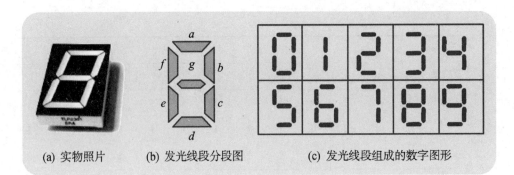

| (a) 实物照片 | (b) 发光线段分段图 | (c) 发光线段组成的数字图形 |

图 8-29　七段数码管

表 8-10　七段显示组合与数字对照表

输入（BCD 码）				输出							显示
A_3	A_2	A_1	A_0	a	b	c	d	e	f	g	数字
0	0	0	0	1	1	1	1	1	1	0	0
0	0	0	1	0	1	1	0	0	0	0	1
0	0	1	0	1	1	0	1	1	0	1	2
0	0	1	1	1	1	1	1	0	0	1	3
0	1	0	0	0	1	1	0	0	1	1	4
0	1	0	1	1	0	1	1	0	1	1	5
0	1	1	0	1	0	1	1	1	1	1	6
0	1	1	1	1	1	1	0	0	0	0	7
1	0	0	0	1	1	1	1	1	1	1	8
1	0	0	1	1	1	1	1	0	1	1	9

半导体数码管的 7 个发光二极管内部接法可分为共阴极和共阳极两种,分别如图 8-30(a)、(b)所示。共阴极接法中各发光二极管的负极相连接地,$a \sim g$ 引脚中,置于高电平的线段发光,控制不同的段发光,可显示 0 ~ 9 不同的数字。共阴极数码管型号主要有 BS201、BS207、LDD580 等。共阳极接法的数码管型号主要有 BS204、BS206、BS211、BS212 等,各发光二极管的正极相连接正电源,$a \sim g$ 引脚中,置于低电平的线段发光。

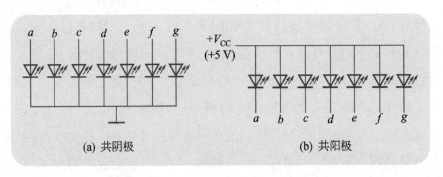

图 8-30　数码管内部的发光二极管电路

　　　　　　　　　　　　　　　　　　　项目 8　组合逻辑电路的认识及应用

有些数码管在右下角还增加一个小数点,成为字形的第 8 段,如 BS202 型数码管,其引脚排列如图 8-31 所示。

2. 显示译码集成电路

显示译码集成电路的作用是将输入端的 4 个 BCD 码译成驱动数码管的信号,显示出相应的十进制数码。显示译码集成电路 CT5449 的外引脚排列如图 8-32 所示,A_0、A_1、A_2、A_3 为 BCD 码的 4 个输入端,Y_a、Y_b、Y_c、Y_d、Y_e、Y_f、Y_g 为七段码的 7 个输出端,与数码管对应的 a、b、c、d、e、f、g 引脚连接,$\overline{BI}$ 为消隐控制端,$\overline{BI}=1$ 时译码器工作;$\overline{BI}=0$ 时显示器七段全部熄灭不工作。V_{CC} 接正电源,工作电源取+5 V;GND 为公共地端,接在电源负极。

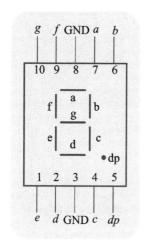

图 8-31　BS202 型数码管引脚图

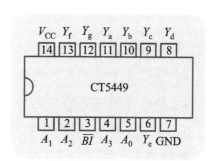

图 8-32　CT5449 外引脚排列图

应用提示

▶ 装接显示译码器时,若出现数码管没有任何显示的故障,应首先检查数码管的公共端有没有漏接线,其次应检查消隐控制端 $\overline{BI}$ 的电平设置是否正确。

▶ 数码管的显示若出现缺段的故障,应首先查显示译码集成电路与数码管的连接是否良好;其次应替换数码管以确定器件是否良好。

▶ 若出现数码管显示偏暗的问题,这通常是电源电压不足或数码管的工作电流偏小引起的,解决的办法是:首先用万用表测工作电压是否偏低,不正常时应排除电源电路的故障;其次可通过适当调小数码管的限流电阻值来提高显示亮度。

思考与练习

1. 什么是译码器? 为什么说译码是编码的逆过程?

2. 共阴极数码管显示数字"3"时，a、b、c、d、e、f、g引脚的电位如何？

3. 七段数码显示管若要显示字母"E""H"，应如何设置发光线段？

4. 若CT5449的A_3、A_2、A_1、A_0端输入8421BCD码**0110**时，数码管显示的数码是什么？

5. 数码管显示数字"8"时，却显示为"0"，试分析故障原因，并说明检修方法。

实训任务 8.2 十进制编码、译码显示电路的安装

一、实训目的

1. 培养自主查找数字集成电路资料的能力。

2. 熟悉常用组合集成电路的功能，并能正确安装电路。

3. 了解编码、译码及显示的过程，以及功能电路之间的连接。

二、器材准备

1. 直流稳压电源。

2. 万用表。

3. 元器件一套。

三、实训内容与步骤

1. 查阅元器件资料

通过上网搜寻、查阅集成电路74LS147、74LS247、CC4069、数码管BS204的相关资料，了解其逻辑功能，获得引脚排列图，阅读集成电路使用说明。

2. 安装电路

按图8-33所示安装电路，注意集成电路的引脚排列方向不要搞反。检查电路连线无误后，接上+5 V电源。

3. 测试

按表8-11设置按钮开关S1~S9的状态，用万用表分别测量编码器输出端$\overline{Y_0}$、$\overline{Y_1}$、$\overline{Y_2}$、$\overline{Y_3}$的电位，将测得的值填入表8-11中，观测并记录数码管的显示数值。

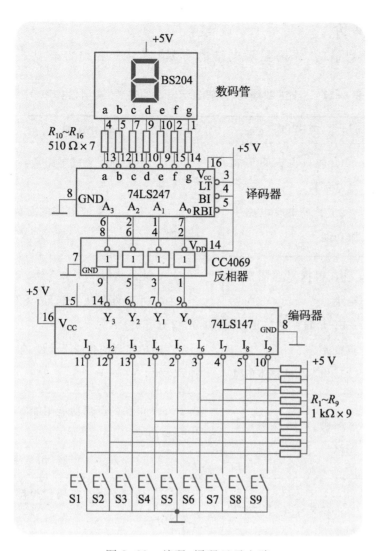

图 8-33 编码、译码显示电路

表 8-11 测 量 记 录

| 按钮开关状态 | | | | | | | | | 编码输出 | | | | 数码管 |
S_9	S_8	S_7	S_6	S_5	S_4	S_3	S_2	S_1	$\overline{Y}_3$	$\overline{Y}_2$	$\overline{Y}_1$	$\overline{Y}_0$	显示
1	1	1	1	1	1	1	1	1					
0	×	×	×	×	×	×	×	×					
1	0	×	×	×	×	×	×	×					
1	1	0	×	×	×	×	×	×					
1	1	1	0	×	×	×	×	×					
1	1	1	1	0	×	×	×	×					
1	1	1	1	1	0	×	×	×					
1	1	1	1	1	1	0	×	×					
1	1	1	1	1	1	1	0	×					
1	1	1	1	1	1	1	1	0					

四、 技能评价

"十进制编码、译码显示电路的安装"实训任务评价表见表 8-12。

表 8-12 "十进制编码、译码显示电路的安装"实训任务评价表

项目	考核内容	配分	评分标准	得分
集成电路的识别	1. 能自主查阅集成电路资料 2. 了解集成电路引脚功能	20分	1. 不会查阅集成电路资料,扣5分 2. 不了解集成电路的引脚功能,扣5分	
电路安装	1. 根据原理图搭接电路 2. 元器件的整形、焊点质量 3. 电路板的整体布局	50分	1. 电路接错,每处扣5分 2. 元器件装接不规范,每处扣2分 3. 电路板的布局不合理,扣2~5分	
功能测试	编码、译码显示功能测试	20分	1. 电路的逻辑功能不能实现,扣10分 2. 验证方法不正确,扣5分	
安全文明操作	1. 遵守安全操作规程 2. 工作台上工具摆放整齐	10分	1. 违反安全文明操作规程,扣5分 2. 工作台表面不整洁,扣5分 3. 集成电路丢失或损坏,扣5分	
合计		100分	以上各项配分扣完为止	

五、 问题讨论

1. 实训电路为什么要加反相集成电路 CC4069?

2. 如果数码发光管的亮度偏暗,应如何调整? 如果数码发光管的亮度太亮,又应如何调整?

📜 项目小结

1. 组合逻辑电路由门电路组成,它的特点是输出仅取决于当前的输入信号,而与以前的状态无关。

2. 组合逻辑电路的读图是根据已知的逻辑电路,找出输出与输入信

号间的逻辑关系，确定电路的逻辑功能。

3. 组合逻辑电路现多采用集成电路来实现，组合逻辑电路种类很多，应用也很广泛。本项目重点介绍了常用编码器、译码器集成电路的功能、引脚排列及应用方法。

4. 编码器的功能是将输入的电平信号编制成二进制代码，常见的有二进制编码器、二-十进制编码器等。

5. 通用译码器的功能是将输入的二进制数码译成相应的输出信号。显示译码器的功能是将输入的 BCD 码译成能用于显示器件的十进制数的信号，并驱动显示器显示数字。

自我测评

一、判断题

1. 组合逻辑电路不具有记忆功能，输出状态仅取决于输入信号。

（　　）

2. 2 位二进制编码器有 4 个输入端，2 个输出端。 （　　）

3. 译码器的功能是将二进制代码还原成给定的信息符号。 （　　）

4. 共阴极接法数码管的各发光二极管的正极相连在一起接地。

（　　）

5. 显示译码器的功能是将输入端的十进制数译成驱动数码管的信号。 （　　）

二、填空题

1. 组合逻辑电路的读图步骤是：（1）根据给定的逻辑电路原理图，由输入到输出逐级推导出＿＿＿＿＿＿＿＿＿；（2）对所得到的表达式进行＿＿＿＿得到最简式；（3）依据简化的逻辑函数表达式列出＿＿＿＿，根据真值表分析、确定电路所完成的＿＿＿＿。

2. 能将含有特定意义的数字、文字、符号等信息转换成若干位二进制码的电路称为＿＿＿＿器。

3. 译码是＿＿＿＿的逆过程，译码器主要分为＿＿＿＿译码器和＿＿＿＿译码器两大类。

4. 常用的数码显示器有＿＿＿＿、＿＿＿＿和＿＿＿＿。

5. 半导体数码管按内部发光二极管的接法不同，可分为＿＿＿＿和＿＿＿＿两种。

6. 译码显示器通常由＿＿＿＿和＿＿＿＿两部分所组成。

7. 二-十进制编码器有_____个输入端,有_____个输出端。

8. 优先编码器 74LSl47 有_____个输出端,对应十进制数 0 而言,所有输入端信号均为_____,输出的 BCD 码是_____。

三、选择题

1. 要将二进制代码转换为十进制数,应选择的电路是_____。

A. 译码器   B. 编码器

C. 加法器   D. 解码器

2. 优先编码器同时有两个输入信号时,是按_____的输入信号编码。

A. 高电平   B. 低电平

C. 高优先级   D. 高频率

3. 2 线-4 线译码器有_____。

A. 2 条输入线,4 条输出线   B. 4 条输入线,2 条输出线

C. 4 条输入线,8 条输出线   D. 8 条输入线,2 条输出线

4. 半导体数码管是由_____排列用于显示数字。

A. 小灯泡   B. 液态晶体

C. 辉光器件   D. 发光二极管

5. 编码器输出的是_____。

A. 十进制数   B. 二进制数

C. 八进制数   D. 十六进制数

四、分析题

1. 写出图 8-34 电路的逻辑表达式,再转换为与非表达式,并画出用与非门构成的该电路的逻辑图。

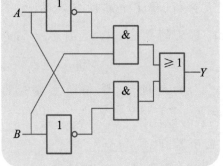

图 8-34　分析题 1 图

2. 逻辑电路如图 8-35 所示,要求:

项目 8　组合逻辑电路的认识及应用

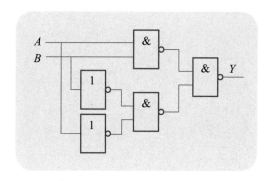

图 8-35　分析题 2 图

（1）写出逻辑函数表达式。

（2）列出真值表。

（3）分析电路功能。

五、作图题

试画出一个低电平有效的七段字形译码器驱动 LED 发光二极管显示的电路。

项目　触发器及其应用电路的制作

项目描述

在数字电路和控制系统中，需要具有记忆和存储功能的逻辑部件，触发器就是组成这类逻辑部件的基本单元。触发器在输入信号消失后，状态就被保持，直到再次输入信号后它的状态才可能变化。

触发器在日常的生产和生活中应用极为广泛，如触摸屏显示器、触控按键洗衣机、电子秤等，如图 9-1 所示。触摸屏显示器也是应用触发器对触发后的状态进行保持。触发器还是构成各类数码存储器、计数器的基本单元电路。

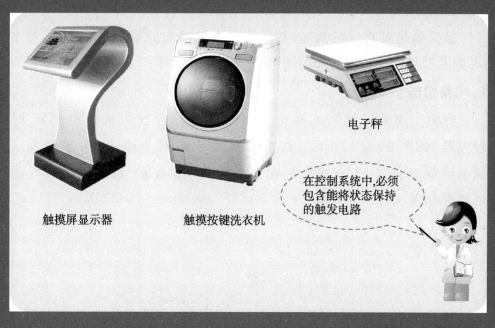

图 9-1　触发器在日常生活中的应用

本项目的实训任务是完成抢答器的安装和调试。参照电子装接工的基本要求，本项目的学习要求为：熟悉触发器的类型和逻辑功能，了解触发器常用的几种触发方式，知道如何检测触发器的逻辑功能；能识别常用触发器集成电路(RS 触发器、JK 触发器、D 触发器)的图形符号和引脚功能，能按工艺要求组装触发器应用电路，能检验电路的功能和检修典型故障。

9.1
*RS*触发器

9.1.1 基本 *RS* 触发器

　　触发器是具有记忆功能、数字信息存储功能的基本单元电路,基本 *RS* 触发器是各种触发器中结构形式最简单的一种。

1. 电路组成

　　将两个与非门的输入端与输出端交叉耦合就组成一个基本 *RS* 触发器,如图 9-2(a)所示,其中 $\overline{R}$、$\overline{S}$ 是它的两个输入端,非号表示低电平触发有效,Q、$\overline{Q}$ 是它的两个输出端,基本 *RS* 触发器的电气图形符号如图 9-2(b)所示。

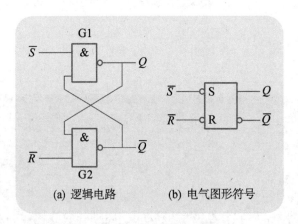

(a) 逻辑电路　　　　(b) 电气图形符号

图 9-2　基本 *RS* 触发器

2. 逻辑功能

　　基本 *RS* 触发器的两个输出端 Q 和 $\overline{Q}$ 的状态相反,通常规定 Q 端的状态为触发器的状态。Q 端为 **1** 时,称触发器为 **1** 态;Q 端为 **0** 时,称触发器为 **0** 态。根据 $\overline{R}$、$\overline{S}$ 的不同输入组合,可以得出基本 *RS* 触发器的逻辑功能。

观测基本 RS 触发器的功能

【器材准备】

稳压电源、面包板、导线若干、与非门 74LS00、发光二极管（红、绿各 1 只）。

【动手实践】

（1）按图 9-3 所示连线，电路为与非门构成的基本 RS 触发器，$\bar{R}$、$\bar{S}$ 端接逻辑开关 S1 和 S2，Q、$\bar{Q}$ 端接发光二极管。

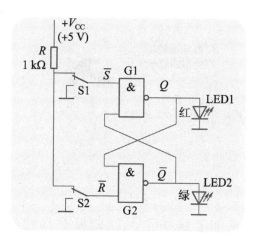

图 9-3　RS 触发器功能测试电路

表 9-1　基本 RS 触发器功能测试

$\bar{S}$	$\bar{R}$	Q	$\bar{Q}$	功能说明
0	1			
1	0			
1	1			
0	0			

基本 RS 触发器

（2）改变 $\bar{R}$、$\bar{S}$ 的状态，观察输出 Q 和 $\bar{Q}$ 的状态，将测试结果记录于表 9-1 中。

通过对基本 RS 触发器功能进行测试，可得出以下结论：

（1）$\bar{R}=1$，$\bar{S}=0$，触发器的 $\bar{S}$ 端输入低电平，触发有效，被置为 1 态。$\bar{S}$ 端称为置 1 端。

（2）$\bar{R}=0$，$\bar{S}=1$，触发器的 $\bar{R}$ 端输入低电平，触发有效，被置为 0 态。$\bar{R}$ 端称为置 0 端。

（3）$\bar{R}=1$，$\bar{S}=1$，触发器未输入有效的触发信号时，触发器保持原状态不变，这就是触发器的记忆功能。

（4）$\bar{R}=0$，$\bar{S}=0$，触发器状态不确定。在 $\bar{R}=0$、$\bar{S}=0$ 期间，Q 和 $\bar{Q}$ 同时被迫为 1，而在 $\bar{R}$、$\bar{S}$ 的低电平触发信号同时消失后，Q 和 $\bar{Q}$ 的状态不能确定，这种情况应当避免，否则会出现逻辑混乱或错误。

综上所述，基本 RS 触发器的逻辑功能见表 9-2。

表 9-2 基本 RS 触发器功能表

输入信号		输出状态	功能说明
$\overline{S}$	$\overline{R}$	Q	
0	1	1	置1
1	0	0	置0
1	1	不变	保持
0	0	不定	禁止

可将基本 RS 触发器与跷跷板进行类比,如图 9-4 所示,将小男孩坐的一边设为 Q 端,小女孩坐的一边设为 $\overline{Q}$ 端。

图 9-4　跷跷板的启示

小男孩蹬地时,犹如触发器的 $\overline{S}$ 端加上触发信号,跷跷板 Q 端翘上去,相当于触发器处于 1 状态。

小女孩蹬地时,犹如触发器的 $\overline{R}$ 端加上触发信号,跷跷板 $\overline{Q}$ 端翘上去,相当于触发器处于 0 状态。

小男孩和小女孩都停止了用力时,犹如触发器的 $\overline{S}$ 端和 $\overline{R}$ 端都未加上触发信号,跷跷板就保持原有的状态不再变化,相当于触发器处于保持状态。

当小男孩和小女孩同时用力蹬地时,跷跷板就处于争持不定的状态,相当于触发器进入不确定状态。

应用提示

选用基本 RS 触发器时,应了解电路结构形式和触发方式,认清置 0 端、置 1 端是低电平有效还是高电平有效。请注意以下的提示:由与非门构成的 RS 触发器是低电平(负脉冲)触发有效,输入端用 $\overline{R}$ 和 $\overline{S}$ 表示;图 9-5 所示为由或非门构成的基本 RS 触发器,是高电平(正脉冲)触发有效,输入端用 R 和 S 表示,其真值表见表 9-3。

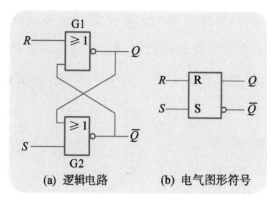

表 9-3 **或非**门构成的基本 *RS* 触发器真值表

输入信号		输出状态	功能
S	*R*	*Q*	说明
1	**1**	不定	禁止
1	**0**	**1**	置 1
0	**1**	**0**	置 0
0	**0**	*Q*	保持

图 9-5 或非门构成的基本 *RS* 触发器

🖊 **应用实例**

  RS 触发器可用来组成防抖动电子开关,如图 9-6(a)所示,它避免了机械开关在转换过程中因接触抖动而引起数字电路的误动作。

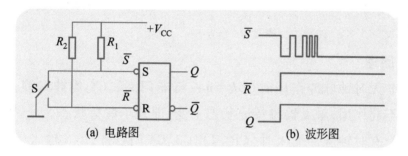

图 9-6 防抖动电子开关

  当开关 S 由下端扳向上端时,$\overline{R}$ 端由低电平变为高电平,$\overline{S}$ 端由高电平变为低电平,但在机械开关的拨动过程中,一般都存在触点抖动的现象,使得 $\overline{S}$ 端不是断然为 **0**,常常有若干次跳动,即机械开关 S 与 $\overline{S}$ 端的接触处于若合若离的抖动状态,相当于在 $\overline{S}$ 端加了多个负脉冲,如图 9-6(b)所示,这在数字电路中,会造成错误动作,是不允许的。接入了基本 *RS* 触发器,其输出端 *Q* 的输出电压已消除了 $\overline{S}$ 因开关抖动的影响。

9.1.2 同步 *RS* 触发器

  在数字系统中,通常由时钟脉冲 *CP* 来控制触发器按一定的节拍同步动作,即在时钟脉冲到来时输入触发信号才起作用。由时钟脉冲控制的 *RS* 触发器称为同步 *RS* 触发器,也称为钟控 *RS* 触发器,时钟脉冲 *CP* 通常又称为同步信号。

1. 电路结构

  同步 *RS* 触发器是在基本 *RS* 触发器的基础上增加两个与非门构成的,逻辑电路如图 9-7(a)所示。图中与非门 G1、G2 组成基本 *RS* 触发器。

另两个与非门 G3、G4 构成控制门,在时钟脉冲 CP 控制下,将输入 S、R 的信号传送到基本 RS 触发器。$\overline{R}_D$、$\overline{S}_D$ 不受时钟脉冲控制,$\overline{R}_D$ 可以直接置 **0**,称为异步置 **0** 端;$\overline{S}_D$ 可以直接置 **1**,称为异步置 **1** 端。图 9-7(b)所示为同步 RS 触发器的电气图形符号。

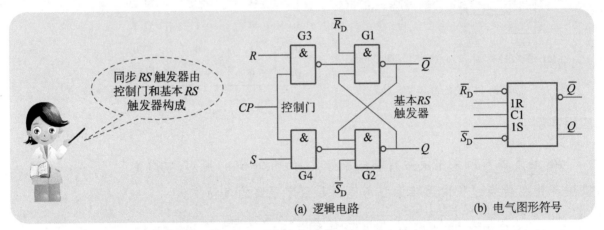

(a) 逻辑电路   (b) 电气图形符号

图 9-7　同步 RS 触发器

2. 工作原理

（1）无时钟脉冲作用时（$CP=0$）,与非门 G3、G4 均被封锁,R、S 输入信号不起作用,触发器维持原状态不变,即处于保持状态。

（2）有时钟脉冲输入时（$CP=1$）,G3、G4 门打开,R、S 输入信号才能分别通过 G3、G4 门加在基本 RS 触发器的输入端,从而使触发器翻转。

同步 RS 触发器的真值表见表 9-4,表中 Q^n 表示时钟脉冲作用前触发器的状态,称为原状态;Q^{n+1} 表示时钟脉冲作用后触发器的状态,称为次状态。表中"×"表示触发器的状态不确定。

在表 9-4 中,$R=\mathbf{1}$、$S=\mathbf{1}$,触发器状态不定,应用时应避免这种状态出现。

表 9-4　同步 RS 触发器真值表

时钟脉冲 CP	输入信号		输出状态	功能说明
	S	R	Q^{n+1}	
0	×	×	Q^n	保持
1	**0**	**0**	Q^n	保持
1	**0**	**1**	**0**	置0
1	**1**	**0**	**1**	置1
1	**1**	**1**	×	禁止

例 9-1　根据图 9-8 中的 R 和 S 信号波形,画出同步 RS 触发器 Q 和 $\overline{Q}$ 的波形。

解:设 RS 触发器的原状态为 **0**,当时钟脉冲到来后,R 和 S 信号才对触发器起作用。根据表 9-4 可画出同步 RS 触发器 Q 和 $\overline{Q}$ 的波形,如图 9-8 所示。

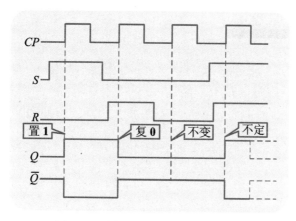

图 9-8　同步 RS 触发器的波形图

✎ **思考与练习**

　　1. 什么是触发器？它和门电路有何区别？

　　2. 基本 RS 触发器与同步 RS 触发器的主要差异是什么？

　　3. 基本 RS 触发器初始时处于 **0** 态，输入波形如图 9-9 所示，请画出输出 Q 的波形。

　　4. 同步 RS 触发器初始时处于 **0** 态，根据图 9-10 所示时钟脉冲 CP 和输入信号 S、R 的波形，画出输出 Q 的波形。

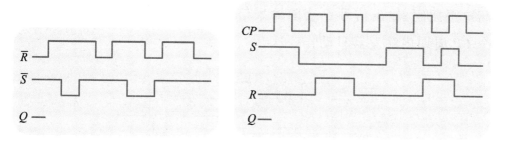

图 9-9　题 3 图　　　　　　　　　　图 9-10　题 4 图

　　5. 触发器的电气图形符号如图 9-11 所示，试回答以下问题：

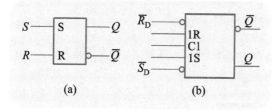

图 9-11　题 5 图

（1）该触发器是何种类型？

（2）说明输入端的名称和功能。

（3）输入信号是高电平有效还是低电平有效？

9.2
触发器常用的几种触发方式

学习目标

★ 了解触发器的触发方式及特定符号。

★ 掌握几种触发方式的触发特点。

触发器的时钟脉冲触发方式可分为:同步式触发、上升沿触发、下降沿触发和主从触发4种类型。

9.2.1 同步式触发

同步式触发采用电平触发方式,一般为高电平触发,即在 CP 高电平期间,输入信号起作用。若有干扰脉冲窜入,则易使触发器产生翻转,导致错误输出。同步式 RS 触发器波形如图 9-12 所示,在 CP 高电平期间,输出信号 Q 会随输入信号 R 和 S 变化,因此无法保证一个 CP 周期内触发器只动作一次。

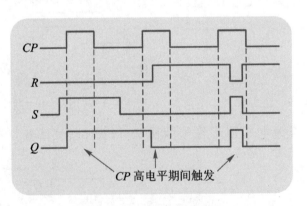

图 9-12 同步 RS 触发器波形

9.2.2 上升沿触发

上升沿触发器只在时钟脉冲 CP 上升沿时刻根据输入信号翻转,它可以保证一个 CP 周期内触发器只动作一次,使触发器的翻转次数与时钟脉冲数相等,并可克服窜入干扰信号引起的误翻转。上升沿触发 RS

触发器波形如图 9-13 所示。

下降沿触发器只在 CP 时钟脉冲下降沿时刻根据输入信号翻转，可保证一个 CP 周期内触发器只动作一次。下降沿触发 RS 触发器波形如图 9-14 所示。

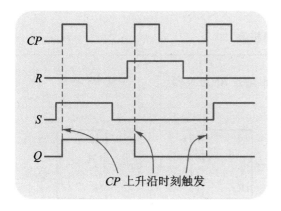

图 9-13 上升沿触发 RS 触发器波形

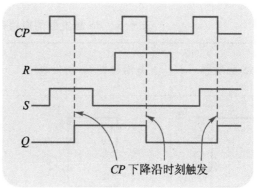

图 9-14 下降沿触发 RS 触发器波形

现以图 9-15 所示的主从 RS 触发器为例，说明其工作原理。由图 9-15(a) 所示电路可知，主从 RS 触发器是由两个同步 RS 触发器（主触发器、从触发器）和非门 3 个部分组成的一个组合触发器。

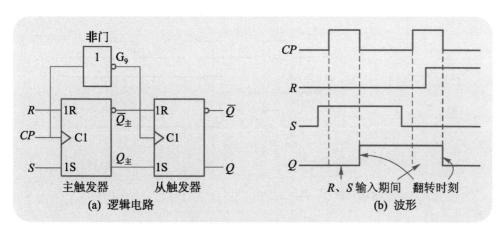

图 9-15 主从 RS 触发器

时钟脉冲 CP 高电平期间，主触发器接收 R、S 输入信号，并使 $\overline{Q}_主$、$Q_主$ 相应变化。同时，CP 经非门处理后变为低电平（$\overline{CP}=0$）加在从触发器上，故从触发器封闭。

时钟脉冲 CP 低电平期间,主触发器被封锁,R、S 输入信号不起作用。此时 CP 经非门后变换为高电平($\overline{CP}=1$)加至从触发器上,从触发器被打开,使其输出与主触发器一致。这种触发器具有 CP 时钟脉冲高电平期间接收输入信号、CP 下降沿时刻翻转的特点。主从 RS 触发器波形如图 9-15(b)所示。

为了便于识读不同触发方式的触发器,目前器件手册中 CP 端都用特定符号加以区别,见表 9-5。

表 9-5　RS 触发器的电路图形符号

触发器类型	同步 RS 触发器	上升沿触发 RS 触发器	下降沿触发 RS 触发器	主从 RS 触发器
图形符号	S—1S Q CP—C1 R—1R $\overline{Q}$	S—1S Q CP—▷C1 R—1R $\overline{Q}$	S—1S Q CP—○▷C1 R—1R $\overline{Q}$	S—1S Q CP—▷C1 R—1R $\overline{Q}$

☎ 思考与练习

1. 触发器常用的触发方式有几种?它们各具有什么特点?

2. 4 种不同触发方式的触发器在电气图形符号的标识上有什么区别?

3. 根据图 9-16 所示时钟脉冲 CP 和输入信号 R、S 波形,分别画出 4 种触发方式情况下的输出波形(Q 初态为 0)。

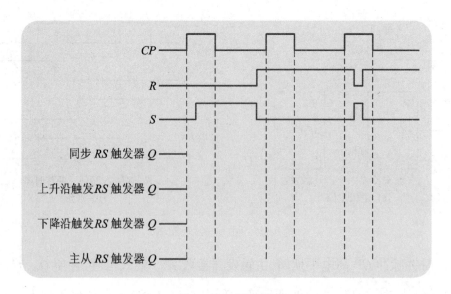

图 9-16　题 3 图

学习目标

★ 熟识 *JK* 触发器的电气图形符号。

★ 掌握 *JK* 触发器的逻辑功能。

★ 能识别和测试集成 *JK* 触发器。

★ 能阅读和理解 *JK* 触发器组成的典型应用电路，并能按原理图进行安装和调试。

为了避免 *RS* 触发器存在的不确定状态，在 *RS* 触发器的基础上发展了几种不同逻辑功能的触发器，常用的有 *JK*、*D* 触发器，本节讨论 *JK* 触发器。

9.3.1 电气图形符号

RS 触发器禁止 *R* 端、*S* 端同时加入有效触发信号，*JK* 触发器则没有这种约束，允许输入端 *J*、*K* 同时为 **1**，此时每来一次时钟脉冲 *CP*，输出状态就变化一次，即原为高电平就变为低电平，原为低电平就变为高电平。

JK 触发器的电气图形符号如图 9-17 所示，*CP* 端无小圆圈表示上升沿触发，有小圆圈表示下降沿触发。

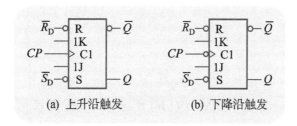

图 9-17 *JK* 触发器的电气图形符号

9.3.2 逻辑功能

JK 触发器不仅可以避免不确定状态，而且增加了触发器的逻辑功能，其逻辑功能为：

（1）$J=0$，$K=0$，$Q^{n+1}=Q^n$，输出保持原状态不变。

（2）$J=1$，$K=0$，$Q^{n+1}=1$，触发器被置 **1** 态输出。

（3）$J=0$，$K=1$，$Q^{n+1}=0$，触发器被置 **0** 态输出。

（4）$J=1,K=1$，每来一个 CP，触发器状态就翻转一次。

JK 触发器的功能表见表 9-6。

表 9-6　JK 触发器的功能表

输入信号		输出状态	功能说明
J	K	Q^{n+1}	
0	0	Q^n	保持
0	1	0	置0
1	0	1	置1
1	1	$\overline{Q^n}$	翻转

例 9-2　图 9-18 所示为主从 JK 触发器的输入波形，设初始状态为 **0**，画出输出 Q 的波形。

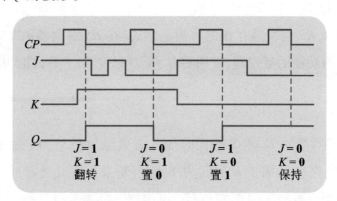

图 9-18　例 9-2 波形图

解：主从 JK 触发器在 CP 期间有效读取 J、K 信号，在 CP 下降沿相应翻转，根据 JK 触发器真值表可画出 Q 的波形。

🔍 **应用提示**

如图 9-19 所示，将 JK 触发器的输入端 J、K 连接在一起作为输入端，这就构成 T 触发器，图 9-19(b) 所示为 T 触发器的电气图形符号。当输入 $T=1$ 时，T 触发器处于计数状态，每来一个 CP 脉冲，输出端 Q 的状态就翻转一次，常用于计数电路中。

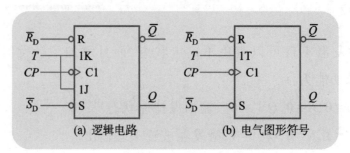

图 9-19　T 触发器

项目 9　触发器及其应用电路的制作

实际应用中，JK 触发器大多采用集成电路，常用的集成 JK 触发器型号有：74LS76、74LS70、74LS112、74H71、74H72、CC4027 等，其引脚功能可查阅数字集成电路手册。

双 JK 触发器 74LS76 的外形与引脚排列如图 9-20 所示。

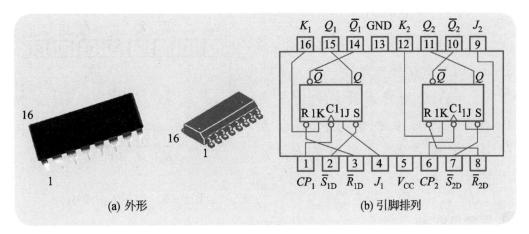

图 9-20　双 JK 触发器 74LS76

做中学

组装多路控制开关电路

图 9-21 所示为多路控制开关电路的应用。该控制电路使用的集成电路 CC4027 为 COMS 双 JK 触发器，CC4027 引脚排列如图 9-22 所示。

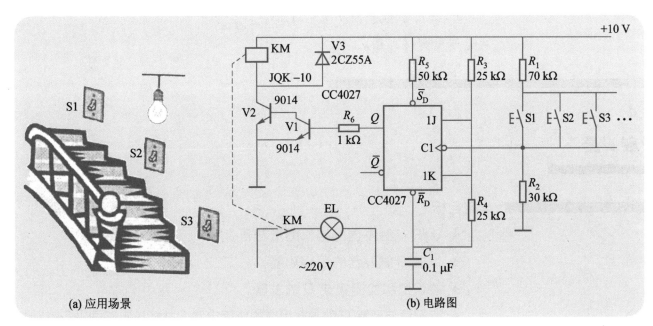

图 9-21　多路控制开关电路的应用

在电路中,*JK* 触发器的 *J* 和 *K* 端都置于高电平,按键开关 S1、S2、S3、…中的任一个动作都会使触发器输出 *Q* 状态翻转,经三极管 V1 和 V2 的驱动控制继电器的触点 KM 动作,从而实现对楼梯灯的亮暗的控制。

【器材准备】

稳压电源、面包板、导线若干、电子制作套件。

【动手实践】

(1)按图 9-21 所示连接电路。

(2)检查电路连线无误后,接上 +10 V 的工作电源。

(3)检测多路开关的功能是否正常。正常的情况下,按任意一个按键开关,灯都会产生一次亮暗的变化。

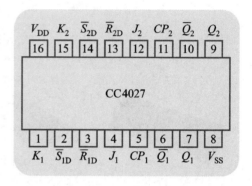

图 9-22　CC4027 引脚排列

🖱 **思考与练习**

1. *JK* 触发器与 *RS* 触发器的逻辑功能有什么差异?

2. 下降沿触发 *JK* 触发器的初态 *Q* = **0**,试根据图 9-23 所示的 *CP* 和 *J*、*K* 的信号波形,画输出端 *Q* 的波形。

3. 试用手机查阅 74LS111 的功能和引脚排列图。

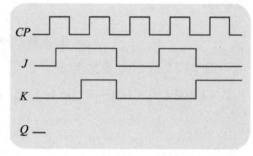

图 9-23　题 2 图

9.4

D 触发器

学习目标

★ 认识 *D* 触发器的电气图形符号。

★ 掌握 *D* 触发器的逻辑功能。

★ 能识别和检测集成 *D* 触发器。

★ 能阅读与理解 *D* 触发器组成的应用电路,并能按电路图进行安装与调试。

D 触发器只有一个信号输入端,时钟脉冲 CP 未到来时,输入端的信号不起任何作用;只在 CP 信号到来的瞬间,输出立即变成与输入相同的电平,即 $Q^{n+1}=D$。

9.4.1 电气图形符号

D 触发器可以由 JK 触发器演变而来的,图 9-24(a)、(b)所示分别为 D 触发器的逻辑电路和电气图形符号。从图中可知,JK 触发器的 K 端串联一个非门后再与 J 端相连,作为输入端 D,即构成 D 触发器。

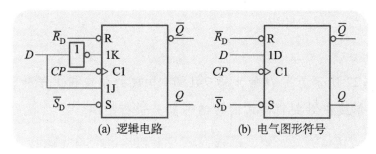

图 9-24 D 触发器

9.4.2 逻辑功能

在图 9-24(a)所示的 D 触发器逻辑电路中,当输入 $D=1$ 时,$J=1$,$K=0$,时钟脉冲 CP 加入后,Q 端置 1,输出端 Q 与输入端 D 状态一致。

当输入 $D=0$ 时,$J=0$,$K=1$,时钟脉冲 CP 加入后,Q 端复 0,也是与输入端 D 状态一致,即 $Q^{n+1}=D$,表明输出端 Q 与输入端 D 状态一致。

综上分析可得 D 触发器真值表,见表 9-7。

表 9-7 D 触发器真值表

输入 D	输出 Q^{n+1}	功能说明
1	1	时钟脉冲 CP 加入后,输出状态与
0	0	输入状态相同

9.4.3 集成 D 触发器

D 触发器有 TTL 和 CMOS 两大类。常用的 TTL 型双 D 触发器 74LS74 引脚功能如图 9-25 所示,CMOS 型双 D 触发器 CC4013 引脚功能如图 9-26 所示。另外,常用的有四 D 触发器 74LS175、CC4042B,八 D 触发器 74LS273 等,其引脚功能可查阅数字集成电路手册或上网查阅网络资料。

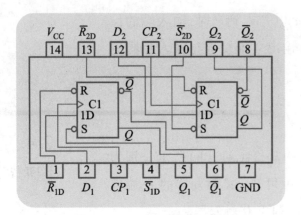

图 9-25　74LS74 引脚功能　　　　　图 9-26　CC4013 引脚功能

✎ 应用实例

图 9-27 所示为用 D 触发器 74LS74 构成的单按钮电子转换开关,该电路是用单按钮对负载电路的接通与断开进行控制。

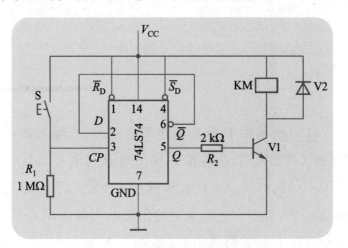

图 9-27　单按钮电子转换开关

电路中的 74LS74 的 D 端和 $\overline{Q}$ 端连接,即 $D=\overline{Q}$。当按一下开关 S,相当于为触发器提供一个时钟脉冲,触发器状态由 **0** 翻转为 **1**。当再次按下开关 S 时,触发器状态又由 **1** 翻转为 **0**,Q 端经三极管 V1 驱动继电器 KM,利用继电器的触点即可控制负载电路的通断。

✏ 思考与练习

1. 如何将 JK 触发器转换为 D 触发器?

2. D 触发器的 $\overline{R}_{D}$、$\overline{S}_{D}$ 端的功能是什么?

3. 下降沿触发的 D 触发器初始状态为 **0**,根据图 9-28 所示的时钟脉冲 CP 和输入信号 D 的波形,画出输出 Q 的波形。

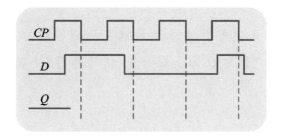

图 9-28 题 3 图

实训任务 9.1 制作 4 人抢答器

一、实训目的

1. 掌握 *JK* 触发器的功能和应用常识。

2. 会用 *JK* 触发器和**与非门**来制作竞赛抢答器。

3. 掌握中、小规模数字集成器件的组装和调试的方法。

二、器材准备

1. 直流稳压电源。

2. 万用表。

3. 焊接工具一套。

4. 抢答器套件。

三、实训相关知识

抢答器电路如图 9-29 所示,要求有 4 路输入,各路之间有互锁功能,即有一路抢答后,其他路不能再抢答。各路抢答后具有独立的灯光指标,并有音响告知电路。抢答器设有裁判复位功能,当开关 S0 被按下时抢答电路清零,松开后则允许抢答。

1. 抢答主控电路

利用 2 片下降沿双 *JK* 触发器组成 4 路抢答逻辑电路,各触发器的 *J*、*K* 端悬空,所以其 *CP* 端来一个脉冲下降沿,触发器就翻转一次。S1~S4 分别为 4 路抢答器按钮开关。各触发器的 *CP* 输入端平时是通过一个电阻 *R* 由 +5 V 电源引入高电平的。抢答时按下其抢答按钮开关,将 G1 输出的低电平引入 *CP* 端,使其获得一个脉冲下降沿而被触发翻转,当有一路先抢答,就使**与非门** G1 输出为 **1**,这样一来,其他各路即失去使触发器翻转的抢答条件,满足抢答器互锁的要求。

　　按钮开关 S0 用以控制能否开始抢答及抢答后的复位。按一下 S0,各触发器被置 0,它们的 $\overline{Q}$ 输出端为 1,使与非门 G1 输出为 0,各路处于等待抢答状态。

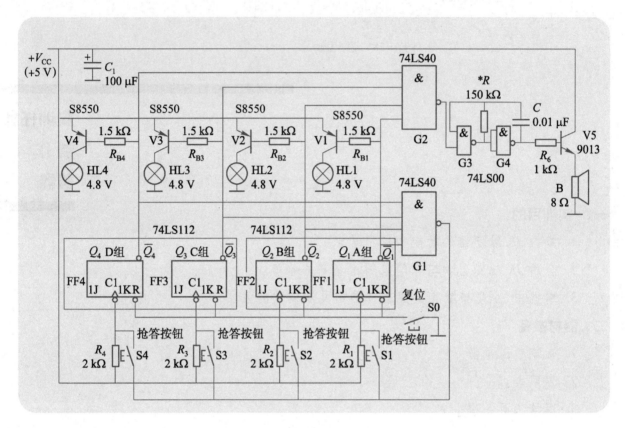

图 9-29　抢答器电路

2. 灯光指示电路

　　灯光指示电路用三极管驱动 4.8 V 指示灯来实现。JK 触发器的 Q 输出端去控制三极管 S8550。在各触发器等待触发时,它们的 Q 端均为 1,各三极管均截止,指示灯不亮;当有某路抢答时,对应触发器的 Q 输出端为低电平,控制输出端的三极管导通,指示该路抢答的指示灯就亮。

3. 音响告知电路

　　本电路的音响告知电路,是利用逻辑门 G3、G4、电阻 R 及电容 C 组成一个受控 RC 多谐振荡器。未抢答时,G2 输出低电平,RC 多谐振荡器不工作,扬声器不发声。抢答后 G2 输出高电平,RC 多谐振荡器工作,产生脉冲信号加到 V5 基极上,使扬声器发出声响。

四、 实训内容与步骤

1. 查阅器件手册

通过上网搜寻或查阅集成电路手册,标出图 9-29 中各集成电路 74LS112、74LS00、74LS40 的引脚排列与引脚功能。

2. 安装电路

在选好各器件的前提下,根据图 9-29 所示的电路原理图画出电路接线图,将电路焊接在电路板上,要注意集成电路的引脚不要插反。

3. 调试

在装接好电路并检查无误的情况下,就可通电进行调试。调试时,可先调试主电路,观察各组指示灯的情况,操作按钮开关 S1~S4,检查抢答控制功能是否符合要求。指示灯的亮度,可通过调整三极管基极限流电阻的办法以达到理想的亮度。

主电路调好后,就可调试音响告知电路,主要是改变振荡器中 R、C 的参数,使音量适中、音质悦耳即可。

五、 技能评价

"制作 4 人抢答器"实训任务评价表见表 9-8。

表 9-8 "制作 4 人抢答器"实训任务评价表

项目	考核内容	配分	评分标准	得分
集成电路的识别	1. 能自主查阅集成电路资料 2. 集成电路型号的识读 3. 集成电路引脚功能	20 分	1. 不会查阅集成电路资料,扣 5 分 2. 不能识读集成电路的型号,扣 5 分 3. 集成电路的引脚识别错误,扣 5 分	
电路安装	1. 根据原理图搭接电路 2. 元器件的整形、焊点质量 3. 电路板的整体布局	50 分	1. 电路接错,每处扣 5 分 2. 元器件装接工艺不合要求,每处扣 2 分 3. 电路板的布局不合理,扣 2~5 分	
电路调试	抢答器的功能是否正常	20 分	1. 电路的逻辑功能不能实现,扣 10 分 2. 不会排除简单故障,扣 10 分	
安全文明操作	1. 遵守安全操作规程 2. 工作台上工具摆放整齐 3. 元器件的使用与保管	10 分	1. 违反安全文明操作规程,扣 5 分 2. 工作台表面不整洁,扣 5 分 3. 元器件丢失或损坏,扣 5~10 分	
合计		100 分	以上各项配分扣完为止	

六、问题讨论

1. 若改成 6 路抢答器,电路将做哪些改动?

2. 集成电路 74LS112 的 J、K 引脚开路,是处于什么工作状态?

项目小结

1. 触发器和门电路一样也是构成数字电路的最基本的逻辑单元电路,它的基本特征是:输入信号触发使其处于 **0** 或 **1** 两种稳态之一,输入信号去掉后该状态能一直保留下来,直到再输入信号后状态才可能变化,故称触发器是有记忆功能的单元电路。

2. 基本 RS 触发器不受时钟脉冲 CP 控制,它是构成各种触发器的基础。时钟触发器则是受时钟脉冲 CP 控制。按逻辑功能分,钟控触发器可分为同步 RS 触发器、JK 触发器、T 触发器、D 触发器等类型。按触发方式分,时钟触发器又可分为同步式触发器、边沿触发器(包括上升沿和下降沿触发)、主从触发器等。

3. 掌握各类触发器的逻辑功能是应用的关键。

(1) RS 触发器具有置 **0**、置 **1**、保持的逻辑功能。

(2) JK 触发器具有置 **0**,置 **1**、保持、计数的逻辑功能。

(3) D 触发器具有置 **0**、置 **1** 的逻辑功能。

(4) T 触发器具有计数、保持的逻辑功能。

自我测评

一、判断题

1. 同步 RS 触发器在 CP 信号到来后,R、S 端的输入信号才对触发器起作用。　　　　　　　　　　　　　　　　( )

2. 将 JK 触发器的 J、K 端连接在一起作为输入端,就构成 T 触发器。
　　　　　　　　　　　　　　　　　　　　　　　　( )

3. D 触发器的输出状态始终与输入状态一致。　　　　( )

4. 主从触发器电路中,主触发器和从触发器的翻转是同时进行的。
　　　　　　　　　　　　　　　　　　　　　　　　( )

5. 由与非门构成的 RS 触发器是低电平触发有效。　　( )

二、填空题

1. 按结构形式的不同,RS 触发器可分为两大类:一类是没有时钟控制的_____触发器,另一类是具有时钟控制端的_____触发器。

2. 按逻辑功能分,触发器主要有_____、_____、_____等类型。

3. 触发器的 CP 触发方式主要有_____、_____、_____和_____ 4 种类型。

4. 触发器要异步置 **0**,只要使 $\overline{R}_{D}$ = _____、$\overline{S}_{D}$ = _____ 即可,而与_____和_____无关。

5. RS 触发器具有_____、_____和_____ 3 项逻辑功能。

6. JK 触发器具有_____、_____、_____和_____ 4 项逻辑功能。

三、 选择题

1. 基本 RS 触发器禁止_____。

A. R、S 端同时为 **1**　　　　B. $\overline{R}$、$\overline{S}$ 端同时为 **1**

C. R、S 端同时为 **0**　　　　D. R 端为 **1**,S 端为 **0**

2. 触发器的 $\overline{S}_{D}$ 端称为_____。

A. 直接置 **0** 端　　　　B. 直接置 **1** 端

C. 复位端　　　　D. 脉冲输入端

3. 在图 9-30 所示的触发器是_____。

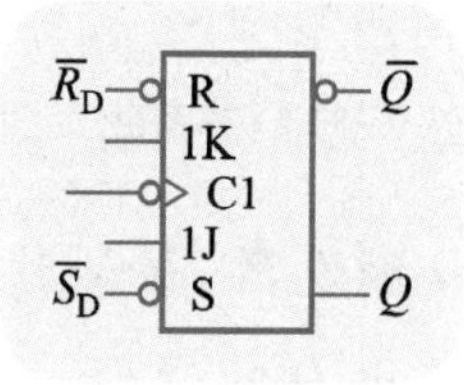

图 9-30　选择题 3 图

A. D 触发器　　　　B. 基本 RS 触发器

C. JK 触发器　　　　D. 同步 RS 触发器

4. 在图 9-31 所示的各电路中,输出 $Y=\overline{A}$ 的电路是_____。

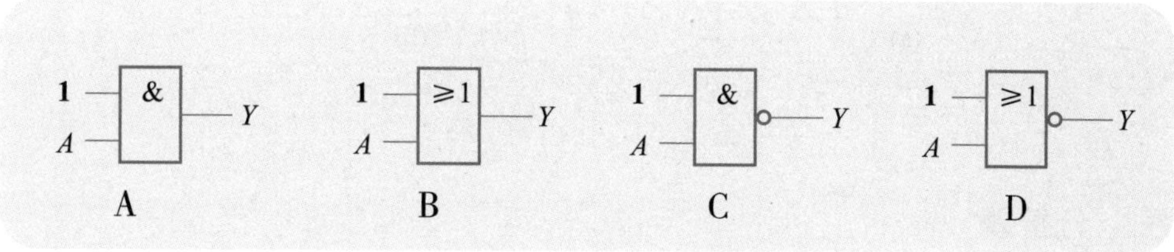

图 9-31　选择题 4 图

5. 在图 9-32 所示触发器电路中,每个 CP 脉冲有效触发后,能实现"翻转"功能的是_____。

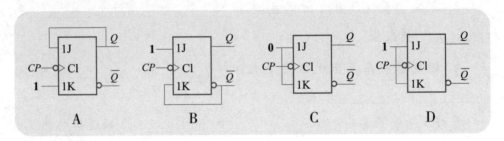

图 9-32   选择题 5 图

四、作图题

1. 图 9-33(a) 所示为 JK 触发器,初始状态为 $\mathbf{0}$,CP、J、K 端的信号波形如图 9-33(b) 所示,试画出输出 Q 的波形。

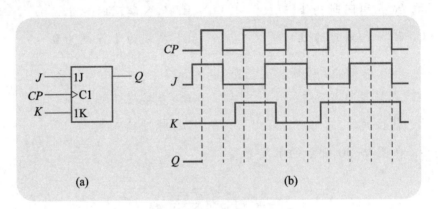

图 9-33   作图题 1 图

2. 图 9-34(a) 所示为 D 触发器,初始时 $Q = \mathbf{0}$,CP、D 端的信号波形如图 9-34(b) 所示,试画出输出 Q 的波形。

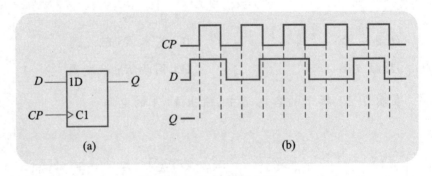

图 9-34   作图题 2 图

五、分析题

1. 集成触发器 74LS74 和 74LS76 引脚排列如图 9-35 所示,它们各属于何种类型触发器? 集成电路内各包含几个独立的触发器?

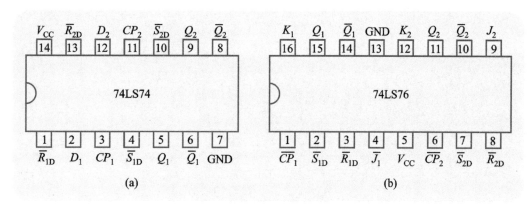

图 9-35　分析题 1 图

2. 分析图 9-36 所示逻辑电路的功能,并填写表 9-9。

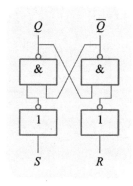

图 9-36　分析题 2 图

表 9-9

输入信号		输出状态	功能说明
S	R	Q	
0	0		
0	1		
1	0		
1	1		

项目　寄存器和计数器的应用

项目描述

　　寄存器和计数器是常用的两种时序逻辑电路。时序逻辑电路简称时序电路，它由逻辑门电路和触发器组成，是一种具有记忆功能的逻辑电路。

　　本项目的主要任务是完成寄存器、计数器典型应用电路的制作与功能检验。参照中级电子设备装接工的基本要求，通过本项目的学习，在基本知识方面要求为：熟悉时序电路的类型，了解寄存器、计数器的基本工作原理和逻辑功能；在技能方面要求为：能认识时序集成器件，能按工艺要求组装寄存器、计数器应用电路，能检验电路功能和检修典型故障。

1
2
3
4
*5
6
7
8
9

10

*11

10.1
寄存器

学习目标

★ 了解寄存器的功能、基本构成和常见类型。

★ 了解典型集成移位寄存器的引脚功能及应用。

★ 掌握组装寄存器应用电路的基本技能。

寄存器主要用来暂存数码和信息。在计算机系统中常常要将二进制数码暂时存放起来,等待处理,这就需要由寄存器存储参加运算的数据。寄存器由触发器和门电路组成,一个触发器可以存放 1 位二进制数码,所以数码寄存器存放数码的位数和所采用的触发器个数相同。

在时钟脉冲 CP 控制下,寄存器接收输入的二进制数码并存储起来。按接收数码的方式不同可分为单拍接收式和双拍接收式两种。

10.1.1 数码寄存器

1. 双拍接收式数码寄存器

(1)电路组成 图 10-1 所示为 4 位双拍接收式数码寄存器,它由基本 RS 触发器和门电路组成。图 10-1 中的 $D_0 \sim D_3$ 是 4 位数码的输入端,$Q_0 \sim Q_3$ 为数据输出端。各 RS 触发器的复位端连接在一起,作为寄存器的总清零端 $\overline{CR}$,低电平时清零有效。逻辑电路通常采用四与非门和四 RS 触发器两块集成电路连接而成。

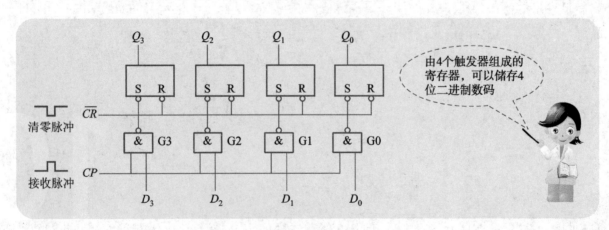

图 10-1　4 位双拍接收式数码寄存器

（2）工作原理　双拍接收式数码寄存器工作时是分两步进行的：

第一步，寄存前先清零。清零脉冲加至各触发器的复位端 $\overline{R}$，寄存器消除原来数码，$Q_0 \sim Q_3$ 均为 **0** 态，其后脉冲恢复高电平，为接收数据做好准备。

第二步，接收脉冲控制数据寄存。接收脉冲 CP 将与非门 G0～G3 打开接收输入数据 D_0、D_1、D_2、D_3。例如，输入数码 $D_3D_2D_1D_0$ = **1010**，则与非门 G3、G2、G1、G0 输出为 **0101**，而各触发器被置成 **1010**，从而完成接收寄存工作。

该寄存器是同时输入各位数码 $D_0 \sim D_3$，同时输出各位数码 $Q_0 \sim Q_3$，所以属于并行输入、并行输出寄存器。

2. 单拍接收式数码寄存器

D 触发器构成的寄存器

（1）电路组成　图 10-2 所示为 4 位单拍接收式数码寄存器，它由 D 触发器组成。$D_0 \sim D_3$ 是 4 位寄存数码的输入端，$Q_0 \sim Q_3$ 为数码输出端。逻辑电路可采用四 D 触发器集成电路 74LS175 连接而成。

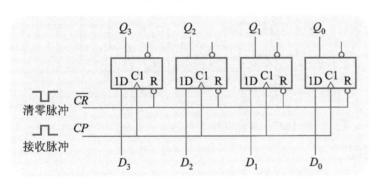

图 10-2　4 位单拍接收式数码寄存器

（2）工作原理　单拍接收寄存器不需要先清零，当接收脉冲 CP 到来时，即可将数码存入。例如，输入数码 $D_3D_2D_1D_0$ = **1001**，则 $Q_3Q_2Q_1Q_0$ = **1001**。若要清除已存入的数码，使寄存器全部清零，只需在 $\overline{CR}$ 端加入一清零负脉冲即可实现。

🗻 **应用提示**

▶ 寄存器的优点是存储时间短，速度快，可用来当高速缓冲存储器。其缺点是一旦停电后，所存储的数码便全部丢失，因此寄存器通常用于暂存工作过程中的数据和信息，不能作为永久的存储器使用。

▶ 寄存器若出现各位数据都无法正常存储的故障，检查的基本步骤是：第一步，查工作电源是否正常；第二步，查复位端是否被置成复位状态；第三步，用示波器观测 CP 脉冲是否输入到触发控制端。

10.1.2 移位寄存器

移位寄存器除了具有寄存数码的功能外,还具有将数码在寄存器中单向或双向移位的功能。移位是指在移位脉冲控制下,触发器的状态向左或向右依次转移的数码处理方式,移位在数字系统中非常重要,在进行二进制加法、乘法、除法等运算时,需要应用这种逻辑功能。

1. 电路组成

图 10-3 所示为一个由 D 触发器组成的 4 位移位寄存器。FF0 是最低位触发器,FF3 是最高位触发器,高位触发器的 D 端依次接到相邻低位触发器的数据输出端 Q。待存数码从 FF0 的 D 端串行输入,在移位脉冲 CP 的作用下,数码便从最高位到低位依次输入到 FF0,并在寄存器中依次从 FF0 移至 FF3。

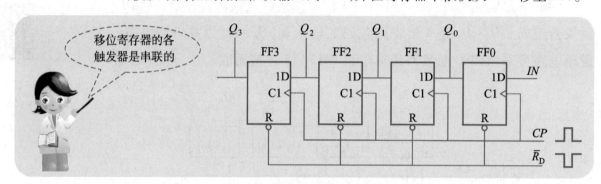

图 10-3　4 位移位寄存器

2. 工作过程

下面以存入数码 **1011** 为例,分析 4 位移位寄存器的工作过程,工作状态示意图如图 10-4 所示。

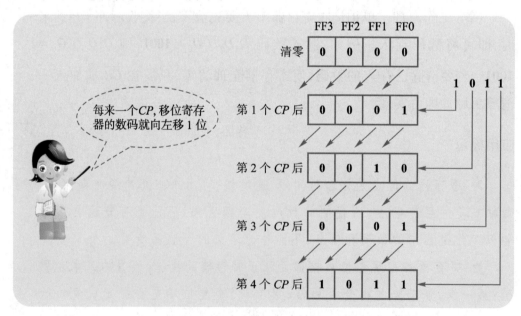

图 10-4　移位寄存器工作状态示意图

首先寄存器 $\overline{R}_D$ 端加一个负脉冲清零,然后将第 1 位待存数码 **1** 送至 FF0 的 D 端,当移位脉冲 CP 到来后,FF0 接收数码,使 $Q_0 = 1$,寄存器为 **0001** 状态。

将第 2 位待存数码 **0** 送 FF0 的 D 端,而 FF0 的 $Q_0 = 1$ 加在 FF1 的 D 端,因此在第 2 个移位脉冲 CP 到来后,Q_0 变为 **0**,Q_1 变为 **1**,寄存器的状态为 **0010**。

将第 3 位待存数码 **1** 送 FF0 的 D 端,$Q_0 = 0$ 加在 FF1 的 D 端,$Q_1 = 1$ 加在 FF2 的 D 端,因此在第 3 个移位脉冲 CP 到来后,Q_0 变为 **1**,Q_1 变为 **0**,Q_2 变为 **1**,寄存器的状态为 **0101**。

同理,将第 4 位待存数码 **1** 送 FF0 的 D 端,在第 4 个脉冲过后,寄存器状态变为 **1011**。

这样,经过 4 个移位脉冲 CP,便将 4 位数码从寄存器的右边输入而移入寄存器中。若再输入 4 个移位脉冲 CP,数码将从 FF3 的 Q_3 端从高位到低位逐位移出寄存器。

3. 集成移位寄存器

集成移位寄存器有 TTL 和 CMOS 两大类集成电路产品系列。比较常用的 4 位双向通用移位寄存器 74LS194 和 CC40194,两者功能相同,可互换使用。

74LS194 集成电路是一块 4 位双向通用移位寄存器,实物外形及引脚功能如图 10-5 所示。

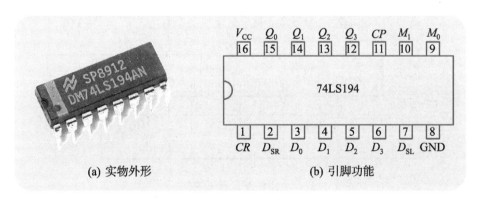

图 10-5 74LS194

其中 D_0、D_1、D_2、D_3 为并行输入端,Q_0、Q_1、Q_2、Q_3 为并行输出端,D_{SR} 为右移串行输入端,D_{SL} 为左移串行输入端,CR 为直接无条件清零端,CP 为时钟脉冲输入端。

M_0、M_1 为操作模式控制端。设置 $M_0 = 1$、$M_1 = 0$ 时,为右移寄存器工作状态,输入数据依次从 D 端输入,同时输出的数据将由低位 Q_0 移向高位 Q_3;设置 $M_0 = 0$、$M_1 = 1$ 时,为左移寄存器工作状态,输出数据将由高位 Q_3 移向低位 Q_0;设置 $M_0 = 1$、$M_1 = 1$ 时,为并行寄存器工作状态。

📞 思考与练习

1. 时序电路主要由几部分组成?与组合逻辑电路的主要区别是什么?

2. 试用双 D 触发器集成电路 74LS74(如图 10-6 所示)构成一个 2 位单拍接收式数码寄存器,画出引脚连接图。

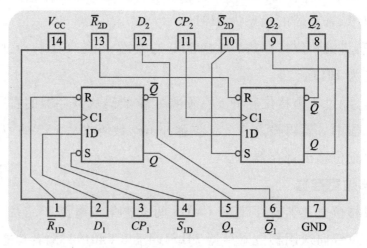

图 10-6 题 2 图

3. 图 10-7 所示数码寄存器的初始状态 $Q_3Q_2Q_1Q_0 = 1011$,而输入数码为 $D_3D_2D_1D_0 = 0110$,在 CP 脉冲的作用下,$Q_3Q_2Q_1Q$ 状态如何?

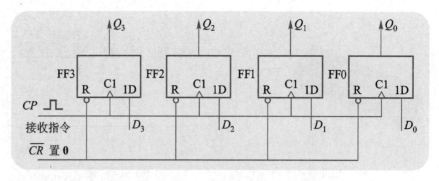

图 10-7 题 3 图

4. 如果要寄存 6 位二进制数码 101100,通常要用几个触发器来构成寄存器?

5. 若串行输入的数码 101101 加到图 10-3 所示的移位寄存器的 IN 输入端,CP 脉冲与输入的数码同步,问在第 6 个 CP 脉冲过后,$Q_3Q_2Q_1Q_0$ 状态如何?

一、实训目的

1. 认识集成移位寄存器的外形及引脚功能。

2. 掌握组装寄存器控制彩灯的基本技能。

二、器材准备

1. 直流稳压电源。

2. 脉冲信号发生器。

3. 万用表。

4. 焊接工具一套。

5. 电子套件。

三、实训内容与步骤

图 10-8 所示为寄存器控制彩灯电路。

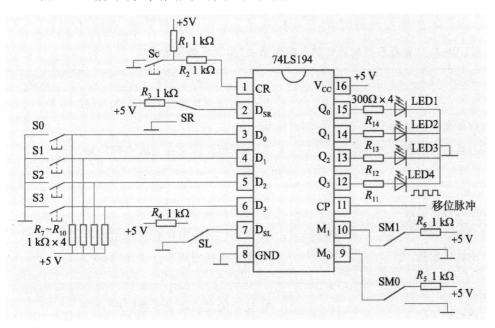

图 10-8　寄存器控制彩灯电路

1. 电路组装

按图 10-8 所示安装寄存器控制彩灯电路,安装完成后检查无误方可通电测试。

2. 输入脉冲信号

将脉冲信号发生器产生的矩形脉冲 CP 送入 74LS194 的 11 脚。

3. 寄存器清零

开关 Sc 按下,将 CR 引脚设置为 **0** 状态,寄存器设置为清零状态,观察输出发光二极管的状态。

4. 设置为右移串行寄存器

开关 Sc 置于断开状态,拨动单刀双掷开关 SM0、SM1,使 $M_0 = 1, M_1 = 0$,此时为右移寄存器工作状态。SR 开关将 D_{SR} 引脚分别设置为 **0** 和 **1** 状态时,观察发光二极管的变化状态,读出对应的输出数据。

5. 设置为左移串行寄存器

开关 Sc 置于断开状态,拨动单刀双掷开关 SM0、SM1,使 $M_0 = 0, M_1 = 1$,此时为左移寄存器工作状态。SL 开关将 D_{SL} 引脚分别设置为 **0** 和 **1** 状态时,观察发光二极管的变化状态,读出对应的输出数据。

6. 设置为并行寄存器

开关 Sc 置于 **1** 状态,拨动单刀双掷开关 SM0、SM1,使 $M_0 = 1, M_1 = 1$,此时为并行寄存器工作状态。通过开关 S0、S1、S2、S3 设置并行输入数码 D_0、D_1、D_2、D_3,观察输出端发光二极管的状态。

四、技能评价

"寄存器控制彩灯的安装和测试"实训任务评价表见表 10-1。

表 10-1 "寄存器控制彩灯的安装和测试"实训任务评价表

项目	考核内容	配分	评分标准	得分
集成电路的识别	1. 集成寄存器型号的识读 2. 集成寄存器引脚功能	20 分	1. 不能识读集成寄存器的型号,扣 5 分 2. 不了解集成寄存器的引脚功能,扣 5 分	
电路安装	1. 根据原理图搭接电路 2. 元器件的整形、焊点质量 3. 电路板的整体布局	40 分	1. 电路接错,每处扣 5 分 2. 元器件装接不规范,每处扣 2 分 3. 电路板的布局不合理,扣 2~5 分	
功能测试	1. 寄存器清零 2. 彩灯右移控制 3. 彩灯左移控制 4. 输入数据对彩灯的控制	30 分	1. 电路的逻辑功能不能实现,每项扣 10 分 2. 验证方法不正确,扣 5 分	
安全文明操作	1. 遵守安全操作规程 2. 工作台上工具摆放整齐 3. 元器件的使用与保管	10 分	1. 违反安全文明操作规程,扣 5 分 2. 工作台表面不整洁,扣 5 分 3. 元器件丢失或损坏,扣 5 分	
合计		100 分	以上各项配分扣完为止	

五、问题讨论

1. 移位寄存器 74LS194 有几种寄存工作状态? 如何进行设置?

2. 移位寄存器 74LS194 的并行输入端是哪几个引脚? 串行输入端是哪个引脚?

3. 移位寄存器 74LS194 的 11 脚若开路,对寄存器的正常工作有什么影响? 分析原因。

10.2 计数器

学习目标

★ 了解计数器的应用及计数器的类型。

★ 掌握典型的二进制、十进制集成计数器的引脚功能及使用方法。

★ 能对十进制计数器进行安装和功能测试。

在数字系统中,能统计输入脉冲个数的电路称为计数器。计数器应用广泛,不仅可用于计数,还可用于分频、定时、产生节拍脉冲以及进行数字运算等,从小型数字仪表到大型电子数字计算机均不可缺少计数器这一基本电路。计数器可用于对传送带上的产品进行自动计数,如图 10-9 所示。

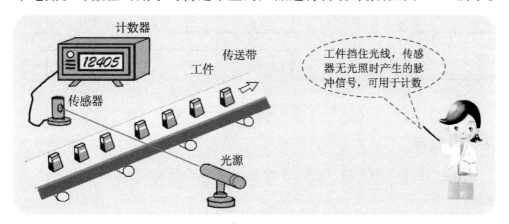

图 10-9 计数器用于产品的自动计数

计数器的种类很多,按计数的进制不同可分为二进制、十进制及 N 进制计数器。

1.电路组成

每输入一个脉冲,就进行一次加 1 运算的计数器称为加法计数器,

10. 2. 1 二进制计数器

也称为递增计数器。图 10-10 所示为由 4 个 *JK* 触发器构成的加法计数器。图中 FF0 为最低位触发器,其控制端 C1 接收输入脉冲,输出信号 Q_0 作为触发器 FF1 的 *CP*,Q_1 作为触发器 FF2 的 *CP*,Q_2 作为 FF3 的 *CP*。各触发器的 *J*、*K* 端均悬空,相当于 $J=K=1$,处于计数状态。各触发器接收负跳变脉冲信号时状态就翻转,它的时序图如图 10-11 所示。

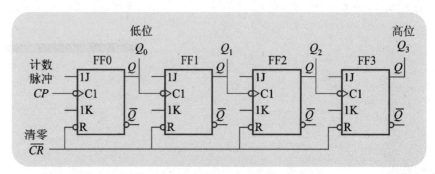

图 10-10　4 位二进制递增计数器逻辑图

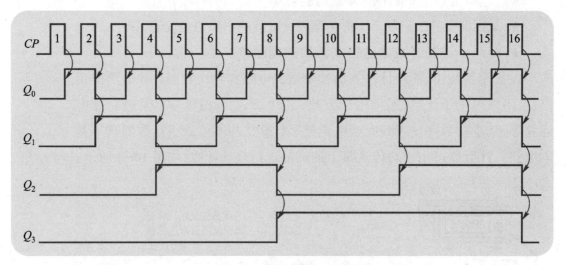

图 10-11　4 位二进制递增计数器时序图

2. 工作过程

在计数脉冲输入前,先在 $\overline{CR}$ 端加入清零负脉冲,置 4 位二进制数为 **0000**。

在第 1 个计数脉冲下降沿到来后,Q_0 由 **0** 翻转到 **1**,二进制数 $Q_3Q_2Q_1Q_0 =$ **0001**。

在第 2 个计数脉冲下降沿到来后,Q_0 由 **1** 翻转到 **0**,触发 FF1 使得 Q_1 由 **0** 翻转为 **1**,$Q_3Q_2Q_1Q_0 =$ **0010**。

在第 3 个计数脉冲下降沿到来后,Q_0 由 **0** 翻转到 **1**,该脉冲的上升沿并不触发 FF1,仍保持 $Q_1 =$ **1**,因此 $Q_3Q_2Q_1Q_0 =$ **0011**。

对第 4 个计数脉冲及以后的情况,读者可以以此类推,自己完成分析,并对照图 10-11 的计数器时序图进一步理解其工作过程。

计数器的输入脉冲数与对应输出的二进制数见表 10-2,这便实现了输入脉冲的二进制递增计数。4 位二进制加法计数器的计数范围是 **0000~1111**,对应十进制数的 0~15,共有 16 种状态,第 16 个计数脉冲输入后,计数器又从初始状态 **0000** 开始递增计数。

表 10-2 4 位二进制递增计数器状态表

计数脉冲	Q_3	Q_2	Q_1	Q_0	计数脉冲	Q_3	Q_2	Q_1	Q_0
0	**0**	**0**	**0**	**0**	8	**1**	**0**	**0**	**0**
1	**0**	**0**	**0**	**1**	9	**1**	**0**	**0**	**1**
2	**0**	**0**	**1**	**0**	10	**1**	**0**	**1**	**0**
3	**0**	**0**	**1**	**1**	11	**1**	**0**	**1**	**1**
4	**0**	**1**	**0**	**0**	12	**1**	**1**	**0**	**0**
5	**0**	**1**	**0**	**1**	13	**1**	**1**	**0**	**1**
6	**0**	**1**	**1**	**0**	14	**1**	**1**	**1**	**0**
7	**0**	**1**	**1**	**1**	15	**1**	**1**	**1**	**1**

应用提示

若计数器出现计数不正常的故障,检测方法如下:

第一步,先查工作电源是否正常。

第二步,检查触发器的复位端是否被置成复位状态。

第三步,用示波器观测计数脉冲是否加到了触发器的 C1 端。

第四步,替换触发器,以确定集成电路是否损坏。

10.2.2 十进制计数器

在许多场合,使用十进制计数器较符合人们的习惯。十进制数有 0~9 共 10 个数码,由于 3 位二进制数只能有 8 个状态,4 位二进制数可表示 16 个状态,而表示十进制数码只要 10 个状态,因此需去掉 **1010~1111** 这 6 个状态,见表 10-3。

表 10-3 十进制加法计数器状态表

输入脉冲个数	二进制数码				对应的十进制数码
	Q_3	Q_2	Q_1	Q_0	
0	**0**	**0**	**0**	**0**	0
1	**0**	**0**	**0**	**1**	1
2	**0**	**0**	**1**	**0**	2

输入脉冲个数	二进制数码				对应的十进制数码
	Q_3	Q_2	Q_1	Q_0	
3	0	0	1	1	3
4	0	1	0	0	4
5	0	1	0	1	5
6	0	1	1	0	6
7	0	1	1	1	7
8	1	0	0	0	8
9	1	0	0	1	9
10	1	0	1	0	不
11	1	0	1	1	
12	1	1	0	0	
13	1	1	0	1	
14	1	1	1	0	用
15	1	1	1	1	

1. 电路组成

异步十进制加法计数器电路如图 10-12 所示,它由 4 个 JK 触发器组成,与二进制加法计数器的主要差异是跳过了二进制数码 **1010~1111** 的 6 个状态。因此在电路接法上略有不同,FF3 的 J 端输入的是 Q_1、Q_2 的逻辑与信号,FF3 的输出信号 $\overline{Q}$ 反馈到 FF1 的 J 端。

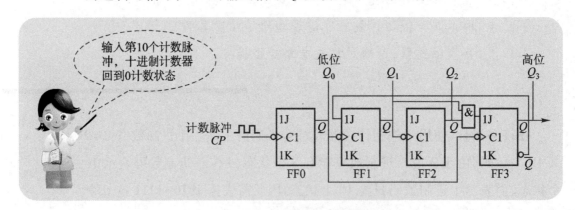

图 10-12 异步十进制加法计数器电路

2. 工作过程

计数器输入 0~9 个计数脉冲时,工作过程与 4 位二进制加法计数器完全相同,第 9 个计数脉冲后, $Q_3Q_2Q_1Q_0$ 状态为 **1001**。

第 10 个计数脉冲到来后, Q_0 由 **1** 变 **0**,其负跳变脉冲输入到 FF1 和 FF3 的输入端 C1。因 FF1 的输入端 $J = \overline{Q}_3 = \mathbf{0}$,所以 Q_1 仍为 **0**。在 FF3 的

输入端 $J = Q_2 \cdot Q_1 = 0$，因而 FF3 置 **0** 态。此时计数器状态恢复为 **0000**，跳过了 **1010~1111** 的 6 个状态，同时 Q_3 输出负跳变进位脉冲，从而实现 8421BCD 码十进制递增计数的功能。

3. 集成计数器的应用

将多个触发器和相应控制门电路集成在一起构成集成计数器，在不加其他外接元件的情况下，通过适当连接集成计数器的相关输出端、控制端，便可实现多种进制的计数，在工程上应用十分方便。

（1）计数集成电路　图 10-13 所示为集成计数器 74LS160 的实物外形和引脚排列，各引脚的功能说明如下：

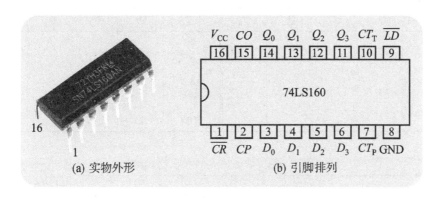

图 10-13　集成计数器 74LS160

V_{CC} 接电源正端，GND 接地端。

$\overline{CR}$ 是清零端，将 $\overline{CR}$ 置于低电平，计数器实现清零。

$Q_0 \sim Q_3$ 为 8421BCD 码的 4 位数码输出端。

$D_0 \sim D_3$ 为置数输入端，$\overline{LD}$ 是置数控制端。$\overline{LD}$ 为低电平，并在 CP 脉冲到来时，输出端 $Q_0 \sim Q_3$ 与置数输入端 $D_0 \sim D_3$ 状态一致。

CT_T、CT_P 是计数控制端，全为高电平时为计数状态，若其中有一个是低电平，则处于保持数据的状态。

CO 是进位输出端，当计数发生溢出时，从 CO 端送出正跳变进位脉冲。

🧑 做中学

集成十进制计数器的功能测试

【器材准备】

+5 V 稳压电源、面包板、导线若干、集成计数器 74LS160、发光二极管、三极管 9014、电阻（5.1 kΩ、200 Ω）。

【动手实践】

（1）按图 10-14 所示连接电路,检查接线无误后,接通+5 V 电源。

（2）将计数清零开关 S0 接地一下,使各触发器为 **0** 状态,各发光二极管熄灭。

（3）手控按钮 SCP 产生时钟脉冲信号,逐个输入 10 个 CP 脉冲,通过观察发光二极管的亮暗情况确定 $Q_0 \sim Q_3$ 状态(亮为 **1** 状态,暗为 **0** 状态),并填入表 10-4 中。

表 10-4　计数器逻辑功能测试

CP 脉冲	计数器输出				CP 脉冲	计数器输出			
个数	Q_3	Q_2	Q_1	Q_0	个数	Q_3	Q_2	Q_1	Q_0
1					6				
2					7				
3					8				
4					9				
5					10				

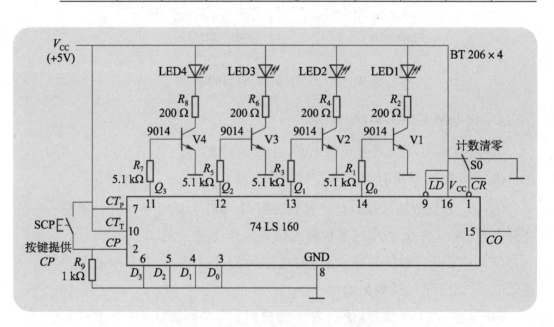

图 10-14　集成计数器 74LS160 功能测试

（2）计数集成电路的连接　1 片十进制计数器芯片 74LS160 只能计 1 位十进制数,如要构成一个模为 100 的计数器,可以将 2 片 74LS160 串联起来,如图 10-15 所示。低位计数器的进位端 CO 接高位计数器的 CT_T 和 CT_P。计数脉冲同时加到两片集成电路的 CP 端,但只有低位片有进位输出使高位片的 CT_T 和 CT_P 为高电平时,高位片才能计数。若将 3 片 74LS160 串联起来可构成模为 1 000 的计数器。

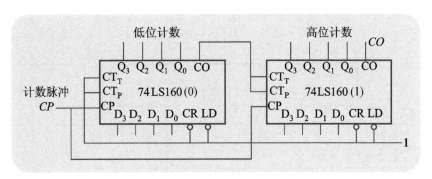

图 10-15　模为 100 的计数器连接图

⚒ 应用实例

数 字 钟

数字钟的实物外形及电路框图如图 10-16 所示,其电路主要由计数器、译码器、显示器和信号源组成。石英晶体振荡器产生的振荡信号经电路分频后获得 1 Hz 的脉冲信号(秒信号),数字钟共有 3 个计数器,分别记录秒、分、时的变化情况。分显示器由六十进制的加法计数器和译码显示电路构成,当计数至 59,再来 1 个计数脉冲,计数器复位为零,同时产生 1 个进位信号。时显示器则由二十四进制的加法计数器和译码显示电路构成。

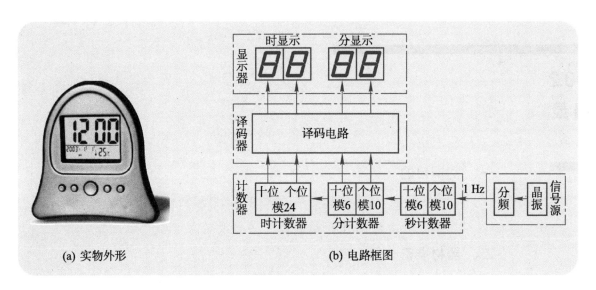

(a) 实物外形　　　　　　(b) 电路框图

图 10-16　数字钟

☏ 思考与练习

1. 时序电路主要由几部分组成? 与组合逻辑电路的主要区别是什么?

2. 图 10-17 所示数码寄存器的初始状态 $Q_3Q_2Q_1Q_0 = 1011$,而输入数码为 $D_3D_2D_1D_0 = 0110$,在 CP 脉冲的作用下,$Q_3Q_2Q_1Q_0$ 状态如何?

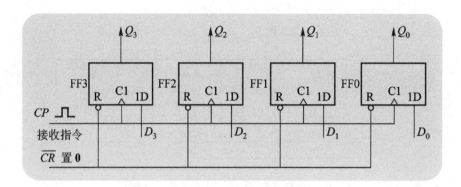

图 10-17　题 2 图

3. 如果要寄存 6 位二进制数码 **101100**,通常要用几个触发器来构成寄存器?

4. 计数器的基本功能是什么?

5. 用 JK 触发器构成 3 位二进制异步加法计数器,试画出逻辑电路图。

6. 用 3 片 74LS160 构成一千进制的计数器,试画出电路连接图。

7. 说明图 10-18 所示电路属于何种功能和类型的逻辑电路。

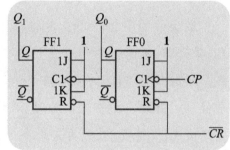

图 10-18　题 7 图

实训任务 10.2 制作数码显示计数器

一、实训目的

1. 通过实训,熟悉计数电路、译码电路、数码显示器的外形及引脚功能。

2. 学会对十进制计数器进行安装和功能测试。

二、器材准备

1. 直流稳压电源。

2. 万用表。

3. 计数电路 74LS161、译码电路 74LS48、数码显示器 BS202 等电子套件。

4. 组装工具一套。

三、实训相关知识

通过上网搜寻或查找器件手册,查阅集成电路 74LS161、74LS48 的相关资料,了解其逻辑功能,列出功能表,并说明各引脚的作用。

四、 实训内容与步骤

十进制数码显示计数器电路如图 10-19 所示。

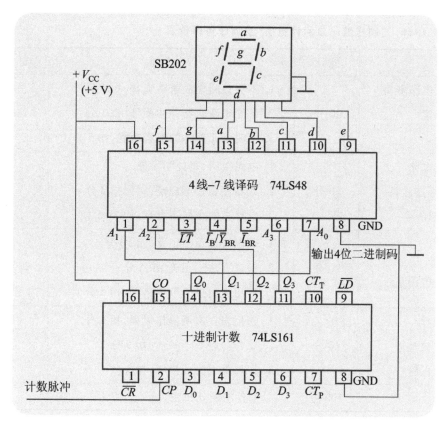

图 10-19　十进制数码显示计数器电路

（1）按图 10-19 所示连接电路，注意图中 74LS48 的 $\overline{LT}$、$\overline{I_B}/\overline{Y}_{BR}$、$\overline{I}_{BR}$ 脚和 74LS161 的 $\overline{CR}$、$\overline{LD}$、CT_P、CT_T 脚应置于高电平。

（2）检查电路连线无误后，V_{CC} 端接上+5 V 电源。

（3）在计数器的 CP 端连续输入单个脉冲，观测数码管的显示结果，并用万用表对 74LS48 的 $a \sim g$ 引脚电平进行测量，记录于表 10-5 中。

表 10-5　计数器的功能测试

CP 个数	a	b	c	d	e	f	g	显示字符
1								
2								
3								
4								
5								
6								
7								
8								
9								

五、 技能评价

"制作数码显示计数器"实训任务评价表见表 10-6。

表 10-6 "制作数码显示计数器"实训任务评价表

项目	考核内容	配分	评分标准	得分
集成电路的识别	1. 能自主查阅集成电路资料 2. 元器件型号的识读 3. 元器件引脚功能	20 分	1. 不会查阅集成电路资料,扣 5 分 2. 不能识读元器件的型号,扣 5 分 3. 不明确元器件的引脚功能,扣 5 分	
电路安装	1. 根据原理图搭接电路 2. 元器件的整形、焊点质量 3. 电路板的整体布局	50 分	1. 电路接错,每处扣 5 分 2. 元器件装接不规范,每处扣 2 分 3. 电路板的布局不合理,扣 2~5 分	
功能测试	1. 数码管的显示 2. 译码器输出电平的测量	20 分	1. 数码管显示不正常,扣 10 分 2. 验证方法不正确,扣 5 分 3. 万用表测量的数据错误,扣 5 分	
安全文明操作	1. 遵守安全操作规程 2. 工作台上工具摆放整齐 3. 元器件的使用与保管	10 分	1. 违反安全文明操作规程,扣 5 分 2. 工作台表面不整洁,扣 5 分 3. 元器件丢失或损坏,扣 5 分	
合计		100 分	以上各项配分扣完为止	

六、 问题讨论

1. 若将 74LS48 的 $\overline{CR}$ 脚置于低电平,对计数器的工作有何影响?

2. 若数码显示器的 a 段缺失,分析可能的故障原因,并说明检修方法。

🐾 项目小结

1. 时序电路是由逻辑门电路和具有记忆功能的触发器构成,它的任一时刻的输出,不仅与当时的输入信号有关,还与原来的状态有关。本项目完成了常用的时序逻辑电路寄存器和计数器的典型应用电路制作与功能检验。

2. 寄存器是用来存储数码和信息的部件,它具有清零、存储和输出的功能。寄存器可分为单拍接收式和双拍接收式两种。

3. 移位寄存器除了具有寄存数码的功能外,还具有将数码在寄存器中单向或双向移位的功能。

4. 计数器用来对脉冲进行计数,常用的有二进制、十进制计数器。目前集成计数器品种多、功能全、价格低廉,得到广泛的应用。

自我测评

一、判断题

1. 由逻辑门电路和 JK 触发器可构成寄存器。　　　　（　　）

2. 移位寄存器每输入一个时钟脉冲,只有一个触发器翻转。（　　）

3. 计数器的功能是统计输入脉冲的个数。　　　　　　（　　）

4. 用 3 个触发器可以构成 3 位二进制计数器。　　　（　　）

5. 计数器属于组合逻辑电路。　　　　　　　　　　　（　　）

二、填空题

1. 常用的时序逻辑电路主要有_____和_____。

2. 寄存器主要由_____和_____组成,其功能是用来暂存_____数码。

3. 按寄存器接收数码的方式不同可分为_____和_____两种。

4. 时序逻辑电路是由_____和_____所组成。

5. 移位寄存器除了具有寄存数码的功能外,还具有将数码在寄存器中_____或_____移位的功能。

6. 8421BCD 码的二-十进制计数器当前计数状态是 **1000**,再输入 3 个计数脉冲,计数的状态为_____。

7. 由 JK 触发器构成的多位异步加法计数器,输入端 J、K 接_____电平或_____,低位触发器的_____端是与高位触发器的 C1 端相连接。

8. 计数器按 CP 脉冲控制翻转的步调不同,可分为_____计数器和_____计数器。

9. 计数集成电路 74LS160 的 $D_0 \sim D_3$ 称为_____端,$Q_0 \sim Q_3$ 称为_____端。CT_T 和 CT_P 是_____端,$\overline{CR}$ 为_____端。

三、选择题

1. 有一组二进制代码需暂时存放,应选用_____。

A. 寄存器　　　B. 计数器　　　C. 编码器　　　D. 译码器

2. 如果一个寄存器的数码是"同时输入,同时输出",则该寄存器是采用_____。

A. 串行输入和输出　　　　　B. 并行输入和输出

C. 串行输入、并行输出　　　D. 并行输入、串行输出

3. 下列电路不属于时序逻辑电路的是_____。

A. 同步计数器　　　　　　　B. 数码寄存器

C. 组合逻辑电路　　　　　　　D. 异步计数器

4. 一个 3 位二进制计数器，最多能计数_____个时钟脉冲。

A. 7　　　　　B. 8　　　　　C. 9　　　　　D. 10

5. 计数集成电路 74LS160 在计数到_____个时钟脉冲时，CO 端输出进位脉冲。

A. 2　　　　　B. 8　　　　　C. 10　　　　　D. 16

四、作图题

连接图 10-20 的控制信号和输入数据信号，构成 3 位单拍接收式寄存器。

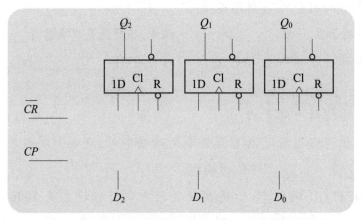

图 10-20　作图题

五、分析题

1. 图 10-21 所示电路清零后，输入一串计数脉冲，若 4 个发光二极管中的 LED3、LED2 亮，则输入的脉冲个数是多少？

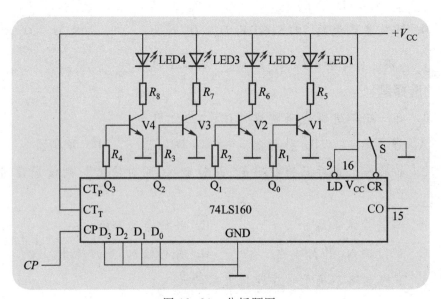

图 10-21　分析题图

2. 寄存器如图 $10-22$(a)所示,设初始状态均为 **0**。根据图 $10-22$ (b)的 CP 和 D_0 波形,画出 Q_2、Q_1 的波形,并说明寄存器的类型。

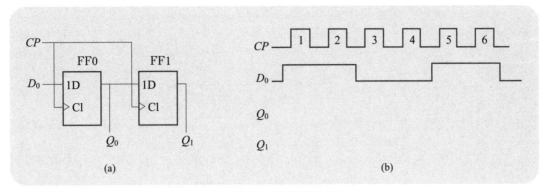

图 $10-22$ 分析题 2 图

项目　脉冲信号的产生与变换

项目描述

　　在数字电路中，提供时钟脉冲信号 CP 及各种不同频率的脉冲信号一般有两种方法，一是由矩形波振荡器直接提供，二是利用整形电路将已有的信号变换成所需的脉冲波形。 通过本项目的学习与训练，掌握多谐振荡器、单稳态触发器、施密特触发器及 555 时基电路的应用。

1
2
3
4
*5
6
7
8
9
10

**11

11.1

多谐振荡器

学习目标

★ 了解多谐振荡器的功能和电路组成。

★ 能装接 RC 耦合多谐振荡器，能对振荡周期进行调试。

★ 了解石英晶体多谐振荡器的电路构成。

多谐振荡器是一种矩形脉冲波产生电路，这种电路不需外加触发信号，便能产生一定频率和一定宽度的矩形脉冲，常用做脉冲信号源。由于矩形波中含有丰富的多次谐波，故称为多谐振荡器。多谐振荡器工作时，电路的输出在高、低电平间不停地翻转，没有稳定的状态，所以又称为无稳态触发器，其电气图形符号如图 11-1 所示。

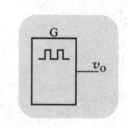

图 11-1　多谐振荡器电气图形符号

11.1.1　RC 耦合多谐振荡器

1. 电路组成

图 11-2 所示为 RC 耦合多谐振荡器电路，图中非门 G1、G2 接成阻容耦合正反馈电路，使之产生振荡。G1 的输出端通过电容 C_1 耦合至 G2 的输入端，而 G2 的输出端通过电容 C_2 耦合至 G1 的输入端，非门的输出端与输入端之间连接有偏置电阻 R_1、R_2，可为非门内的三极管提供偏置，使之处于正常工作状态。R_1、R_2 的另一个重要作用是与 C_1、C_2 组成定时电路，决定多谐振荡器的振荡频率和脉冲宽度。TTL 门电路的偏置电阻一般取 $850\ \Omega \sim 2\ \mathrm{k}\Omega$，CMOS 门电路一般取 $10 \sim 100\ \mathrm{k}\Omega$。

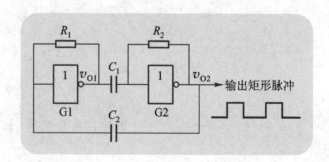

图 11-2　RC 耦合多谐振荡器电路

2. 基本工作原理

（1）初始暂稳态　接通电源后，由于非门 G1、G2 存在差异，假设 G2 输出电压 v_{O2} 较 G1 输出电压 v_{O1} 高些，v_{O2} 通过 C_2 耦合使 G1 的输入端电压升高，经反相后输出电压 v_{O1} 下降，v_{O1} 经电容 C_1 耦合使 G2 的输入端电压降低，经 G2 的反相作用，输出电压 v_{O2} 进一步升高。通过以上正反馈过程使 G1 输出低电平（**0** 态），G2 输出高电平（**1** 态），进入第一暂稳态。

（2）翻转到第二暂稳态　在第一暂稳态时，非门 G2 输出高电平，通过 R_2 向 C_1 充电（如图 11-3 所示），导致 G2 输入端电位逐渐上升；非门 G1 输出低电平，电容 C_2 将通过 R_1 放电，导致 G1 的输入端电位逐渐下降，最后使 G1 输出高电平（**1** 态），G2 输出低电平（**0** 态），自动翻转进入第二暂稳态。

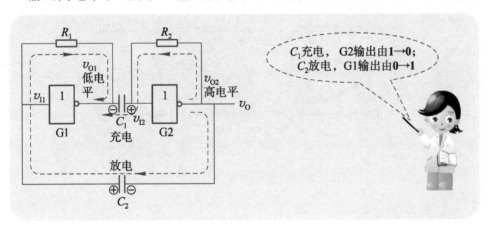

图 11-3　C_1 充电、C_2 放电

（3）翻转回第一暂稳态　在第二暂稳态时，非门 G1 输出高电平，将通过 R_1 对 C_2 充电（如图 11-4 所示），导致 G1 输入端电位逐渐上升。电容 C_1 则通过 R_2 放电，G2 输入端电位逐渐下降，最后使电路又从第二暂稳态翻转回第一暂稳态。

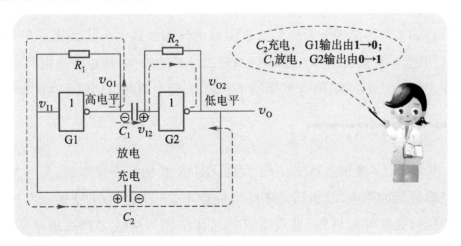

RC 耦合多谐振荡器的波形观察

图 11-4　C_2 充电、C_1 放电

此后 C_1、C_2 不断充电、放电,持续不断地翻转,产生矩形脉冲,图 11-5 所示为 RC 耦合多谐振荡器工作波形。

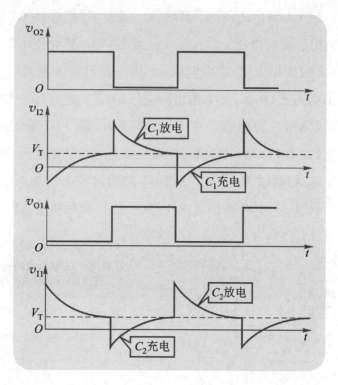

图 11-5　RC 耦合多谐振荡器工作波形

3. 振荡频率的调整

RC 耦合多谐振荡器输出的矩形脉冲周期由电容器的充、放电时间常数决定,当 $R_1 = R_2 = R$,$C_1 = C_2 = C$ 时,振荡周期为

$$T \approx 1.4RC \tag{11-1}$$

振荡频率的估算公式为

$$f_0 = \frac{1}{T} \approx \frac{1}{1.4RC} \tag{11-2}$$

即输出矩形脉冲的频率是与电阻和电容的参数大小成反比。在实际的应用中,通常是使用示波器来观测输出脉冲的频率,通过调换电容 C 的容量来粗调 f_0,改变电阻 R 的阻值来细调 f_0,使电路的振荡频率达到要求。

11.1.2　石英晶体多谐振荡器

RC 耦合多谐振荡器中,由于定时元件 R、C 精度不是很高,且参数易受外界环境的影响,故振荡频率的准确性不是很高。为了获得高精度和高稳定性的脉冲信号源,可选用石英晶体谐振体构成多谐振荡电路,如图 11-6 所示。可以看出,石英晶体多谐振荡器是 RC 耦合多谐振荡器的改造,即以石英晶体取代其中的一个电容。

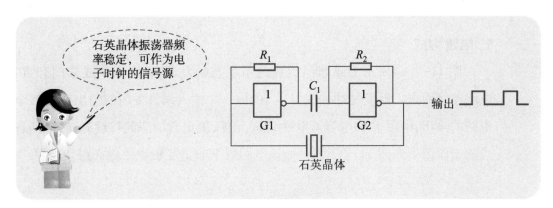

图 11-6 石英晶体多谐振荡器

该电路的 R_1、R_2 是非门的偏置电阻,C_1 起耦合交流、隔直流的作用。振荡频率取决于石英晶体本身的串联谐振频率,与电路中 R、C 元件的值无关。

石英晶体多谐振荡器应用已相当广泛,如电话机拨号电路、手机的微处理器芯片、计算机的微处理器芯片、各种电子设备的频率合成器芯片等。

思考与练习

1. 多谐振荡器的功能是什么?主要有几种类型?

2. 要提高 RC 耦合振荡器的振荡频率,应如何调整?

3. 石英晶体多谐振荡器的主要优点是什么?

11.2
单稳态触发器

学习目标

★ 了解单稳态触发器的功能和电路组成。

★ 掌握单稳态触发器的工作特点和实际应用。

★ 了解集成单稳态触发器的应用常识。

★ 能装接与调试单稳态触发器。

单稳态触发器是指有一个稳态和一个暂稳态的波形变换电路。电路在外加触发脉冲信号的作用下,能够产生具有一定宽度和幅度的矩形脉冲信号,但这只是一个暂时的稳定状态,经过一段时间又能自动返回稳态。

11.2.1 门电路构成的单稳态触发器

1. 电路构成

图 11-7(a) 所示为或非门组成的单稳态触发器,它由两个或非门和 RC 电路连接而成。触发脉冲加到 G1 门的另一个输入端,G2 门的输出作为整个电路的输出,电阻 R 和电容 C 作为定时元件,决定暂稳态的持续时间,电路各点的工作波形如图 11-7(b) 所示,该电路属于非重复触发单稳态触发电路。

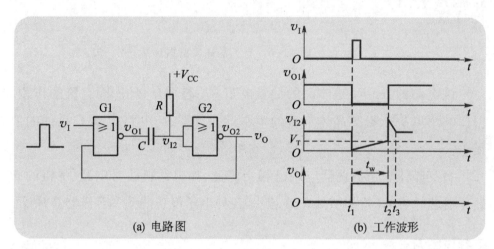

(a) 电路图   (b) 工作波形

图 11-7   或非门组成的单稳态触发器

2. 基本工作原理

(1) 初始稳态   无触发信号输入时 ($v_I = 0$),或非门 G1 的输入端为低电平。电源 $+V_{CC}$ 通过 R 为 G2 输入端加上高电平,G2 输出为低电平加至 G1 的另一个输入端。因此 G1 的两个输入端均为低电平,根据或非门的功能"全 0 出 1",则 G1 输出 v_{O1} 为高电平,经电容 C 的耦合,G2 的输入端也为高电平,则 G2 输出 v_{O2} 为低电平,电路处于稳态。

(2) 触发进入暂稳态   在输入端加入一个正脉冲触发信号,根据或非门"有 1 出 0"的逻辑关系,则 G1 的输出 v_{O1} 为低电平,经电容 C 的耦合,G2 的输入端也为低电平,则 G2 输出 v_{O2} 为高电平,触发器翻转到暂稳态。

(3) 自动返回稳态   暂稳态期间,$+V_{CC}$ 通过 R 对电容 C 充电,随电容充电电压的升高,G2 输入端电平逐渐上升。当达到 G2 的阈值电压 V_T 时,G2 的输出由高电平变为低电平,触发器自动返回稳态。

3. 暂稳态时间的调整

暂稳态的持续时间 t_w 即为输出脉冲的宽度,其数值取决于 RC 时间常数,即

$$t_w = 0.7RC \qquad (11-3)$$

单稳态触发器的输出脉冲宽度与电阻 R 和电容 C 的参数大小成正比。在实际的应用中,通常是将信号发生器产生的脉冲信号作为单稳态触发器的输入触发信号,将示波器接在输出端用于观测输出脉冲的宽度 t_w,通过调换电容 C 的容量来粗调 t_w,改变电阻 R 的阻值来细调 t_w,使输出脉冲的暂稳态时间达到要求。

11.2.2 集成单稳态触发器

集成单稳态触发器的种类很多,产品型号有 74LS121、74LS122、74LS123、CC14528 等,这些器件具有功能齐全、稳定性好和使用方便等优点,下面以集成单稳态触发器 74LS123 为例进行介绍。

74LS123 芯片内含两个独立的单稳态触发器,其引脚排列和接线图如图 11-8 所示。

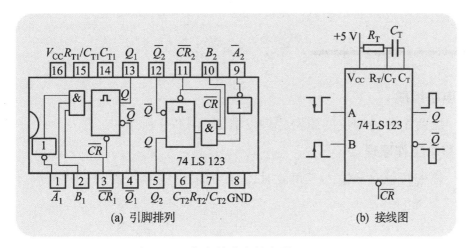

图 11-8　集成单稳态触发器 74LS123

74LS123 具有两种触发方式,由 A 端输入负脉冲为下降沿触发,若由 B 端输入正脉冲则为上升沿触发。$\overline{CR}$ 为清 **0** 端,Q 和 $\overline{Q}$ 为输出端。C_T 为外接电容端,R_T/C_T 为外接电阻/电容端,输出脉冲宽度 t_w 由外接电阻 R_T 和电容 C_T 决定,即

$$t_w = 0.45 R_T C_T \qquad (11-4)$$

单稳态触发器应用广泛,常用于对脉冲信号进行整形处理、延时控制,还用于电路的定时控制等。

✎ **思考与练习**

1. 单稳态触发器的功能特点是什么?

2. 如何延长单稳态触发器的暂态时间?

11.3
施密特触发器

学习目标

★ 了解施密特触发器的功能和电路组成。

★ 了解施密特触发器的回差特性及应用。

★ 能安装与调试施密特触发器。

施密特触发器是一种靠输入触发信号维持的双稳态电路,其特点是:电路具有两个稳态。当输入信号电平升高至上限触发电压 V_{TH} 时,电路翻转到第二稳态;当输入触发信号降低至下限触发电压 V_{TL} 时,电路就由第二稳态返回第一稳态。

11.3.1 门电路构成的施密特触发器

1. 电路组成

由两个非门构成的施密特触发器如图 11-9 所示。

2. 基本工作原理

施密特触发器输入三角波时,对应的输出波形如图 11-10 所示。

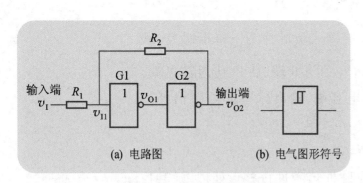

图 11-9　施密特触发器

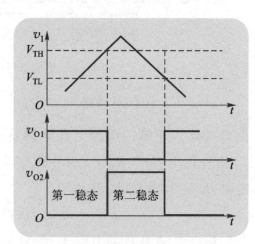

图 11-10　施密特触发器工作波形

（1）第一稳态　输入电压 $v_I = 0$ 时,G1 关闭,输出高电平;G2 开通,输出低电平,电路处于第一稳态。

（2）翻转至第二稳态　随着输入端 v_I 的上升,加到 G1 的 v_{I1} 逐渐上升,当 v_{I1} 大于 G1 的阈值电压 V_T 时,G1 导通,输出变为低电平;G2 关闭,输出高电平,电路由第一稳态翻转为第二稳态。此后 v_I 继续上升,电路仍然保持该稳态。

（3）返回第一稳态　输入 v_I 从高电平处开始下降,加到 G1 的 v_{I1} 也随着下降,当 v_{I1} 低于 G1 的阈值电压 V_T 时,G1 关闭,输出跳变为高电平;G2 开通,输出低电平,电路由第二稳态返回第一稳态。

3．回差特性

在施密特触发器的输入信号 v_I 增大过程中,使输出信号 v_{O2} 产生跳变所对应的输入电压值定义为上限触发电压 V_{TH};在施密特触发器的输入信号 v_I 降低过程中,使输出信号 v_{O2} 产生跳变所对应的输入电压值定义为下限触发电压 V_{TL}。

施密特触发器的上限触发电压 V_{TH} 与下限触发电压 V_{TL} 是不同的,故形成了回差,回差的计算如下

$$\Delta V_T = V_{TH} - V_{TL} \tag{11-5}$$

通过调整电阻 R_1、R_2 的阻值及改变电源电压 V_{DD},可调节施密特触发器的回差。

施密特触发器应用广泛,常用于对脉冲信号进行波形变换、整形处理、幅度鉴别等。

集成施密特触发器具有性能一致性好、触发电压稳定、使用方便等特点,故应用广泛。集成施密特触发器主要有 CMOS 和 TTL 两大类,按其功能又可分为施密特反相器和施密特与非门。集成施密特触发器的 V_{TH}、V_{TL} 具体数值可从集成电路手册中查到。

图 11-11 所示的 CC4584 为 CMOS 六施密特反相器,它与普通反相器的逻辑功能一样,差异在于施密特反相器存在上、下限触发电压,CC4584 主要技术参数见表 11-1。

表 11-1　CC4584 主要技术参数

工作电压/V	上限触发电压/V	下限触发电压/V	延时时间/μs	工作电流/mA
5	2.9	2.3	20	0.3
10	5.9	3.9	90	0.6

图 11-12 所示的 74LS132 为 TTL 四施密特与非门,其逻辑功能与普通与非门相似,差别在于输入开启电压和关闭电压不相同。

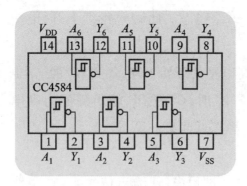

图 11-11　CC4584

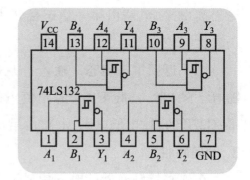

图 11-12　74LS132

✎ **思考与练习**

1. 施密特触发器翻转到第二稳态的条件是什么？何种情况下会翻转回第一稳态？

2. 施密特触发器主要有哪些应用？

3. 施密特电路的阈值电压 V_T 是固定值,为什么会有回差现象存在？

11.4
555 时基电路

学习目标

★ 了解 555 时基电路的引脚功能和逻辑功能。

★ 能安装和调试 555 时基电路组成的电子产品。

555 时基电路是一种具有广泛用途的单片集成电路,只要外部接上适当的阻容元件,就可以方便地组成施密特触发器、单稳态触发器和多谐振荡器等应用电路,在工业控制、定时、仿声、电子乐器等诸多领域有着广泛的应用。

1. 电路组成

555 时基电路实物外形如图 11-13(a)所示,内部电路结构如图 11-13(b)所示,它因输入端设计有 3 个 5 kΩ 电阻而得名,主要由下列四部分组成。

（1）电压比较器　集成运放 C1、C2 构成的是两个电压比较器,每个比较器有两个输入端,分别标有"+"和"-",如果用 V_+ 和 V_- 表示相应输入的电压,则当 $V_+>V_-$ 时输出为高电平,当 $V_->V_+$ 时输出为低电平。

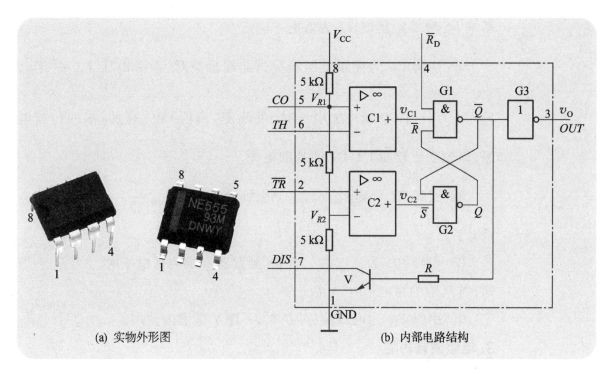

(a) 实物外形图　　　　　　　(b) 内部电路结构

图 11-13　555 时基电路

（2）电阻分压器　在输入端,3 个阻值均为 5 kΩ 的电阻串联组成分压器,电源电压 $+V_{CC}$ 经 5 kΩ 电阻分压获取了 $V_{R2}=\dfrac{1}{3}V_{CC}$、$V_{R1}=\dfrac{2}{3}V_{CC}$ 的基准电压。加在比较器 C1 同相输入端的基准电压为 $\dfrac{2}{3}V_{CC}$,加在比较器 C2 反相输入端的基准电压为 $\dfrac{1}{3}V_{CC}$。

（3）基本 RS 触发器　由两个与非门组成,比较器 C1、C2 输出的高、低电平控制触发器的状态,$\overline{R}_D$ 端是外部直接置 **0** 端。

（4）输出缓冲器和开关管　输出缓冲器是接在输出端的反相器 G3,其作用是提高器件带负载的能力和隔离负载对时基电路的影响。开关管是三极管 V,根据基本 RS 触发器的状态可控制开关管的导通或截止。

2. 引脚功能介绍

① 引脚 GND 为接地端。

② 引脚 $\overline{TR}$ 为触发端。当引脚 $\overline{TR}$ 的电压 $v_{TR}<\dfrac{1}{3}V_{CC}$ 时,使 555 时基电路输出电压 v_O 为高电平。

③ 引脚 OUT 为输出端。

④ 引脚 $\overline{R}_D$ 为复位端。在 $\overline{R}_D$ 端加上低电平,可使 555 时基电路

基本 RS 触发器复位, v_0 为低电平。

⑤ 引脚 CO 为控制电压端。当此端悬空时, 参考电压 $V_{R1} = \dfrac{2}{3}V_{CC}$,

$V_{R2} = \dfrac{1}{3}V_{CC}$; 当 CO 端外加电压时, 可改变"阈值"和"触发"端的比较电平, 即改变比较器 C2、C1 的基准电压。

⑥ 引脚 TH 为阈值输入端。当引脚 TH 的电压 $v_{TH} > \dfrac{2}{3}V_{CC}$ 时, 输出 v_0 为低电平。

⑦ 引脚 DIS 为放电端。当 RS 触发器 Q 端为低电平时, 开关管 V 导通; 当 Q 端为高电平时, V 截止。

⑧ 引脚 V_{CC} 为电源端, 可在 4.5~18 V 范围内使用。

3. 电路逻辑功能

表 11-2 为 555 时基电路逻辑功能表。

表 11-2　555 时基电路逻辑功能表

输入			输出	
$\overline{R}_D$	v_{TH}	v_{TR}	v_0	V 状态
0	×	×	**0**	导通
1	$> \dfrac{2}{3}V_{CC}$	$> \dfrac{1}{3}V_{CC}$	**0**	导通
1	$< \dfrac{2}{3}V_{CC}$	$< \dfrac{1}{3}V_{CC}$	**1**	截止
1	$< \dfrac{2}{3}V_{CC}$	$> \dfrac{1}{3}V_{CC}$	保持原态	保持原态

当复位端 $\overline{R}_D = 0$ 时, 基本 RS 触发器直接置 **0**, 555 时基电路复位, 输出电压 v_0 为低电平, 开关管 V 饱和导通。

当复位端 $\overline{R}_D = 1$ 时, 555 时基电路处于工作状态, 根据输入信号的电平高低不同, 输出有以下 3 种不同的状态。

（1） $v_{TH} > \dfrac{2}{3}V_{CC}$、$v_{TR} > \dfrac{1}{3}V_{CC}$ 时, 比较器 C1 输出低电平耦合到基本 RS 触发器的 $\overline{R}$ 端($\overline{R} = \mathbf{0}$); 比较器 C2 输出高电平耦合到 RS 触发器的 $\overline{S}$ 端 ($\overline{S} = \mathbf{1}$), 将基本 RS 触发器置 **0**, $Q = \mathbf{0}$, $\overline{Q} = \mathbf{1}$, 使输出电压 v_0 为低电平, 同时开关管 V 处于饱和导通状态。

（2）$v_{TH}<\dfrac{2}{3}V_{CC}$、$v_{TR}<\dfrac{1}{3}V_{CC}$ 时，比较器 C1 输出高电平，C2 输出低电平，将基本 RS 触发器置 **1**，$Q=\mathbf{1}$，$\overline{Q}=\mathbf{0}$，输出电压 v_O 为高电平，同时开关管 V 处于截止状态。

（3）$v_{TH}<\dfrac{2}{3}V_{CC}$、$v_{TR}>\dfrac{1}{3}V_{CC}$ 时，比较器 C1、C2 输出均为高电平，基本 RS 触发器保持原来状态不变，输出电压 v_O 和开关管也保持原来状态不变。

4．555 时基电路组成多谐振荡器

（1）电路组成　图 11-14 所示为 555 时基电路组成的多谐振荡器，外接的 R_1、R_2 和 C 为多谐振荡器的定时元件。

（2）工作原理　设电路中电容两端的初始电压为 $v_C=0$，$v_{TR}=v_C<\dfrac{1}{3}V_{CC}$，输出端为高电平，$v_O=V_{CC}$，放电端断开。随着时间的增加，电源 V_{CC} 通过 R_1、R_2 向电容 C 充电，v_C 逐渐增高。当 $\dfrac{1}{3}V_{CC}<v_C<\dfrac{2}{3}V_{CC}$ 时，电路仍保持原态，输出维持高电平。

v_C 继续升高，当 $v_{TR}=v_C>\dfrac{2}{3}V_{CC}$ 时，电路状态翻转，输出低电平，$v_O=\mathbf{0}$。此时放电端导通，电容 C 通过内部的开关管放电，v_C 逐渐下降。当 $v_{TR}=v_C<\dfrac{1}{3}V_{CC}$ 时，电路状态翻转，电容 C 又开始充电，重复上述过程形成振荡，输出电压 v_O 为连续的矩形波形。电容电压 v_C 波形和输出电压 v_O 波形如图 11-14（b）所示。

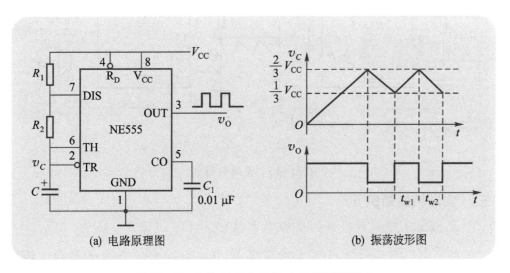

（a）电路原理图　　　　（b）振荡波形图

图 11-14　555 时基电路组成的多谐振荡器

（3）输出脉冲周期

电容 C 充电形成的暂态时间 t_{w1} 为

$$t_{w1} = 0.7(R_1+R_2)C \qquad (11-6)$$

电容 C 放电形成的暂态时间 t_{w2} 为

$$t_{w2} = 0.7R_2C \qquad (11-7)$$

因此，C 充、放电形成的输出脉冲周期 T 为

$$T = t_{w1}+t_{w2} = 0.7(R_1+2R_2)C \qquad (11-8)$$

实训任务 11.1 用 555 时基电路制作警鸣器

一、实训目的

1. 掌握 555 时基电路的引脚功能和应用常识。

2. 用 555 时基电路制作警鸣器。

二、器材准备

1. 直流稳压电源。

2. 万用表。

3. 双踪示波器。

4. 警鸣器套件（如图 11-15 所示）。

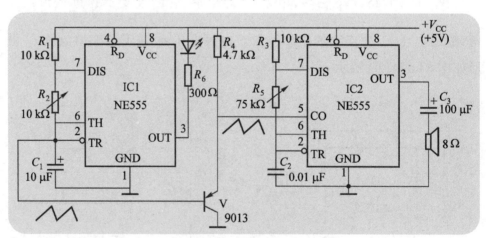

图 11-15　警鸣器电路

三、实训相关知识

用 555 时基电路组成的警鸣器电路如图 11-15 所示。

其中 IC1 构成超低频的多谐振荡器，IC2 构成音频多谐振荡器。IC1 外接的电容 C_1 充放电产生锯齿波电压，该锯齿波电压经三极管 V 组成的

射随器缓冲变为低阻抗输出加到IC2的5脚,对IC2组成的音频振荡器实现频率调制,使IC2产生的音频振荡频率按锯齿形的规律变化;从低逐渐升高、又从高逐渐降低,周而复始,不断循环,使扬声器产生警鸣的音响效果。电路中的发光二极管同时发光闪烁,可模拟警鸣器的警灯。

高低音调变换的速度快慢可通过调节 C_1 的大小来实现,也可调节 R_2 实现。警鸣声的音调高低可通过调节 R_5 或 C_2 来实现。

四、 实训内容与步骤

1. 电路安装

按图 11-15 所示的电路原理图连接电路。

2. 电路调试

检查电路装接无误,接通+5 V 电源,调节 R_2 和 R_5,直至扬声器发出的声音接近警鸣声。

3. 波形测量

用示波器观察并绘制 IC1 的 2 脚、IC2 的 3 脚的电压波形。

五、 技能评价

"用 555 时基电路制作警鸣器"实训任务评价表见表 11-3。

表 11-3 "用 555 时基电路制作警鸣器"实训任务评价表

项目	考核内容	配分	评分标准	得分
555 时基电路的认识	1. 555 时基电路的逻辑功能 2. 555 时基电路引脚功能	20分	1. 不了解 555 时基电路的逻辑功能,扣 5 分 2. 不了解 555 时基电路的引脚功能,扣 5 分	
电路安装	1. 根据原理图搭接电路 2. 元器件的整形、焊点质量 3. 电路板的整体布局	40分	1. 电路接错,每处扣 5 分 2. 元器件装接不规范,每处扣 2 分 3. 电路板的布局不合理,扣 2~5 分	
电路调试	1. 通电试机 2. 警鸣声的调整	30分	1. 没有警鸣声,扣 10 分 2. 不会分析和排除故障,扣 5~10 分 3. 不会对音调进行调整,扣 5 分 4. 不会对音调变换速度进行调整,扣 5 分	
安全文明操作	1. 遵守安全操作规程 2. 工作台上工具摆放整齐 3. 元器件的使用与保管	10分	1. 违反安全文明操作规程,扣 5 分 2. 工作台表面不整洁,扣 5 分 3. 元器件丢失或损坏,扣 5 分	
合计		100分	以上各项配分扣完为止	

六、问题讨论

1. 图 11-15 所示电路的 IC1 为超低频多谐振荡器,为 IC2 的 CO 端提供的为什么不是矩形脉冲,而是锯齿波脉冲?

2. 图 11-15 所示电路的可变电阻 R_2 调整为 $8\ \text{k}\Omega$,估算多谐振荡器的脉冲周期 T 和脉冲宽度 t_{w}。

项目小结

1. 多谐振荡器是一种能自动输出矩形脉冲的振荡电路,它由非门和 RC 定时元件(或石英晶体)组成,振荡频率由 RC 元件(或石英晶体)决定。

2. 单稳态触发器是常用的波形变换电路,它有一个稳态和一个暂稳态,在外加触发信号作用下可从稳态翻转为暂稳态,经过一段延时后自动回到稳态。暂稳态持续时间取决于 RC 定时元件。单稳态触发器应用广泛,常用于对脉冲信号进行整形处理、延时控制,还用于电路的定时控制等。

3. 施密特触发器也是一种常用的波形变换电路,它的状态转换及维持都取决于外加的触发信号电平,且两个稳态的触发翻转电平不同,存在回差 $\Delta V_{\text{T}} = V_{\text{TH}} - V_{\text{TL}}$,应用回差特性可以实现波形变换、脉冲整形及幅度鉴别。

4. 555 时基电路主要由电压比较器、电阻分压器、基本 RS 触发器、输出缓冲器和开关管组成,是一种用途很广的单片集成电路,除了组成多谐振荡器、单稳态触发器和施密特触发器之外,还可以接成各种应用电路。

自我测评

一、判断题

1. 多谐振荡器需要输入触发信号才能输出脉冲。 (   )

2. RC 耦合多谐振荡器在 $R_1 = R_2 = R$, $C_1 = C_2 = C$ 时,振荡频率为 $f = \dfrac{1}{1.4RC}$。 (   )

3. 在外加触发信号作用下,单稳态触发器可以从稳态翻转为暂稳态。 (   )

4. 施密特触发器的状态转换及维持取决于外加触发信号。 (   )

5. 施密特触发器属于脉冲振荡器。 (   )

二、填空题

1. 多谐振荡器能输出＿＿＿＿＿＿信号,该电路的输出不停地在＿＿＿＿状态和＿＿＿＿状态间翻转,没有＿＿＿＿状态,所以又称为_____触发器。

2. 单稳态触发器在触发脉冲的作用下,从_____转换到_____;依靠_____作用,自动返回到_____。暂稳态持续时间 t_w =_____。

3. 单稳态触发器 74LS123 的 A 脚功能是_____,B 脚的功能是_____,$\overline{CR}$ 脚功能为_____,C_T 脚外接_____。

4. 施密特触发器的回差现象是指_____,回差 ΔV_T =_____。

5. 555 时基电路是因输入端设计有 3 个_____而得名。

6. 用 555 时基电路可以方便组成_____、_____和_____等应用电路。

三、选择题

1. 多谐振荡器是一种自激振荡器,能产生_____。

A. 矩形波   B. 三角波

C. 正弦波   D. 尖脉冲

2. 单稳态触发器一般不适用于_____电路。

A. 定时   B. 延时

C. 脉冲波形整形   D. 自激振荡产生脉冲信号

3. 单稳态触发器的脉冲宽度取决于_____。

A. 触发信号的周期   B. 触发信号的幅度

C. 电路的 RC 时间常数   D. 触发信号的波形

4. 集成电路 74LS132 引脚如图 11-16 所示,该集成电路是_____。

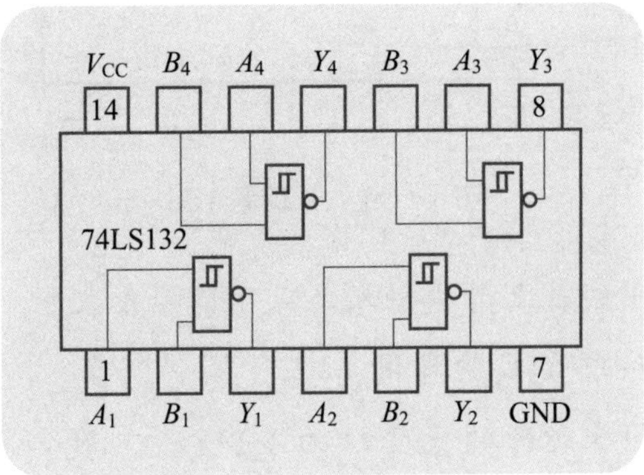

图 11-16 选择题 4 图

A. 四施密特与非门　　　　　　B. 四施密特非门

C. 四施密特与门电路　　　　　D. 六施密特与非门

5. 555 集成电路是＿＿＿＿＿。

A. 计数器　　　　　　　　　　B. 时基电路

C. 存储器　　　　　　　　　　D. 数码选择器

四、计算题

由 555 时基电路构成的多谐波振荡器如图 11-17 所示,若 $V_{CC}=9\ V$, $R_1=10\ k\Omega$, $R_2=2\ k\Omega$, $C=0.3\ \mu F$, 计算电路的振荡频率及占空比。

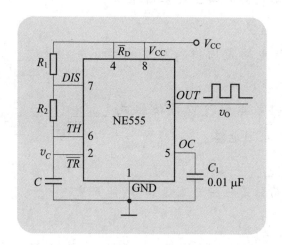

图 11-17　计算题

五、分析题

1. 图 11-18 所示为 74LS123 组成的单稳态触发器。

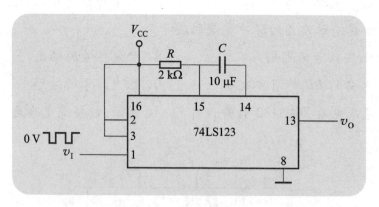

图 11-18　分析题 1 图

(1) 电路采用的是上升沿触发还是下降沿触发?

(2) 说明电路中 R、C 的作用。

(3) 触发后输出脉冲的宽度 t_w 为多少?

2. 电路如图 11-19 所示。

*项目 11　脉冲信号的产生与变换

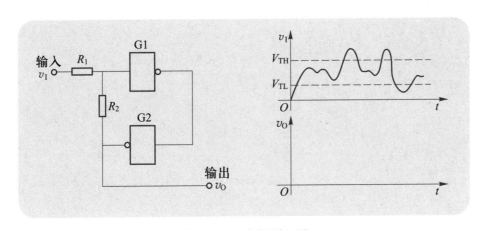

图 11-19　分析题 2 图

（1）电路属何种类型的触发器？

（2）根据输入信号 v_I 画输出信号 v_O 的波形，图中的 V_{TH} 为上限触发电压，V_{TL} 下限触发电压。

［1］杨志忠,宋宇飞,卫桦林．数字电子技术［M］.6 版.北京:高等教育出版社,2023.

［2］付植桐,张永飞.电子技术［M］.6 版.北京:高等教育出版社,2021.

［3］顾建军．电子控制技术［M］.南京:江苏凤凰教育出版社,2011.

［4］朱定华,陈林,吴建新．电子电路测试与实验［M］.北京:清华大学出版社,2007.

［5］崔陵．电子元器件与电路基础［M］.2 版.北京:高等教育出版社,2018.

［6］崔陵．电子基本电路安装与测试［M］.2 版.北京:高等教育出版社,2018.

［7］陈振源.电子技术基础与技能学习指导与同步练习［M］.3 版.北京:高等教育出版社,2020.

［8］董国良.中职生对口升学考试复习教材　电子技术基础［M］.北京:首都师范大学出版社,2021.

读者意见反馈

为收集对教材的意见建议,进一步完善教材编写并做好服务工作,读者可将对本教材的意见建议通过如下渠道反馈至我社。

咨询电话　400-810-0598

反馈邮箱　zz_dzyj@pub.hep.cn

通信地址　北京市朝阳区惠新东街 4 号富盛大厦 1 座

　　　　　高等教育出版社总编辑办公室

邮政编码　100029

防伪查询说明

用户购书后刮开封底防伪涂层,使用手机微信等软件扫描二维码,会跳转至防伪查询网页,获得所购图书详细信息。

防伪客服电话

(010)58582300

学习卡账号使用说明

一、注册/登录

访问 https://abooks.hep.com.cn,点击"注册/登录",在注册页面可以通过邮箱注册或者短信验证码两种方式进行注册。已注册的用户直接输入用户名加密码或者手机号加验证码的方式登录。

二、课程绑定

登录之后,点击页面右上角的个人头像展开子菜单,进入"个人中心",点击"绑定防伪码"按钮,输入图书封底防伪码(20 位密码,刮开涂层可见),完成课程绑定。

三、访问课程

在"个人中心"→"我的图书"中选择本书,开始学习。

如有账号问题,请发邮件至:4a_admin_zz@pub.hep.cn。